Un verano con Clío

Una novela sobre la Historia
de la Humanidad
(Primera parte)

José Luis de Montsegur

KOLIMA
BOOKS

Título original: *Un verano con Clío. Una novela sobre la Historia de la Humanidad (Primera parte)*

Primera edición: Junio 2017
© 2017 Editorial Kolima, Madrid
www.editorialkolima.com

Autor: José Luis de Montsegur
Dirección editorial: Marta Prieto Asirón
Maquetación de cubierta: Sergio Santos Palmero
Maquetación: Sergio Santos Palmero
Colaboradores: Antonio José Castillo Pérez

ISBN: 978-84-16994-26-7

Para ti, siempre para ti... y para ti también, mamá,
siempre para ti también

ÍNDICE

PRÓLOGO Y ADVERTENCIA

Me decidí a escribir esta historia de amor y descubrimiento de la «Historia» (pido perdón a los historiadores profesionales) después de escuchar a muchas personas decir que no sabían nada de ella porque les resultaba aburrido navegar por las eruditas pero complicadas páginas de los libros especializados, llenos de fechas, nombres, batallas, listas interminables de dinastías y personajes imposibles de memorizar. Pero mayormente porque María, mi compañera, me confirmó este particular.

Le pregunté entonces si le gustaría saber lo que le había acontecido a la Humanidad desde que el mundo se inició hasta nuestros días, y me contestó que sí pero que tenía que ser de forma amena y a ser posible divertida y de fácil lectura.

Recapacité sobre ello, y aunque no soy propiamente lo que se llama un historiador, lo acontecido a la Humanidad siempre me ha interesado mucho y era la asignatura en la que mejores notas sacaba en el bachillerato y en la que menos tenía que esforzarme. Posteriormente, con el pasar de los años fui comprando ingentes cantidades de libros sobre Historia que me permitieron descubrir los entresijos del devenir de nuestra especie.

Por eso imaginé la pequeña aventura de un adolescente al que no le gusta la Historia con mayúsculas. Una aventura, en la que él no solamente empieza a descubrir el mundo adulto, sino que además empieza a entender y a dejarse seducir por esa gran aventura de la Humanidad de la que todos somos protagonistas.

Aunque no pude estudiarla en la universidad, nunca he dejado de interesarme por la Historia ni cesar de asombrarme por la infinitud de la estupidez humana, que repite una y otra vez, a través de los siglos, las mismas situaciones absurdas, revoluciones y guerras resultantes del ansia de poder, la ambición, la codicia, y la soberbia de unos pocos.

Civilizaciones, pueblos y culturas magníficas nacieron, alcanzaron su cénit y desaparecieron dejando solo ruinas; apenas un recuerdo entre la leyenda y la duda.

Por todo esto me propuse empezar esta obra que hoy presento a los lectores para que comprendan de donde venimos y hacia donde vamos, para que se den cuenta y asuman que los acontecimientos de hoy son el resultado de eventos del ayer y que no hay nada nuevo bajo el Sol salvo el avance tecnológico, y aun eso es en parte discutible pues en tiempos pretéritos ya se realizaron proyectos que aún hoy día nos asombran y desafían con su misterio.

Tampoco seré neutral. Es imposible serlo cuando se contemplan las horribles matanzas, los genocidios, las guerras, las traiciones y los crímenes de los que está plagada la Historia del ser humano. Sacaré mis propias conclusiones y las expondré sin «cortarme» un pelo. Puede que a alguien no le guste, pero es el riesgo que debo correr si quiero enseñar al que no sabe lo que hemos hecho desde que el ser humano apareció en la Tierra, o al menos desde que «sabemos» que estamos sobre este planeta.

Empecemos a sumergirnos en este relato de la mano de Julio, el estudiante, y de su tío Manuel, el profesor. Gracias por la confianza y espero que os lo paséis de rechupete y retengáis algunas cosas y conceptos para presumir en alguna ocasión de saber algo de lo acontecido en la Historia. Buena lectura.

UNA ASIGNATURA «ATRAGANTADA»

Julio abrió nervioso la «Web» del instituto donde estudiaba bachillerato. En el correo electrónico había recibido un mensaje del centro anunciándole que las notas ya estaban disponibles en Internet para su consulta por los alumnos.

«Cliqueó» en el enlace y puso su nombre y contraseña. La pantalla de su ordenador portátil cambió permitiéndole el acceso y buscó la pestaña de los resultados de los exámenes finales de junio. Una lista de asignaturas con las calificaciones apareció ante sus ojos.

Instantáneamente, una palabra en color rojo destacó en su cerebro: «INSUFICIENTE», y una nota «3,7».

–¡Maldita sea! –masculló entre dientes–. ¡Esta condenada asignatura me ha fastidiado el verano!

Rabioso, golpeó la mesa con el puño mientras sentía correr por su cuerpo la adrenalina y las hormonas alteradas de sus diecisiete años.

–¡Es que es un maldito rollo! –siguió silbando entre dientes, descargando su furia a través de las palabras–. ¡Ahora me tocará estudiar todo el verano para meterme en el coco esa marea de guerras, fechas y nombres!

Se levantó de la silla giratoria y, abriendo la puerta de su habitación, se dirigió al salón comedor del piso madrileño donde vivía con sus padres.

«Los ratos malos hay que pasarlos cuanto antes» pensó enfadado. Sergio, su padre, que leía un libro acomodado en el sofá, levantó la vista al oírlo entrar al salón. Se dio cuenta al instante de que algo no iba bien al ver la cara de su hijo.

–¿Te pasa algo Julio?

–Pues que me han cargado la Historia, papá.

–¿Solo esa? ¿Y las demás?

–Bien, notable en casi todas.

–¿Las mates?

–Notable alto, casi sobresaliente por un pelo; en esa no tengo problema, pero en Historia...

–Mira Julio, la Historia es cuestión de «codos», de memoria; simplemente hay que dedicarle muchas horas.

–Pero es que a mí no me entra ese maremágnum de nombres, fechas, guerras... !Lo confundo todo! Además, ¿para qué me sirve saber lo que pasó hace siglos? Lo que realmente importa es lo que está pasando ahora y pasará mañana y pasado, y al otro, que es donde yo voy a vivir; pero todas esas historias antiguas...

–Vale Julio, si yo te entiendo, tú tienes un cerebro matemático y te cuesta mucho estudiar de memoria, pero tienes que aprobar esta asignatura para terminar el bachillerato y examinarte de Selectividad para elegir carrera.

Julio daba grandes zancadas por el salón, nervioso, agitando los brazos.

–Ya lo sé papá. Pero es que esta maldita asignatura no me deja dormir; ahora me tendré que pasar el verano aquí encerrado leyendo una y otra vez todo ese rollo.

Sergio recapacitó. Lo que Julio le proponía soterradamente con su comentario era amargarle a él también la temporada de verano pues no podría viajar con su mujer a la playa a pasar las vacaciones. Sabía que si Julio los acompañaba no iba a estudiar gran cosa con las pandillas de chicos y chicas llamándole a cada momento para salir a divertirse. Y tampoco tenía ganas de ejercer de vigilante, carcelero y ser un padre tirano.

–Bueno... hay otra solución, pues yo creo que solo tienes dificultades con aprender Historia. Las demás asignaturas se te dan bastante bien...

–¿Qué has pensado papá? –en las palabras de Julio había un destello de esperanza; tal vez su padre no quería renunciar a las vacaciones veraniegas y se irían todos a la playa.

–Pues, ¿sabes? He pensado que voy a llamar a mi hermano Manuel para ver si puede acogerte en su casa de la sierra este verano. ¡Sería estupendo tener a todo un catedrático de Historia a tu disposición para cualquier consulta o duda!

Julio sintió que el suelo se hundía bajo sus pies. Efectivamente, su tío Manuel, que pasaba los veranos en las afueras de un pueblo cercano de la sierra de Madrid, era catedrático de Historia en la Universidad Complutense. Vivía en un bonito chalé rodeado de naturaleza y con la casa llena de libros, algunos escritos por él mismo.

«Menudo rollo –pensó–, todo el verano metido en casa de mi tío, sin más diversión que salir a pasear por caminos entre árboles y rocas de granito cubiertas de musgo, por no hablar del aburrimiento del pueblo».

–Pero papá, lo voy a molestar; lo mismo está escribiendo algún libro...

–No te preocupes Julio; voy a llamarlo ahora mismo para ver si puede ayudarte. Es tu tío; enseñarte Historia será para él un reto. Que su sobrino no pueda con esa asignatura le va a causar un auténtico «shock». Se verá obligado a remediarlo. Lo conozco bien y es muy cabezota. La Historia es su pasión. Te servirá de mucho.

–Pero papá... –protestó Julio.

–Está decidido –cortó Sergio con firmeza–. Si no hay inconvenientes, te llevaré a casa de tu tío y estarás allí hasta los exámenes de septiembre. Tienes que aprobar y presentarte a la Selectividad. En octubre ingresarás en la universidad; no quiero que pierdas un año por culpa de una asignatura de tres al cuarto.

—Si te oyera el tío Manuel diciendo que la especialidad a la que dedica su vida es de poca monta...

—¡Bueno se pondría! Pero tú de esto ni una palabra ¿eh? La Historia está bien para hacer películas y novelas, pero apenas sirve para la vida moderna. Lo importante son las matemáticas, la informática y los idiomas, y en eso eres bastante bueno, gracias a Dios. Para estudiar Ingeniero de Telecomunicaciones, que es la carrera de moda, son asignaturas primordiales.

—¿Entonces?

—Ahora mismo voy a llamarlo.

Julio se retiró amargado a su habitación a comentar en las redes sociales con sus compañeros los resultados de los exámenes, con la esperanza de que su tío tuviera previsto algún viaje que impidiera su estancia en aquella casa.

Al poco tiempo, mientras tecleaba en el portátil, su padre entró radiante.

—¡Todo arreglado! Tu tío está encantado de que pases allí el verano. Dice que en los exámenes de septiembre vas a conseguir un sobresaliente; le va en ello su prestigio.

—Me parece que exagera un poco —dijo Julio con fastidio.

—Ya sabes como es, aunque yo me conformo con que apruebes hijo. Ve preparando las maletas. Mañana nos vamos a la sierra.

Sergio salió de la habitación de Julio con gesto triunfante. Carmen, su mujer, con la que había consultado su idea antes de llamar a su hermano, estaba de acuerdo con el proyecto. De esa manera ellos podrían irse tranquilos a la costa levantina a pasar el verano en el pequeño apartamento que habían comprado el año anterior con parte de sus ahorros y una hipoteca llevadera, pensando también que era una inversión a largo plazo. Habían aprovechado el estallido de la «burbuja» inmobiliaria. El precio había sido bastante bueno respecto a lo que pedían años antes en plena euforia urbanística.

Julio, resignado, comentaba con sus amigos en Twitter el verano que le esperaba. Algunos de ellos habían aprobado todo el curso y mostraban su alegría, aunque también sus nervios ante los exámenes de Selectividad que estaban al caer. Otros se lamentaban de los suspensos y comprendían el estado de ánimo de Julio. Las redes sociales hervían de chicos y chicas comentando sus preocupaciones estudiantiles y sus perspectivas vacacionales.

Al día siguiente, Julio metió su ropa de verano en una maleta y dos bolsas de deporte, y por último, el odiado libro de Historia con el que tendría que luchar durante dos meses, bloc de notas, rotuladores y bolígrafos para tomar apuntes.

Sus padres lo aguardaban listos para llevarlo a la sierra, a un pueblo situado a menos de una hora de automóvil si no había atasco al salir de la ciudad. Afortunadamente, las autovías M-40 y M-50 estaban bastante despejadas sin parones ni atascos dignos de mención. El paisaje fue cambiando poco a poco conforme se aproximaban a las estribaciones de la sierra. Los campos llanos, salpicados de bloques de viviendas aisladas y naves industriales, dejaron paso a bosquecillos de pinos, afloramientos de rocas graníticas y sembrados ya en rastrojo después de la siega.

Las montañas fueron acercándose desde la lejanía y tras la azulada bruma, haciéndose más nítidas y majestuosas. Al poco, el automóvil salió de la autovía y empezaron a subir por una carretera comarcal estrecha pero bien asfaltada.

La casa de Manuel Espinardo Gutiérrez, catedrático de Historia de la Universidad Complutense de Madrid, era un precioso chalé situado en las afueras de un pequeño pueblo. Estaba revestido de piedra y ladrillo con grandes ventanales de madera, una terraza acristalada al Sur en la segunda planta y un porche espacioso en la entrada bajo un techo sostenido por tres grandes arcos de cantería. La chimenea se erguía desafiante en uno de los extremos, mostrando sus nobles sillares de granito que le aportaban un toque de vieja y noble mansión solariega.

Una valla de piedra y rejas de hierro colado rodeaban la casa, casi oculta a los ojos del viandante por un alto seto de cipreses bien cortados que formaban una muralla impenetrable de verdor. Dentro de la parcela varios pinos centenarios asomaban sus enormes copas.

Sergio detuvo el automóvil frente a la cancela de hierro de la parcela e hizo sonar el claxon varias veces. Al poco tiempo, las puertas se abrieron suavemente sobre unos raíles metálicos bien engrasados, permitiendo la entrada.

Sergio condujo por un camino de grava hasta la puerta principal de la casa. Su hermano Manuel y su esposa Cintia ya estaban esperándolos sonrientes frente al porche.

—¡Bienvenidos a mi humilde mansión, familia! —exclamó Manuel con cierto tono de humor al referirse a su casa.

—Y bien que lo dices bandido —le contestó Sergio abriendo la portezuela de su automóvil—, porque, si no lo es, poco le falta. ¡A mis brazos hermano!

Ambos matrimonios se saludaron efusivamente; los hombres fundiéndose en un apretado abrazo, las mujeres besándose en las mejillas y observando a hurtadillas la ropa y el peinado de la otra.

—¡Ven aquí perillán! —Manuel abrazó a su sobrino Julio estampándole dos sonoros besos en las mejillas—. ¡Estás hecho un hombre! Estos chicos cambian en cuanto dejas de verlos un par de meses.

—¡Qué guapo estás Julio! —exclamó Cintia estrujándolo y llenando las mejillas de su sobrino de lápiz de labios.

—Venga, pasad a la casa y sentémonos un poco —dijo Manuel agarrando la maleta de Julio—. Supongo que os quedareis a comer ¿verdad?

–Claro Manuel –contestó Sergio–, no vamos a dejarte el «paquete» y a salir corriendo. Tenemos que aprovechar la ocasión para hablar; hacía tiempo que no nos veíamos.

–Es verdad. Cada uno tenemos nuestros afanes y el tiempo pasa muy deprisa.

Las dos familias entraron en la casa. El suelo estaba forrado de parquet de madera de roble, cálido y acogedor. Las paredes blancas mostraban multitud de cuadros, fotos, diplomas y estanterías llenas de libros por todas partes.

Un amplio sofá de piel los acogió en torno a una mesita de forja y mármol sobre la que brillaba un jarrón de cristal rojo de Murano lleno de flores silvestres recién cortadas.

–Bueno, y contadme... ¿qué es eso de tu aversión a la Historia? –Estas últimas palabras las dijo Manuel mirando al chico.

Julio no supo qué contestar; se puso un poco colorado y desvió la mirada.

–Pues que se le ha atragantado la asignatura –contestó su padre–; ya ves, todo bien excepto la Historia.

–Vaya, vaya –Manuel tecleó sobre su rodilla derecha–. Fíjate qué cosas, yo apasionado de la Historia y mi único sobrino no la puede ver; a veces los genes no se entienden...

–No es eso tío –acertó a decir Julio–, es que me lío con tanto nombre y tantas fechas, me aburro.

–Lo tomaré como un desafío. No me llamo Manuel si cuando acabe el verano no te has vuelto un adicto a esta materia –se volvió hacia su hermano–. La verdad es que muchos libros de texto están escritos para demostrar la erudición del historiador, sin pensar que el lector puede ser un profano o un incipiente aficionado. Desde esa perspectiva, un libro de Historia suele ser muy aburrido, apenas un listado de nombres y fechas. Tiene algo de razón el chico. Contar la Historia hay que hacerlo como si fuera una maravillosa novela de intriga y acción, que lo es sin duda alguna; mucho más que grandes obras de ficción.

–Pues confiamos en ti Manuel –intervino Carmen–; nos gustaría que Julio aprobara en septiembre y empezara la universidad en octubre.

–Claro Carmen, te aseguro que pondré todo mi empeño en ello. Y tú me vas a ayudar, ¿verdad Julio?

–Claro tío; por mi parte prometo que estudiaré, aunque no garantizo los resultados.

–Tranquilo Julio, ya verás como te va a gustar.

–Lo dudo. Le tengo ya cierta manía.

–Eso son cosas de estudiantes. Tropiezan con una asignatura y la odian con todas sus fuerzas –afirmó el profesor desde la voz de la experiencia.

–Sí –dijo Sergio sonriendo–, me acuerdo de que en bachillerato se me «cruzó» la Geografía. Lo que me costó aprobarla; lo justo para olvidarlo todo en poco tiempo. Ahora no sé casi ni donde está el río Nilo.

–Yo a tu edad también tuve mis problemas, pero aquello ya pasó... Y ¿cómo os va la vida?

Después de conversar un rato sobre los avatares de cada familia, fueron a pasear por la parcela, donde Manuel les enseñó orgulloso las rosas cuidadas por su mujer, los macizos de petunias y la piscina recién preparada para los baños estivales con el agua transparente como el cristal.

–Aquí podrás bañarte todo el verano, Julio. Ya verás como no te lo pasarás mal. Además, tendrás una compañera con la que hablar.

–¿Una compañera? –Julio pensó que alguna profesora iría a visitar a su tío para hacer consultas.

–Sí, Julio, es una antigua alumna mía hija de unos amigos que está haciendo el doctorado; pasará aquí todo el verano redactando su tesis. Verás como no te aburres con ella.

«Seguro que es una fea empollona –pensó Julio–; espero que no sea miope y esté gorda como una foca. Lo que me faltaba».

El día transcurrió lánguidamente entre conversaciones intrascendentes y al atardecer los padres se despidieron volviendo a Madrid.

La habitación de Julio tenía un ventanal que daba a la piscina, que estaba rodada de árboles y un césped bien cuidado. La cama era cómoda y tenía una mesa adosada a la pared con una lámpara orientable y cajones donde guardar los apuntes y los útiles de escribir. Julio sacó el ordenador portátil de la mochila y lo instaló tecleando la contraseña del «wifi» que le había dado su tío. Deshizo el equipaje y colocó su ropa en el armario. Luego conectó a la pequeña tele que había sobre una mesita auxiliar la consola de juegos que había llevado consigo pese a la oposición de su padre y accedió al nivel que tanto le costaba superar.

El aviso de su tía Cintia advirtiéndole de que la cena estaba lista lo sorprendió a punto de superar la puntuación. Los comandos estaban casi aniquilando a la fuerza defensiva. Pero no quiso hacerse el remolón la primera noche. Apagó la consola y la tele y bajó las escaleras con agilidad.

La cena transcurrió con una conversación ligera sobre las recetas empleadas por Cintia, y alabanzas de su tío a la habilidad culinaria de su mujer mientras engullía la comida. La verdad es que su tía no cocinaba nada mal.

–Antes de irte a tu habitación me gustaría charlar contigo un poco y relajarnos en el porche mirando las estrellas. ¿Quieres Julio? –le preguntó Manuel mientras terminaba el suculento postre.

–Claro tío. Estoy a tope, no podré dormir con la barriga llena; la cena estaba buenísima.

–Gracias Julio –dijo Cintia sonriendo–. Es tu primer día; espero que sigas diciendo lo mismo cuando termine el verano.

–Seguro que sí –apostilló Julio con una sonrisa de oreja a oreja.

Julio no quería hacerse odiar por sus tíos. Eran buena gente, amables y simpáticos. Ellos no tenían la culpa de que su padre hubiera decidido «recluirlo» todo el verano en aquella casa. Se prometió tratar de pasarlo lo mejor posible. Muchas familias veraneaban en el pueblo y sus alrededores. Seguro que habría chicas guapas buscando diversión. Si se portaba bien, sus tíos seguro que le dejarían salir alguna que otra noche.

En el porche, en una deliciosa penumbra, sentados en sillones de mimbre con almohadones estampados de flores, contemplaron las estrellas que brillaban rutilantes en una noche sin luna.

–En Madrid seguro que no podrás ver esta maravilla de cielo nocturno –comentó Cintia.

–No tía. Allí hay mucha luz artificial en las calles; apenas se ve alguna estrella. La verdad es que ni siquiera me había dado cuenta de que existían.

–Esa es una de las ventajas de vivir a las afueras de un pueblo pequeño –comentó Manuel encendiendo una pipa de oloroso tabaco que hizo toser un poco a Julio–. Perdona chico, es el olor de este tabaco holandés, pero ya te acostumbrarás. Me ayuda a pensar. Cámbiame el sitio. La brisa viene de ese lado y así el humo no te molestará porque... ¿no fumas?

–No tío. No me gusta. Lo probé una vez y casi me muero.

–¡Esta juventud! A tu edad yo ya fumaba como un carretero. Luego dejé los cigarrillos y empecé con la pipa, así fumo menos y no es tan perjudicial como el cigarrillo. Bueno, pero fumarás un «porrete» de vez en cuando, ¿no? –Manuel hizo un gesto de complicidad.

–Pues... alguna vez, en las fiestas de estudiantes doy alguna calada, pero no me gusta mucho, me marea. No le encuentro la gracia; además, si quiero hacer deporte no puedo fumar; me gusta correr y nadar y para eso hay que tener buenos pulmones.

–Eso está muy bien Julio. Ojalá yo también hiciera algo de deporte, pero no tengo tiempo –el profesor miró de nuevo el cielo estrellado–. ¿Sabes? De ahí venimos nosotros.

Julio miró también al cielo contemplado las miríadas de estrellas.

–¿Qué quieres decir? Ahora que reparo en ellas y las veo bien, ¡son preciosas!

–Imagínate que estuviéramos flotando en el espacio interestelar. A nuestro alrededor todo sería negrura, salpicada por millones de lucecitas que brillarían más o menos intensamente, las estrellas...

Manuel empezó a hablar suavemente; solo le interrumpían de vez en cuando las chupadas y exhalaciones del ondulante humo de la pipa. Su voz de barítono, bien timbrada, resonaba majestuosa y seductora en el porche sumido en la penumbra, apenas iluminado por unas luces solares clavadas en el suelo del jardín. Julio se sintió atrapado por ella.

–...de pronto notamos un calorcito en una parte de nuestro cuerpo y vemos que está iluminado. Volvemos la cabeza y contemplamos a lo lejos lo que parece una inmensa bola de fuego radiante que nos deslumbra, el Sol. Luego, mirando en otra dirección, contemplamos varias esferas de diferente tamaño y a distintas distancias del Sol. Son los planetas del llamado sistema solar, los mundos que acompañan al astro rey en su caminar por nuestra galaxia, la Vía Láctea. Resulta que el Sol es una estrella que gira en uno de los «brazos» de la Vía Láctea. En las noches en que se aprecia, parece un camino blanquinoso que atraviesa el cielo, pues vemos una parte de su forma discoidal cuajada de estrellas.

–¿Y por qué estamos dentro de una galaxia? –preguntó Julio intrigado. Siempre le habían gustado las historias de ciencia ficción, del espacio y sus mundos misteriosos.

–Por si no lo sabías, el Universo está lleno de galaxias que se agrupan en racimos, millones y millones de ellas, hasta donde alcanzan nuestros telescopios. Es presumible que donde no podemos ver todavía existan muchas más, y así hasta no sabemos dónde. Las galaxias adoptan varias formas, pero la más característica es una espiral, un tremendo conjunto de estrellas, planetas, cometas, satélites, asteroides, polvo cósmico, gas, etc. que giran formando un disco gigantesco alrededor de un agujero negro.

–He oído hablar de los «agujeros negros». Los vi en una película del espacio. Uno casi se traga la nave de los protagonistas. ¿Qué son en realidad?

–Los agujeros negros se supone que se han formado debido a la implosión de una gigantesca estrella, que al comprimirse hasta casi desaparecer adquiere tal masa en tan reducido espacio que genera una inmensa gravedad y absorbe todo lo que hay a su alrededor como si fuera un embudo o un desagüe. Una fuerza atractiva tal de la que ni siquiera la luz puede salir; por eso lo llaman «agujero negro».

–Pues no quisiera ser astronauta y pasar cerca de uno de ellos.

–Suelen estar en el centro de cada galaxia. El nuestro, afortunadamente, está a millones de años-luz.

–Un año luz… es una distancia enorme ¿no?

–Piensa que la velocidad de la luz es de unos 300.000 kilómetros por segundo. Pues la distancia que recorre la luz en un año es «un año-luz». Algo inimaginable para nosotros. El Universo es tan grande que se tuvo que idear esta medida para calcular las distancias entre estrellas y galaxias.

Por ejemplo, si quisiéramos ir de un lado a otro del disco de nuestra galaxia a la velocidad de la luz, tardaríamos unos 100000 años.

—¡¡Qué flipe tío!!

—Podemos hacer una fácil reproducción de una galaxia en casa. Coge un poco de jabón y, en un lavabo con el desagüe tapado, haz espuma de manera que esta flote sobre el agua. Luego destapa de golpe el desagüe del lavabo y observa como el agua adquiere una dirección cuando se va colando por el agujero; es un movimiento circular y la espuma va formando una especie de espiral alrededor de ese agujero. Exactamente igual es la forma de una galaxia ¡pero a un tamaño infinitamente más grande! Y el agujero negro es el desagüe.

—¡Es verdad! —exclamó Julio excitado—, algunas veces he visto esas espirales en el lavabo y me han recordado a las fotos de las galaxias.

—Es curioso que la forma de espiral se reproduzca en todos los niveles y fenómenos de la naturaleza. Las últimas investigaciones dicen que las partículas subatómicas no son tales, sino infinitesimales tornados, pues estos y los huracanes adoptan la misma forma espiral que las galaxias. Incluso las olas del mar adoptan esta forma en su dinámica interna.

»Pero volvamos al espacio cósmico. Cada galaxia tiene cientos de miles de millones de cuerpos celestes. La nuestra, donde vivimos, mide de diámetro unos 100.000 años-luz. Si existen miles de millones de galaxias en el Universo, imagina, si puedes, lo enorme que es el Cosmos.

—No puedo imaginarlo tío; esas cifras son marcantes... ¡Cien mil años! Pero en la película *La Guerra de las Galaxias* entran en el hiperespacio y pueden recorrer las galaxias en poco tiempo.

Manuel sonrió aprovechando para encender de nuevo la pipa que se había apagado mientras hablaba.

–Existen teorías sobre los llamados «puentes Einstein-Rosen» que podrían perforar el espacio como un gusano una manzana, acortando la distancia entre las estrellas... pero todavía no se han comprobado.

»Ahora volvamos a nuestro modesto sistema solar. Las esferas que podemos contemplar tienen nombres mitológicos de dioses romanos. Desde muy antiguo ya se conocían casi todos, y como en Europa hemos vivido tantos siglos bajo el poder y la influencia del Imperio Romano, los planetas vecinos siguieron llamándose igual que sus dioses. Incluso Plutón, que se descubrió tardíamente, recibió el nombre del dios del inframundo romano (aunque hoy ya no se le considera propiamente un planeta, debido a su reducido tamaño).

–Qué interesante tío.

–Todos estos mundos, si estuviéramos flotando en el espacio, aparecerían a nuestra vista con colores más o menos apagados y uniformes. Pero nos llamaría la atención Saturno con sus anillos, Marte por su color rojizo, y un mundo extraño que es totalmente distinto a los demás y que no recibe el nombre de ningún dios mitológico. Un mundo azul que brilla en el espacio iluminado por el Sol. Azul por sus océanos y mares, con jirones blancos por sus nubes, y ciertos colores aquí y allá, verde por sus bosques –cada vez menos–, y marrón y ocre por sus tierras y desiertos que cada vez crecen más.

–He visto las fotos en Internet, son «guais».

–Este planeta que flota en el espacio, girando alrededor del Sol en una órbita elíptica, se llama «Tierra», prosaico nombre que le dieron sus habitantes «inteligentes» a pesar de estar mayormente cubierto de agua.

»Observamos al acercarnos, en ese vuelo imaginario por el espacio, que alrededor de la Tierra gira una esfera más pequeña. Es su satélite la Luna, de un color blanco intenso en la parte que ilumina el Sol. En su superficie no hay agua ni vegetación, ni siquiera atmósfera que merezca la pena. Está cubierta de cráteres producidos por viejas erupciones volcánicas y por los impactos de millones de meteoritos y asteroides durante incontables años.

–En la Luna no hay nada tío, solo polvo y rocas; no sé para qué fueron allá. Si será fea que no han vuelto después de tantos años –intervino Julio.

–Efectivamente, parece un mundo muerto.

»Bueno, llegamos a lo más extraordinario que hay en este pequeño planeta llamado Tierra, y es que en él hay vida orgánica, hay organismos vivos, y no solo eso, también hay vida que reflexiona sobre ella misma, que se pregunta qué hace ahí, de dónde ha venido, hacia dónde va y cómo ha llegado hasta este mundo.

–¿Te refieres a nosotros, las personas?

–Me alegra ver que eres perspicaz. Hay muchos que se refieren a esta clase de vida llamándola «inteligente». Yo opino que, a la vista de su Historia, que iremos viendo, la inteligencia no es precisamente una de las virtudes de ese ser que camina erguido sobre dos piernas y que se llama a sí mismo «ser humano».

»La palabra «humano» proviene del latín «humus» que es esa mezcla de tierra, agua, bacterias y materia orgánica vegetal en descomposición que tan bien funciona para abonar las plantas. Se supuso durante muchos siglos que proveníamos de este compuesto fértil y que habíamos sido creados por un dios. Más adelante hablaremos de este asunto.

–¡Vaya! –exclamó Julio sorprendido–, no sabía que la palabra humano se relacionara con la tierra de jardín.

–Te sorprenderás de muchas más cosas, sobrino. Pero continuemos con el espacio exterior.

»En el resto de los planetas de este sistema solar, hasta el momento no se sabe si existe alguna clase de vida, aunque solo sea bacteriana.

—Sería «molón» que existieran extraterrestres.

—Eso dependería de sus intenciones y de las nuestras respecto a ellos... Pero ahora volvamos la vista hacia la Tierra.

»Nuestro planeta es un mundo bellísimo, lleno de contrastes, mares, desiertos, montañas, selvas, bosques, praderas, ríos, lagos. Si descendemos, observaremos que desde su superficie se contempla un cielo azul durante el día salpicado de nubes blancas que pueden tornarse grises cuando hay tormentas, mientras que por la noche el cielo aparece negro con puntitos blancos, las estrellas, y según sus ciclos la Luna redonda o en formas cambiantes, según la ilumine el Sol o la alcance la sombra de la Tierra en los eclipses.

»La Tierra es el tercer planeta en distancia que gira en torno al Sol y lo acompaña alrededor de la galaxia. Más cerca del astro rey están Mercurio y Venus, y más alejados, Marte, Júpiter, Saturno, Urano, Neptuno y, por último, Plutón.

—Eso ya lo sabía, pero...¿cuál es la diferencia que permite la vida aquí y no en la Luna o en Marte?

—Lo que permite nuestra presencia en este mundo es que la Tierra está rodeada de una envoltura gaseosa llamada «atmósfera» que nos protege del vacío cósmico y de las crueles temperaturas y radiaciones del Sol. También nos protege de los meteoritos y asteroides, al menos de casi todos, que se desintegran al rozar con los gases atmosféricos, ya que alcanzan grandes temperaturas debido a sus altas velocidades de entrada.

—Pero en un reportaje de televisión vi que los dinosaurios fueron exterminados por la caída de un asteroide; entonces la atmósfera no sirvió de mucho.

—Claro Julio, te has dado cuenta del fallo que tenemos en nuestro planeta. Efectivamente, si un asteroide lo suficientemente grande llegara a la atmósfera, a pesar de perder parte de su masa, su tamaño le permitiría llegar a la superficie. Como consecuencia, debido a la enorme velocidad del impacto se produciría una explosión similar a la de varias bombas atómicas, incluso de miles dependiendo de su tamaño, lo cual generaría un invierno artificial temporal, pues las partículas de polvo y roca arrojadas a la atmósfera se mantendrían en suspensión durante años e impedirían que la radiación solar normal llegara a la superficie de la Tierra y a los océanos que sirven de termostato regulador de la temperatura.

»De esta manera parece que desaparecieron los dinosaurios, ya que a la onda calórica de la explosión le sucedió un gigantesco huracán y un invierno artificial prolongado que acabó con las plantas que eran su base alimentaria. Primero murieron los herbívoros y luego los carnívoros, sin olvidar la enorme bajada de las temperaturas. Se supone que los dinosaurios eran animales de sangre fría, como los cocodrilos, sus parientes, o los lagartos y los varanos. El frío repentino debió paralizarlos casi por completo.

—Así parece que fue; lo vi todo en un reportaje con modelos animados por ordenador. Fue emocionante —dijo Julio entusiasmado.

—Pero no hay mal que por bien no venga, ya que gracias a que los dinosaurios desaparecieron, los mamíferos pudieron prosperar y hacerse grandes, y de ellos procedemos nosotros. Probablemente si ese asteroide no hubiera caído en aquella época hoy no estaríamos aquí tu tía, tú y yo; en definitiva, ningún ser humano existiría.

»Pero sigamos con la atmósfera. Es rica en nitrógeno y oxígeno, lo que nos permite respirar y vivir. También tiene otros gases menos abundantes, como dióxido de carbono, hidrógeno, ozono y otros «gases nobles» en menores proporciones. También tiene nuestro planeta a su alrededor, mucho más lejos de la atmósfera, una protección magnética, los llamados «cinturones Van Hallen», que nos evitan los negativos efectos de los rayos cósmicos y del «viento solar», que son gigantescas emisiones de plasma, de partículas nocivas para la vida, que se desvían gracias a este oportuno escudo. Sin estos maravillosos escudos magnéticos tampoco sería posible la vida tal y como la conocemos.

–Vale tío, pero ¿cómo empezó el Universo? Nunca he entendido bien eso del «Big Bang».

Manuel se repantigó en el sillón haciendo crujir el mimbre. La pipa se le había apagado otra vez. La sacudió enérgicamente contra un cenicero de cristal situado sobre una mesita. Luego sacó del bolsillo un pequeño instrumento de metal y rascó la cazoleta, limpiándola de restos de tabaco quemado.

–Disculpa Julio, tengo que volver a encenderla para terminar esta conversación; ya te he dicho que me ayuda a pensar; manías de viejo profesor.

–No eres tan viejo tío, solo un poco mayor que mi padre.

–Sí, le llevo cuatro años, pero parecen más. Tu padre se conserva estupendamente. Claro, no fuma y hace deporte, si yo pudiera...

–Tú podrías si quisieras Manuel –dijo Cintia–, todo es cuestión de organizarse, y ya sabes lo que te dijo el médico.

–Sí, sí, que tengo que hacer deporte y dejar de fumar. Un día de estos empezaré a hacer las dos cosas, lo prometo –al decir esta última frase le guiñó un ojo a Julio–. Las mujeres que nos aman se preocupan por nosotros. Ya verás cuando tengas pareja.

»Bien –encendió la pipa con grandes bocanadas de placer–, estábamos con el principio de todas las cosas.

–Claro tío, tuvo que haber un comienzo, ¿no?

–Por supuesto. Las investigaciones parecen señalar que todo comenzó hace unos quince o dieciocho mil millones de años, cuando en nuestra dimensión se produjo un estallido de tales proporciones que ni siquiera podemos imaginar.

Toda la materia que hay en el Universo –que es bastante–
surgió en aquella explosión en forma de partículas subatómicas.

–¿Las partículas subatómicas son los *quarks*? –preguntó dudoso Julio.

–Efectivamente, una parte de ellas. Los *quarks* son las
que forman los neutrones y los protones, pero también estaban los electrones, los bosones, los gluones, los fotones, en
fin, toda una sopa desordenada de partículas infinitesimales
que se expandían, y al mismo tiempo, al expansionarse, bajaba la tremenda temperatura inicial y la presión.

–Entonces ¿estaba caliente?

–No te puedes imaginar cuánto, millones de grados
centígrados. Si toda la materia que hay en el Universo estaba
concentrada y comprimida en un punto infinitesimal... ¿te
imaginas qué temperatura y qué masa tendría?

–No tío, una burrada.

–Efectivamente, una «burrada» –sonrió al decir esta
palabra– de calor. Pero al expandirse se iba enfriando, y al
enfriarse, las partículas fueron agrupándose, formando el
primer átomo. ¿Adivinas cuál?

–Pues no sé tío, dame una pista.

–Es el más sencillo de todos.

–¡Ah claro! El hidrógeno; he sacado buena nota en Física y Química.

–Me alegro. Efectivamente. El hidrógeno es el átomo
más sencillo; solo tiene un protón y un neutrón en su núcleo,
y un solitario electrón en órbita. Por eso, todavía hoy después de tanto tiempo transcurrido desde entonces, el hidrógeno es el elemento más abundante en el Universo.

–¿Y cómo se formaron los restantes átomos? Porque
existen un montón de elementos químicos diferentes.

–Pues en los hornos estelares, es decir, se cocinaron
dentro de las estrellas.

–Pero primero tendrían que formarse las estrellas, ¿no? –preguntó Julio socarrón.

–Claro Julio. Conforme fue expandiéndose la sopa de partículas y se enfriaba, comenzó a llenarse todo de hidrógeno. Por fortuna la explosión inicial tuvo irregularidades, no fue totalmente homogénea en toda su superficie. Gracias a este fenómeno, el gas empezó a concentrase en nubes, y esas nubes, por efecto de la gravedad, se fueron comprimiendo y adoptando formas esféricas. La presión originada por la contracción de las esferas de gas consiguió subir la temperatura interior y lo hizo hasta tal punto que los átomos de hidrógeno empezaron a fusionarse entre sí originando otro elemento diferente. ¿Sabrías decirme cuál?

–Lo estudié en la tabla periódica de los elementos de Mendeliev; creo recordarlo... era ¡el helio!

–¡Efectivamente Julio! El helio tiene dos protones y dos neutrones en su núcleo, resultado de la fusión de dos átomos de hidrógeno. ¿Y qué pasa cuando se rompe la fuerza que une los protones y los neutrones de los núcleos de los átomos y estos se fusionan formando un nuevo elemento?

–Pues que se genera un montón de energía.

–¡Otra vez has acertado! Veo que la Física se te da mejor que la Historia. Así es que cuando se fusionan los átomos de hidrógeno se produce una explosión termonuclear, o lo que llamamos una bomba de hidrógeno, mil veces más potente y devastadora que una bomba atómica que se fundamenta en lo contrario, la rotura del núcleo atómico.

–Sí, pero aún quedan muchos más elementos químicos por fabricar.

–Claro Julio, ten paciencia. Cuando una estrella va quemando el hidrógeno y este se va convirtiendo en helio, llega un momento en el que consume casi todo el gas hidrógeno, y entonces empieza a gastar el helio que se fusiona para formar otro elemento y así sucesivamente, hasta que explota originando una supernova o se dilata tremendamente convirtiéndose en una gigante roja y luego se comprime hasta formar una enana blanca. En todo este proceso van creándose, como por arte de magia, todos los elementos que conocemos: el oxígeno, el carbono, el hierro, etc.

—¿Y cómo llegan a un planeta?

—De varias formas. Primero te diré que nuestro Sol y todos los planetas que lo acompañan en su viaje sideral proceden de los restos de una estrella masiva que explotó en una supernova. Te diré que una supernova es una explosión tan gigantesca que se puede ver desde millones de años-luz de distancia. Pero una vez que ha estallado, quedan restos, los suficientes como para formar una nueva estrella, ahora más pequeña que la de antes, y los despojos de menor tamaño acaban formando un disco alrededor de esa nueva estrella, y de ese disco de gas se van constituyendo los planetas. En estos nuevos mundos ya existen los elementos que se han formado en la supernova, y además se van agregando los asteroides, los meteoritos y los cometas que circulan por el espacio y que caen sobre estos proyectos de planeta. Todos los asteroides, meteoritos y cometas tienen en su composición elementos químicos de todas clases, pues proceden de lejanos soles que a su vez han estallado, ya que no todos los fragmentos de la explosión son retenidos sino que salen despedidos al espacio y escapan a la gravedad de la nueva estrella.

—Vale tío. Ahora entiendo como se han formado el Universo, los átomos, las estrellas y los planetas. Pero hay una pregunta que me ronda la cabeza... ¿qué originó esa explosión del Big Bang?

Manuel exhaló una buena bocanada de humo y lo contempló elevarse hacia el cielo con los ojos entrecerrados. Sonrió satisfecho. La curiosidad de su sobrino le agradaba, pues aquella era una pregunta que muy pocos hacían.

–Pues no se sabe. Algunos científicos postulan que existen infinitos universos paralelos, y que cuando chocan entre ellos, se produce una trasferencia de energía. Eso pudo ocurrir, pero también pudieron intervenir otras causas que todavía desconocemos, como por ejemplo una singularidad del «Campo Punto Cero». Los creyentes dicen que fue simplemente el deseo de Dios. Lo siento Julio pero no puedo asegurar nada; simplemente ocurrió y aquí estamos.

–Nunca he oído hablar del «Campo Punto Cero»; no venía en los libros de Física que he estudiado.

–No me extraña Julio. Es un descubrimiento revolucionario que pondrá la Física patas arriba y todavía tiene detractores.

–¿En qué consiste? –Julio puso toda su atención.

–Algunos físicos postulan que existe un infinito campo de energía pura al que llaman el «Campo Punto Cero». De ese campo, que estaría en una dimensión paralela a la nuestra, surgió una emisión, una pequeña burbuja de energía que formó nuestro Universo. Y ya sabes que la base de la materia es la energía; en realidad, según dijo Einstein, «lo único que verdaderamente existe es la energía».

–¿Y de dónde ha salido ese «Campo Punto Cero»?

–Pues no lo sabemos... todavía. Parece que es la matriz de todo lo que existe... En realidad lo que hemos hecho es trasladar la gran pregunta un poco más lejos que antes.

–Entonces somos el resultado de las reacciones nucleares de las estrellas. Los átomos de mi cuerpo formaron parte alguna vez de una estrella.

–Sí Julio, así es. Todo procede de las estrellas.

–¡Qué bonito! –exclamó Cintia que escuchaba atenta las palabras de Manuel–. ¿Y no tendremos algún recuerdo de aquella etapa en nuestro interior?

–Tal vez Cintia... tal vez –murmuró Manuel mordisqueando la pipa que sostenía en la mano derecha–; el ser humano es muy especial. Somos especiales, pero esa es otra historia.

–Me gustaría saber cómo empezó la vida. Lo he estudiado en los libros de texto, pero me gustaría escuchártelo contar a ti. Haces que todo parezca fácil tío.

–Gracias Julio. Para un profesor, que sus enseñanzas parezcan fáciles de comprender y recordar es un elogio maravilloso. Algunos prefieren presumir de «duros» y de que solo unos pocos alumnos, los empollones, pueden entenderlos. Procuran hacer del estudio y la cultura algo muy complicado y oscuro, pero están equivocados. Lo realmente difícil es hacer la educación sencilla y agradable... –miró su reloj de pulsera–. ¡Caramba! ya es un poco tarde. Vamos a dormir y mañana continuamos. Tenemos que preparar un plan de estudios, un horario para organizarnos. Ahora tengo más tiempo, pero cuando llegue Clío tendremos que coordinarnos.

Julio se levantó y le dio un beso a Cintia.

–Buenas noches tía, hasta mañana.

–Hasta mañana, que duermas bien.

–Recuerda que desayunamos a las ocho en punto –advirtió Manuel.

–Vale tío Manuel, no te preocupes. Hasta mañana.

Julio entró en la casa y subió a su habitación. A través de la ventana contempló las estrellas que titilaban en lo alto y respiró profundamente advirtiendo la estela blanquecina de la Vía Láctea. Allá, sobre la negrura del cielo, las estrellas continuaban fabricando los elementos que luego servirían para que surgiera la vida. Se puso el pijama y se tumbó en la cama. Cerró los ojos y se durmió soñando con mundos rutilantes que giraban en el espacio infinito.

EL COMIENZO DE LA VIDA

La alarma del teléfono móvil despertó a Julio a las siete y media de la mañana. Dio un respingo en la cama y se estiró perezoso entrando en un agradable duermevela. A los diez minutos la alarma volvió a sonar. Julio saltó de la cama, tocó la pantalla de su *smartphone* para detener la música y entró en el cuarto de baño. Abrió la ducha y se metió bajo el agua resoplando, pues aunque estaban a final de junio, no le gustaba demasiado el agua fría sobre su cuerpo. Movió el grifo de la caliente hasta que consiguió una placentera temperatura.

Después de la ducha se miró en el espejo que estaba encima del lavabo. Vio algún vestigio de acné, pero nada grave, y una leve pelusilla sobre la cara. Pensó que su padre no tenía la barba cerrada. De hecho estaba dos días sin afeitarse y apenas se le notaba.

Por suerte él parecía seguir sus pasos, así tendría que afeitarse menos veces y podría comenzar a hacerlo más tarde que su mejor amigo, Guillermo, compañero de clase que ya se estaba afeitando desde al año anterior todos los días.

Una vez vestido bajó a la cocina, que era amplia y rectangular con un entramado de vigas de madera soportando el techo y múltiples cacharros de brillante cobre colgando de la campana de la chimenea que creaban un ambiente rústico y acogedor. Una gran mesa de madera maciza de castaño ocupaba el centro. Sus tíos ya estaban sentados untando mantequilla en las tostadas. El olor agradable de café recién hecho llenaba la estancia.

–Buenos días, huele bien ese café –dijo Julio al entrar.

—Buenos días —respondió la pareja casi al mismo tiempo, como a coro.

—¿Qué planes tengo para hoy? —preguntó Julio vertiendo el negro y aromático café en su taza.

Cintia empujó levemente una cesta con rebanadas de pan tostado. Sobre la mesa, cubierta con un inmaculado mantel a cuadros, se ordenaban los frascos de la mermelada, cereales, paquetitos de mantequilla, una aceitera de cristal con aceite de oliva, una jarra con leche y una bandeja de cerámica con fiambres variados. Más al centro había otra jarra llena de zumo de naranja y tres copas de cristal.

—Supongo que desayunarás bien en tu casa; el desayuno es la comida más importante del día —sentenció Cintia sonriendo y mostrando una limpia y cuidada dentadura.

—Claro tía, no somos de cafetito ligero y magdalena. Me gusta empezar el día con un buen desayuno.

—Hoy tengo trabajo en la facultad —intervino Manuel—; tengo que revisar exámenes, pero estaré aquí a la hora de comer. Creo que debes repasar el primer tema. Después de la siesta me comentarás lo que te ha parecido.

—Vale, pero si tengo tiempo me gustaría darme una vuelta por los alrededores para respirar aire puro.

—Muy bien Julio. El estudio no debe ser una obligación agobiante. No se tiene que hacer más de dos o tres horas seguidas. Un paseíto o cualquier otra actividad ayuda a despejar la mente, a recuperarse físicamente y a fijar las nociones en nuestro cerebro. Una vez refrescado, se puede seguir con la labor de descifrar esos malditos textos que los profesores nos empeñamos en haceros aprender ¿verdad?

—Sí, es verdad. Lo siento tío, pero es que no veo la utilidad de esta asignatura; aparte de para presentarse a algún concurso de la tele, todo son cosas pasadas, viejas. A mí me interesa más lo que ocurre hoy.

–Te comprendo sobrino, y no creas que me enfado por tu actitud. Es normal que los jóvenes solo os preocupéis por el presente y algo por el futuro, pero ya entenderás que la Historia es mucho más que una asignatura pesada e inútil. En realidad, conociendo nuestro pasado es como podemos entender el presente, lo que nos está pasando ahora y lo que puede ocurrir en el futuro. Podemos decir que es la llave que nos abre la puerta del conocimiento de quiénes somos en realidad y de lo que podemos esperar de nuestro comportamiento como especie.

–Pues espero que me lo aclares tío, porque yo no veo nada de eso –contestó Julio con gesto de ignorancia.

–Ten paciencia, Zamora no se tomó en una hora. –Manuel se levantó limpiándose la boca con una servilleta de papel.

–Que aproveches la mañana. Nos veremos para comer.

Cintia se levantó también y besó a su marido cariñosamente.

–Ten cuidado con el coche.

–Ya sabes que siempre lo tengo; además voy con tiempo de sobra, no necesito correr demasiado.

Julio terminó su desayuno y ayudó a su tía a quitar la mesa.

–Mañana por la mañana llega Clío; espero que hagáis buenas migas –comentó Cintia mientras metía los platos y las tazas en el lavavajillas.

–¿Cuántos años tiene? –preguntó Julio.

–Pues creo que unos veintisiete o veintiocho, si no me equivoco.

«Vaya –pensó Julio algo decepcionado–, ya es bastante madurita, me lleva diez años por lo menos. Mejor, así me ahorro salir con esa empollona a entretenerla; para ella seré un crío con acné».

—Pues claro, así cuando no esté el tío le podré preguntar cosas que no entienda.

—Seguro que te ayudará. Se licenció con premio especial de carrera. Es una apasionada de la Historia.

«Lo que me imaginaba —reflexionó Julio—, una empollona insoportable. En fin, trataré de encontrarme con ella lo menos posible».

En su imaginación, Julio se estaba haciendo una representación mental de Clío: una chica gorda, con papada, fea de narices, de pelo grasiento, gafitas negras redondas de miope, ojitos de ratón y la sombra de un recio bigote sobre el labio superior.

«Las guapas no estudian tanto —siguió pensando—; no tienen necesidad de destacar en los estudios; ya lo hacen con su belleza, y se ligan al que quieren, un tío con pasta o un famoso. ¿Para qué van a estudiar como locas? Solo las feas lo hacen».

Terminó de ayudar a Cintia y salió al jardín. Un paseo entre los árboles y los parterres de flores le iría bien antes de empezar a estudiar. Luego subió a su dormitorio y cogió el texto de Historia con aprensión; era un tomo bastante grueso.

Abrió el libro con desgana y empezó a leer...

La voz de su tía llamándolo desde la escalera le hizo cerrar el pesado texto, dejando el bolígrafo con el que había tomado apuntes sobre el bloc de notas. La hora de la comida había llegado.

—¿Cómo ha ido la mañana? —le preguntó su tío.

—Mal... estudiando y tomando apuntes.

—Eso no está tan mal como piensas. Todo esfuerzo tiene su recompensa tarde o temprano. Venga, vamos a comer y luego nos echamos una pequeña siesta. Cuando refresque nos vemos, ¿de acuerdo?

Julio asintió mientras entraban en el salón-comedor.

Después de comer hacía un calor tremendo. Los días finales de junio estaban siendo muy pesados y todo el mundo comentaba lo que pasaría en julio con esa temperatura agobiante, que ya estaba causando problemas de salud a las personas mayores.

La siesta era obligada. La habitación permanecía fresca gracias a las gruesas paredes de la casa y al buen aislamiento que colocaron al construirla. Julio se echó sobre la cama un poco somnoliento aunque no acostumbraba a dormir por la tarde, pero el poco vino que su tío le había servido en la comida le estaba pasando factura, pues no tenía la costumbre de beberlo.

Medio adormilado pasó el tiempo y el Sol fue amortiguando su brillo. Jugó un poco con su consola consiguiendo pasar de nivel; ya estaba en los últimos pantallazos, a punto de alcanzar la meta.

El móvil emitió un sonido de campanitas. Era un «whatsApp» de su amigo Guillermo. Le enviaba una foto de la playa de Gandía, donde estaba ya con sus padres y hermanos, gracias a que había aprobado todo el curso. Aparte le mandaba un mensaje: «Ya estamos en la playa. Siento que no puedas estar aquí. Me acordaré de ti cuando salga con chicas guapas. Un abrazo».

«Menudo cabrón –pensó Julio sonriendo–. Qué suerte tiene; él en la playa ligando y yo aquí aguantando a una foca empollona. En fin, el que ría el último reirá mejor».

Tecleó una respuesta: «Que te lo pases bien colega, aquí estoy sacrificado estudiando con una piba que está como un tren. Menudo verano me espera. Ya te contaré».

«Se morirá de envidia cuando lo reciba –casi habló entre dientes–; el problema lo tendré cuando me pida una foto. Bueno ya lo resolveré como sea bajando la de alguna tía buena de Internet». Dejó el móvil sobre la mesa. No quería que una llamada inoportuna interrumpiera su conversación con Manuel. Iba a ser la primera «clase» con su tío y deseaba causar una buena impresión.

Bajó al salón. Manuel ya estaba sentado en el sofá ojeando un libro enorme.

–¿Has descansado bien? En verano hay que evitar el trabajo en las horas de más calor cuando ya tienes cierta edad; pero los jóvenes apenas os dais cuenta, os sobra la energía y vuestro organismo funciona perfectamente. Dime...

–He repasado el primer tema.

–¿Y bien...?

–Pues que me hago un lío con las eras geológicas del planeta y las especies vivientes que van apareciendo en cada una.

–No me extraña. He ojeado tu libro de texto por Internet. Es correcto pero frío. Lleno de erudición pero poco didáctico. Parece que su autor quiere demostrar que sabe de lo que habla, pero no se ha preocupado de que sea ameno y fácil de asimilar. Es triste que esto sea algo muy corriente en la enseñanza.

–¿Podrías explicármelo tú de otra manera?

–Lo voy a intentar.

»La aparición de la vida en este planeta es motivo de controversia. Existen diversas teorías que voy a exponerte a continuación de manera breve y escueta para no cansarte.

»Primero nos preguntaremos qué es vida, qué es un ser vivo.

–Parece algo que salta a la vista; un ser vivo es algo que tiene vida.

–No es tan fácil. Eso es como decir que un edificio es alto porque tiene mucha altura; en realidad no define nada. Te diré que la vida se identifica con algo capaz de nacer, crecer, realizar procesos metabólicos, alimentarse, multiplicarse y morir. Un cristal mineral es capaz de nacer y crecer, pero no de reproducirse ni de alimentarse; ni muere y por lo tanto no se considera un ser vivo.

—¿Y cómo llegó a surgir la vida?

—La primera teoría sobre cuál fue la razón de la existencia de vida en este planeta es la llamada «Teoría Creacionista», creída a pies juntillas durante siglos por los fieles de distintas religiones. Incluso en pleno siglo XIX, algunos historiadores occidentales serios todavía aceptaban que los primeros habitantes del mundo fueron Adán y Eva y que nuestra historia comenzó debido a la voluntad de un personaje sobrenatural, Dios, que lo hizo todo en seis días.

—Eso es lo que me enseñaron en clase de religión: «Lo dice la Biblia» —comentó Julio levantando la mano como si fuera el testigo en una película americana de juicios.

—Esa teoría postula que todo es obra de un «dios», en este caso del dios de la Biblia como tú has dicho. ¿Y qué es un dios? Aunque todo ser humano ha oído hablar de los dioses desde el principio de los siglos, existen unas características definitorias que los diferencian de los humanos.

—Dios es mucho más que una persona; es inmortal y puede hacer todo lo que quiera solo con pensarlo —lo interrumpió Julio.

—Podemos decir que, de la manera en como lo concebimos los humanos, es una especie de superhombre, pues tiene todos los atributos que el ser humano no tiene pero que nos gustaría poseer por encima de todo. Lo primero el poder y la inmortalidad; la omnisciencia y la omnipresencia ya no son tan apetecibles para nosotros. También depende de la deidad a la que nos refiramos, pues en la Historia aparecen miles de dioses que tienen atributos sobrehumanos pero con ciertas limitaciones. También entre ellos hay categorías, rencillas, odios y luchas. En general, podemos decir que, de existir, un dios sería un ser sobrenatural, invisible y todopoderoso que moraría en otra dimensión inaccesible al hombre, llamada «espiritual» o «los cielos», y que habría creado algo o todo lo que existe mediante su voluntad. En este caso concreto, la «Teoría Creacionista» se refiere concretamente al dios que aparece en un libro llamado «la Biblia».

–El libro inspirado por Dios, según la Iglesia –afirmó Julio.

–¿Tú lo has leído, sobrino?

–No... es demasiado largo y espeso; me aburro en cuanto empiezo a leerlo. En realidad de religión solo sé lo que me enseñaron en catequesis, que he olvidado bastante, antes de hacer la primera comunión, y lo que aprendimos en un curso sobre las religiones, especialmente la católica.

Manuel hizo una pausa mirando al techo y pensando mientras buscaba con su mano derecha la pipa que mantenía agarrada pero sin encender, como si fuera una especie de talismán que le ayudaba a pensar. Se cuidaba mucho de fumar dentro de la casa.

–La Biblia se presenta como un libro escrito por los hombres e inspirado por el Dios verdadero y único que existe para los creyentes de las religiones que tienen esta obra como referencia de su fe. Es el libro más difundido del mundo y guía de más de mil quinientos millones de seres humanos que siguen las religiones cristiana y judía. Estos últimos son devotos al menos de la primera parte del libro al que llaman «La Toráh» y los cristianos el «Antiguo Testamento». Dentro del grupo de los creyentes en este Dios podemos incluir también a los musulmanes, los cuales llaman a Dios «Alláh» (Alá en español), que en realidad quiere decir «Dios» en árabe.

–Eso no lo sabía. Estaba convencido de que Alá era otro Dios distinto al de la Biblia –comentó Julio sorprendido.

–Pues se trata del mismo Dios único ancestral de los semitas, tribus nómadas que aparecieron en Oriente Próximo hace más de cinco mil años. Los musulmanes, aunque aceptan la Biblia como inspirada por Alá, consideran falsificados y abrogados por su libro sagrado, el *Corán*, muchos de los versículos de la *Toráh*. Afirman que el contenido del Corán fue dictado a Mahoma, *Muhammad* en árabe, por el mismo Dios a través de un arcángel. Sin embargo, aceptan como válidos todos aquellos versículos de la Biblia que no estén en contradicción o expresamente anulados por El Corán.

–Entonces ¿los musulmanes tienen creencias religiosas parecidas a las nuestras?

–Claro Julio, solo que aceptan a Jesucristo, no como hijo del Padre y consustancial a Dios mismo formando una Trinidad con el Espíritu Santo, sino como un gran profeta, el segundo en importancia por detrás de Muhammad, que para ellos es el más grande.

–Pues yo creía que su religión era totalmente distinta del cristianismo y que no tenían ningún punto en común.

–No Julio. Eso es lo que creen los ignorantes y los que fomentan la enemistad entre los musulmanes y los cristianos, pero hay más cosas que nos unen que aquellas que nos separan. Ya verás más adelante la importancia que ha tenido en la Historia esta mutua ignorancia de las afinidades entre las dos creencias y cuanta sangre se ha derramado y se sigue vertiendo por ello.

–Sigue tío, esto se va poniendo bien.

–En la Biblia, en el capítulo primero del *Génesis*, Dios, llamado Yahvé o Elohim en hebreo, o Jehová en español o «Alláh» en árabe, crea el Universo y el mundo, los animales y al ser humano en seis días y, cansado de tan gigantesca obra, descansa el séptimo. Esta simplista historia es creída o aceptada por millones de personas, y hasta hace muy poco era casi dogma de fe de las iglesias cristianas y de los «científicos» e historiadores hasta el siglo XVIII. Incluso un obispo irlandés de la iglesia anglicana, llamado James Ussher, calculó en el siglo XVII, basándose en las fechas propuestas por la Biblia, que la creación del mundo se realizó exactamente al atardecer del sábado 22 de octubre del año 4004 antes del comienzo de nuestra era común, es decir antes de la fecha atribuida al nacimiento de Cristo. Si los sumamos a los años transcurridos después del cristianismo sería hace 6020 años.

–¡Qué barbaridad! Se equivocó en unos cuantos millones de años el señor obispo –dijo Julio divertido.

–Naturalmente ocurrió que las evidencias arqueológicas y paleontológicas que fueron surgiendo a partir del «Siglo de las Luces», del que ya hablaremos, demostraron el gran error de cálculo de tan voluntarioso y creyente obispo, aunque este cómputo temporal de la Creación fue aceptado hasta bien entrado el siglo XIX.

–¿Cómo es posible que se diera credibilidad a tal cosa?

–Pues eso es lo que ocurre cuando se toma al pie de la letra un libro que se dice inspirado por Dios, y por lo tanto infalible. La realidad es que fue escrito por hombres de diferentes épocas que obviamente escribieron aquello que beneficiaba a sus creencias y ambiciones, aunque algunos lo hicieran de auténtica buena fe. Hoy día, prácticamente ninguna iglesia cristiana seria sostiene el relato bíblico de Adán y Eva, argumentando que en realidad esta historia es una metáfora simplista, pergeñada para que los hombres de aquel tiempo, hace unos 3800 años, lo entendieran. Pero los más religiosos siguen defendiendo que, efectivamente, al menos Dios intervino para guiar el proceso y dotar a los seres humanos de mente autorreflexiva, de «alma».

–Pero entonces la Biblia puede contener otros errores.

–Y de bulto, aunque también tiene muchos aciertos. Pero esa es otra cuestión que ya analizaremos en su momento.

–Pues sigue tío.

–Ante la imposibilidad de que la Creación fuera realizada tal y como creían hasta hace apenas dos siglos los estamentos religiosos, los creyentes a ultranza en la intervención divina han propuesto que la teoría creacionista se modifique, siendo sustituida por la «Teoría del Diseño inteligente» según la cual Dios impulsó la aparición del Universo, el mundo, la vida y los seres humanos, programando el proceso que se inició con el Big Bang.

–¡Qué manía con el Big Bang! Ya sé que significa gran explosión, pero no lo entiendo bien.

–Te lo explicaré más adelante. Ahora concluyo con la «Teoría del Diseño Inteligente».

»Con ella, los creyentes, aceptando esa gran explosión primigenia resultado de un programa supuestamente establecido por Dios, se armonizan cronológicamente con el tiempo de millones de años, entre 15000 y 18000, que median entre el origen del Universo hasta la aparición del ser humano en la Tierra. Obviamente «seis días» no era un período suficiente para tan magna obra, ni siquiera para un dios, o al menos este no consideró necesario efectuarla tan rápidamente.

–¿Cuáles son las siguientes teorías sobre el comienzo de la Humanidad?

–Otra teoría que te va a gustar mucho es la «extraterrestre», la cual va teniendo cada vez más partidarios entre los heterodoxos que no están conformes con la hipótesis de la evolución darwiniana. Postula que nuestro planeta era una selva donde moraban algunos animales mamíferos parecidos y antecesores de los antropoides vulgarmente llamados monos o simios cuando, oportunamente, llegaron unas naves extraterrestres procedentes de un planeta al que algunos llaman «Niburu» y otros «Hercóbulus», según los nombres caldeo y griego que se le aplican.

–Vaya tío, eso sí que no lo esperaba de ti. Esta teoría no está en los libros de texto. Si te oyeran en la universidad se echarían las manos a la cabeza.

–¡Me lo imagino! Pero es una teoría que van proponiendo atrevidamente incluso algunos científicos, aunque, claro está, sin especificar en absoluto de dónde procedían esos extraterrestres.

–Háblame de ese hipotético planeta, si es que sabes algo –dijo Julio entusiasmado.

–No te extrañe que te hable de todo esto. Un buen historiador debe saber escuchar todas las posibilidades e indagar en ellas por sí mismo aunque la corriente principal de la Historia no las considere ortodoxas.

»Ese planeta «fantasma» se supone que tiene una órbita tan elíptica que pasa cerca de la Tierra cada 30000 años. En uno de esos acercamientos, hace unos 400000 años, se dice que los extraterrestres llegaron a nuestro mundo buscando materias primas agotadas en el suyo, principalmente oro.

–¿También los extraterrestres querían oro? –preguntó Julio sorprendido.

–Todo lo que te estoy diciendo es solo una suposición sin base científica alguna, pero te lo cuento para que conozcas todas las teorías.

»Se dice que los extraterrestres trabajaron duramente para conseguir las materias primas que buscaban, hasta que un buen día hubo una rebelión debido a las extenuantes condiciones laborales. Visto lo cual, los dirigentes de los alienígenas decidieron «fabricar» un ser que trabajara para ellos y liberar así de la agobiante tarea a sus propios compañeros.

–¿Y cómo se supone que lo hicieron?

–Capturaron simios y, manipulando su ADN, consiguieron una nueva especie con mayor encéfalo. Pero no fue suficiente. Luego mezclaron su propio código genético con el de un antropoide y lo implantaron en una hembra de la misma especie, aunque tampoco dio el resultado esperado. Por fin, implantaron el óvulo manipulado de un primate en unas cuantas mujeres de su misma raza que dieron a luz nuevos seres, la especie humana, nuestros primeros antepasados. A partir de ahí se cuidaron de que estos se reprodujeran; incluso pudieron usar la clonación; el caso es que los dedicaron a trabajar en las ocupaciones más duras. Según los sumerios, estos nuevos seres ancestros de los hombres y las mujeres de hoy se llamaban «lulu», que significa «mezclado».

—¿Y se sabe cómo podrían ser esos extraterrestres?

—Estos extraterrestres reciben el nombre de «Annunakis», porque así los llamaron los sumerios que relataron esta historia en sus tablillas escritas hace más de 5000 años. Esta palabreja significa «los que del cielo bajaron». Como espero que ya sepas, los sumerios se consideran los primeros seres humanos civilizados de la Historia. Naturalmente ellos no se refirieron a los Annunakis como extraterrestres, sino como dioses. Es decir, los sumerios creían que los dioses venidos del cielo habían creado al hombre mezclando su sangre con la de simios. El aspecto de estos «dioses» —y contesto a tu pregunta— no debería ser muy diferente al nuestro, pues los sumerios los representaron en sus sellos como personas iguales a los seres humanos.

—¡Gracias! Eres el único profesor que me ha hablado de esta posibilidad: que seamos descendientes de una raza alienígena.

—No te entusiasmes demasiado; esto es solo una teoría sin confirmar. Pero la siguiente no deja de ser impactante.

—No creo que sea tan extraordinaria.

—La siguiente teoría es la llamada «Panspermia». Según ella, la vida es sembrada por todo el Universo por los cometas y los meteoritos y asteroides que viajan por el espacio y chocan contra los planetas.

—Pues tienes razón, es guay.

—Al parecer, cuando la Tierra estaba en sus albores, algunas bacterias cayeron al océano viajando dentro de meteoritos o cometas, salvándose así de morir abrasadas al entrar en la atmósfera. Al chocar con el agua o las rocas, el cuerpo celeste se rompió, liberando a sus «huéspedes» en nuestras aguas. Una vez allí, las bacterias comenzaron su desarrollo a partir de la programación implícita de su ADN, el cual recientemente se ha descubierto que utiliza las señales del medioambiente para modificar su proceso de fabricar proteínas activando unos genes y anulando otros, adaptándose de este modo al entorno mediante pequeñas mutaciones inducidas.

–Vaya, tío, me dejas sorprendido. Al final vamos a proceder del espacio.

–De una forma o de otra procedemos del espacio. La molécula de ADN es la responsable de que estemos aquí. Está viva, es capaz de reproducirse, se alimenta, se mueve, se expresa, se modifica a sí misma y se auto-repara. Todo ser vivo tiene su origen en esta maravillosa molécula que está formada por cuatro ácidos llamados nucleicos: la adenina, la citosina, la guanina y la timina. Las múltiples combinaciones de secuencias a lo largo de esta molécula, que parece una doble escalera de caracol, y su cantidad, hacen que cada especie sea diferente, y, dentro de cada especie, cada individuo.

–¿Y el ADN se formó por casualidad?

–Si no llegó del espacio... Eso afirman algunos científicos, algo prácticamente imposible pues las leyes matemáticas de la probabilidad dicen que la formación de la vida representa un suceso posible entre billones de que ocurra. De todas maneras, aunque llegara en un asteroide, solo conseguimos trasladar la pregunta más atrás: ¿cómo se formó en su origen?

–Entonces, ¿nunca lo sabremos?

–Tal vez, pero un tal Jeremy England, científico del Instituto Tecnológico de Massachusetts (MIT), postula que en un entorno con una fuente de energía (podría ser el Sol) y un medio cálido (por ejemplo el agua), los átomos pueden modificar su estructura y asociarse para disipar esa energía de más que reciben, es decir, que formarían una molécula orgánica. Tal vez la respuesta es que el Universo está hecho para que aparezca esa molécula bajo determinadas circunstancias de energía, medioambiente y calor, o al menos así lo creen ya algunos científicos.

—¿Quieres decir que todo este inmenso Universo existe para que se desarrolle el ADN?

—Podría ser... y que el ADN tenga como objetivo su desarrollo y evolución, la inteligencia reflexiva, es decir... nosotros.

—¿Tan importantes somos?

—Puede ser que la evolución no se detenga en el ser humano tal y como lo conocemos hoy, sino que solo seamos una prueba, un anticipo del ser que vendrá a continuación.

—¿A continuación de qué? —Julio abrió mucho los ojos y escuchó con atención.

—A continuación de nosotros, los «*Homo sapiens*». Luego veremos que la evolución ha seguido una línea ascendente en cuanto a complejidad, desde las bacterias hasta los humanos pasando por las plantas, los peces, los anfibios, los reptiles, las aves, los mamíferos, y, finalmente, nuestra especie. Pero puede que no seamos la última en surgir en este planeta ya que tenemos muchos defectos de diseño y podríamos destruir este e incluso otros mundos, por ejemplo con una guerra nuclear. En ese caso tal vez el ADN tenga una codificación oculta que nos extinguirá y aparecerá un nuevo ser humano menos egoísta, menos codicioso, menos ambicioso, menos despiadado. Es posible que ya lo esté haciendo y no lo sepamos.

—¿Cómo?

—Pues posibilitando que nazcan niños con un cerebro diferente, una forma de pensar y sentir distinta a la nuestra. Al principio no nos daríamos cuenta, pero cuando fueran adultos y empezaran a influir en el mundo, lo harían de forma distinta a como lo han hecho hasta ahora nuestros dirigentes.

—Caramba tío, ¿y eso podría estar pasando ya?

—No tenemos manera de saber si los cerebros de los niños que están naciendo ahora son distintos al nuestro en su forma de conceptuar la vida, pero sí, podría estar ocurriendo. Los niños que están llegando hacen preguntas demasiado inteligentes, tienen una creatividad y un sentido común nada común, y suelen ser muy listos. Pero, no, no nos desviemos de lo que estábamos diciendo.

»Estábamos en los comienzos de la vida. Todas las células de los seres vivos, incluso de los virus, tienen ADN. En los seres pluricelulares, por ejemplo el ser humano, compuesto por unos 50 a 100 billones de células, cada una de ellas tiene en su núcleo una doble hélice de ADN de manera que con solo una célula se podría reconstruir a la persona, pues toda la información de como es un individuo se encuentra codificada en esa maravillosa molécula. Por eso se pueden clonar animales, e incluso se podrían clonar personas; aunque eso está prohibido.

—Ya he visto alguna peli donde se clonaban seres humanos, pero eso daba lugar a muchos problemas.

—Es que en la clonación humana no solamente estaría en juego el ADN, sino también la conciencia, el espíritu humano, la memoria. Podríamos clonar a una persona, pero... ¿se clonaría también su forma de ser, su personalidad, sus recuerdos? No lo creo.

—Sería emocionante ¿verdad tío? Ver qué pasa al clonar a una persona. —Julio entornó los ojos mirando al vacío.

—Pero no podemos jugar a ser Dios, Julio. Eso está bien para la ciencia-ficción. No tenemos derecho a jugar con la vida de una persona. No sabemos lo que pasaría con ese clon, lo que sentiría o las deficiencias que tendría. Tal vez crearíamos un ser doliente que sufriría lo indecible. Es mejor dejar esta cuestión a la naturaleza, que lo ha hecho bien durante milenios.

–Vale tío Manuel, sigue con el origen de la vida. Es que hace poco leí una novela de ciencia-ficción en la que se fabricaban cientos de miles de clones perfectos para constituir un gran Ejército invencible, soldados agresivos, crueles, sin miedo, sin familia.

–Podría ser la tentación de un dictador loco. Esperemos que eso nunca se pueda llevar a cabo. Sigamos con el comienzo de la vida.

»La panspermia postula que la molécula de ADN contiene una programación cuya consecuencia final aún no conocemos, pero que se desarrolla originando toda clase de especies compatibles con el medioambiente con el que interactúa, desde los virus al ser humano, al cual se le considera la cúspide de la pirámide viviente por tener conciencia autorreflexiva, una cultura escrita transmisible, y manos para manipular y construir herramientas.

–O sea, que nosotros mismos nos decimos que somos los mejores del mundo mundial –dijo Julio golpeándose levemente el pecho.

–Eso piensan la comunidad científica y la religión. El problema de esta teoría es lo siguiente: ¿quién o qué ha programado el ADN? Podríamos volver otra vez a Dios o a los extraterrestres, pues parece muy improbable que esta complicada molécula se haya construido por «casualidad». Si nos vamos a los extraterrestres podríamos seguir preguntando: ¿quién los ha creado a ellos o de dónde han salido? Y si apelamos a Dios, podríamos preguntar: ¿quién es Dios? y ¿por qué? Una pregunta que las religiones intentan contestar, aunque no dan respuestas satisfactorias a la ciencia.

–Resulta interesante tío; por todas partes aparecen extraterrestres en nuestra genealogía.

–Dios también es un «extraterrestre» si pensamos que este concepto puede atribuirse a cualquier ser que no sea oriundo de este planeta, y Dios, de existir, no lo sería.

–Pues no lo había pensado así, claro. Dios no es «terrestre», vive en el «cielo» y nunca ha nacido ¿no?

–El «cielo» es solo un concepto que define una dimensión espiritual diferente a la material. Los primeros humanos definían el cielo como algo azul, con sus nubes o estrellas, como la morada de los dioses, ya que era algo inalcanzable. Ahora que hemos llegado al cielo y más allá, nos damos cuenta de que ese «cielo» divino es una región distinta, impalpable, una nueva dimensión diferente a las nuestras conocidas, alto, ancho, largo y el tiempo. Pero eso es otra historia; no divaguemos, vayamos a la última teoría de la vida.

–Adelante tío, soy todo oídos –exclamó Julio con el bolígrafo en ristre dispuesto a tomar notas.

–La última teoría y más aceptada por los científicos es la «Teoría Sintética de la Evolución», basada en la propuesta de Charles Darwin que preconizaba una «evolución de las especies por selección natural», combinada con las leyes de la herencia de Mendel y con el reciente descubrimiento del ADN. Aunque el compatriota y contemporáneo de Darwin, Alfred Russel Wallace, llegó a las mismas conclusiones prácticamente al mismo tiempo e incluso envió a Darwin una carta adjuntando su teoría cuando este aún no había publicado la suya, el nombre de Darwin ha quedado asociado a la evolución por selección natural de forma indisoluble. Ya casi nadie recuerda al señor Wallace, aunque el propio Darwin reconoció que era coautor de la teoría, algo que calificó de «extraordinaria coincidencia investigadora».

–Pues no sabía que otro científico postulara la misma propuesta de Darwin y al mismo tiempo.

—Es que Wallace estaba en Asia en plena selva y Darwin en Londres donde gozaba ya de cierto prestigio y de buenas relaciones, algo que le faltaba a Alfred.

—Siempre he pensado que si descubres algo sensacional lo menos importante es quien seas.

—Pues no del todo. El descubrimiento hecho por alguien ya reconocido es mucho más valorado y en menos tiempo y con menos oposición que si lo hace alguien desconocido. Son cosas de la sociedad humana.

—¿Y no pudo Darwin copiar a Wallace?

—Hay quien ha formulado sospechas, pero los expertos han descartado esa posibilidad, aunque siempre queda la duda. «La Teoría Sintética de la Evolución» propone que la vida ha surgido «por casualidad» en este planeta, debido a los múltiples cambios originados en su proceso de formación a través de unos cuatro o cinco mil millones de años. Según sus postulados, primero se combinaron ciertos elementos químicos de la atmósfera terrestre de manera que se formaron aminoácidos levógiros que fabricaron las primeras moléculas de ADN dando lugar a las bacterias procariotas en el mar. Estas bacterias unicelulares no tienen núcleo sino que el ADN está «flotando» dentro de su citoplasma, el líquido interno celular. Puede decirse que la vida comenzó cuando la primera célula se rodeó de una membrana que la separó del resto del mundo.

—¿Los procariotas fueron los primeros seres vivos?

—Sí, son los más sencillos de estructura y aún existen. A continuación, pasados unos cuantos miles de años, tal vez millones, estas células primigenias se dotaron de un núcleo donde guardar plegado el ADN y así especializarse más, absorbiendo y realizando una simbiosis con una bacteria e integrándola en el funcionamiento celular, la mitocondria, la cual produce energía metabolizando el oxígeno. Estas células con núcleo, que denominamos eucariotas, son las que conforman nuestro cuerpo.

–¿La mitocondria celular es una bacteria? –preguntó extrañado Julio.

–Esa es la última propuesta a la que han llegado eminentes biólogos. Para que se desarrollase totalmente la vida compleja multicelular hacía falta un sistema que usara la energía de forma eficiente y el oxígeno lo proporcionaba, pero había un problema.

–¿Cuál?

–Que el oxígeno era venenoso para la vida; de hecho sigue siendo venenoso para muchas bacterias, las anaerobias, que mueren en su presencia. También oxida todo lo que toca, incluidos nosotros. Envejecemos porque nos oxidamos.

–¡Pero si respiramos oxígeno! Sin él nos moriríamos en pocos minutos. No lo entiendo.

–No todo lo que respiramos es oxígeno, apenas un veintiún por ciento del aire. El resto es nitrógeno en su mayor parte, el setenta y ocho por ciento, y otros gases en muy pequeña proporción, el uno por ciento. Respirar oxígeno puro es nocivo, aunque se emplee temporalmente con los enfermos que tienen déficit de este gas en la sangre. Pero una persona sana no necesita más de esa pequeña proporción que hay en la atmósfera.

–¿Y cómo consiguió la vida aprovechar el oxígeno, si era venenoso para su desarrollo?

–Pues asociándose con la mitocondria. Esta bacteria consiguió, mediante varias mutaciones y adaptaciones epigenéticas, metabolizar oxígeno y transformarlo en energía. Cuando las células eucariotas se unieron con las mitocondrias dieron un paso de gigante, pues pudieron obtener el combustible que necesitaban para crecer y multiplicarse hasta formar organismos complejos.

—Pues yo no sabía que el oxígeno fuese un obstáculo para el desarrollo de la vida.

—Sí, fue un impedimento en principio, pero ya ves que la vida supo resolver el problema. Más adelante en el tiempo, algunas células individuales se unieron formando un ser pluricelular, un proyecto de animal parecido a una planta, pero que ya podía moverse algo, crecer, absorber nutrientes del suelo y del medio marino y reproducirse.

—Me dejas asombrado tío... ¿Cuándo empezó la vida?

—Primero tenemos que saber que los últimos estudios basados en algún tipo de rocas nos dicen que este bendito planeta sobre el que vivimos tiene una edad aproximada de 4500 a 4600 millones de años. Según los científicos, por las huellas fósiles encontradas, la vida empezó hace unos 3000 millones de años. Primero fueron las bacterias, vida unicelular, es decir, seres vivientes que solo constaban de una célula y por lo tanto eran elementos microscópicos. Posteriormente se agruparon para formar un ser pluricelular, una planta marina, pues todos están de acuerdo en que la vida surgió en el mar, en los océanos terrestres. Más tarde (y luego veremos cuánto tiempo significa esto) algunas plantas decidieron desprenderse del sustrato donde estaban ancladas y empezaron a moverse de un sitio a otro; se convirtieron en animales. Así podían encontrar más comida.

—¿Qué tipo de animales fueron los primeros?

—De estos primigenios animales parecidos a plantas, surgieron las medusas, los gusanos, los moluscos, los crustáceos y después los peces. Al principio sin mandíbulas, con un simple agujero por el que succionaban el alimento. El siguiente paso fue dotarse de este elemento indispensable para comer cosas más grandes, las mandíbulas. Los primeros peces tenían placas calcáreas protegiendo su cuerpo; estaban acorazados, por eso sus movimientos eran torpes y lentos. Más tarde aparecieron los peces cartilaginosos como el tiburón, una de las especies más antiguas de la actualidad. No ha cambiado casi nada desde hace 400 millones de años.

—¿Tan antiguos son los tiburones? Si parecen muy modernos.

—Efectivamente, por su diseño parecen peces muy avanzados, pero precisamente por tener ese diseño tan moderno y eficiente han sobrevivido hasta hoy mientras otras especies han desaparecido. Pero no tienen esqueleto óseo, sino cartilaginoso.

»A continuación aparecieron los peces con huesos y escamas, los peces «modernos» que podemos ver en las pescaderías, la merluza, el lenguado, etc. Pasó el tiempo y un buen día un pez se atrevió a salir del agua un poco en alguna zona de marismas. Se adaptó a respirar el oxígeno del aire en cierta medida y surgieron los anfibios. Luego aparecieron los animales totalmente terrestres, puesto que ya existían plantas sobre la tierra e incluso insectos.

—Entonces es verdad que todos procedemos del mar.

—Parece que sí. En realidad las aguas marinas son un entorno más apropiado para la vida que la superficie terrestre. Las temperaturas varían menos, la gravedad prácticamente no afecta, las corrientes permiten trasladarse sin apenas esfuerzo y el plancton que arrastran permite comer casi sin moverse. Es ideal para ahorrar energía.

—¿Y si es así por qué salimos de ese entorno tan bueno?

—Por los depredadores y la expansión de la propia vida, que busca ocupar todos los posibles nichos ecológicos donde pueda sustentarse. Los primero animales que salieron del mar no tenían depredadores a los que temer y prosperaron rápidamente. Primero se convirtieron en anfibios. Los reptiles evolucionaron a partir de los anfibios, expandiéndose hasta llegar a ser los famosos dinosaurios. Durante esta era de dominio de los grandes reptiles aparecieron unos pequeños animales cubiertos de pelo y con sangre caliente, los mamíferos, que se ocultaban de los dinosaurios carnívoros excavando túneles bajo tierra. No ponían huevos como los reptiles y las aves, sino que portaban las crías que se desarrollaban en su vientre hasta el momento de parir y luego las alimentaban con leche que producían las madres hasta que podían comer por sí mismas.

–¿Y qué ventaja tenían sobre los reptiles?

–Que eran mucho más inteligentes y podían vivir en climas más fríos. Los reptiles dependen de la temperatura ambiente para vivir. Cuando hace frío tienen que hibernar, es decir, ralentizar su metabolismo. Por eso no pueden sobrevivir en las tierras cercanas a los polos donde los inviernos son largos y gélidos.

–Pero pueden pasar mucho tiempo sin comer ¿no?

–Así es, aunque no demasiado. Por su lento metabolismo pueden permanecer sin alimentarse durante meses dependiendo de sus depósitos de grasa almacenada. Es posible que aguanten varios meses, pero no mucho más tiempo; agotarían sus reservas y morirían. Los mamíferos pueden moverse y vivir con independencia del clima, aunque tienen que alimentarse más a menudo. Pero volvamos a los dinosaurios.

–Los vi en la serie de pelis *Jurassic Park*. ¡Impresionantes! ¡Eran enormes!

–Sin embargo, hoy vive el animal más grande que jamás ha vivido en la Tierra.

–¿Sí, cuál? –Julio abrió los ojos sorprendido.

–La ballena azul, más propiamente el rorcual azul. Es mucho más grande y pesada que cualquier dinosaurio de aquel tiempo, pero como vive sumergida en el océano y solo sale a respirar, apenas nos damos cuenta de su existencia.

–Claro, es verdad, la ballena... ¡Volvamos a los dinosaurios! –reclamó Julio con los ojos brillantes.

–Hoy día, los científicos están de acuerdo en que la caída de un gran asteroide cerca de la península del Yucatán produjo un cataclismo tal en la Tierra que hizo desaparecer a los dinosaurios. Unos murieron debido a la onda expansiva ardiente de la explosión, otros murieron asfixiados debido a las cenizas y el polvo en suspensión, y los más murieron debido al cambio climático, al larguísimo e inusual invierno inducido por los restos de rocas pulverizadas atrapadas en las capas altas de la atmósfera que provocaron una menor radiación solar, una drástica bajada de las temperaturas y la consecuente muerte de las plantas que les servían de alimento.

—¿Murieron todos de repente? —Julio se removió en su asiento entristecido.

—No, claro. Su extinción no fue inmediata, pues se han encontrado restos de algunas especies en estratos posteriores a la extinción masiva, pero las circunstancias ambientales habían cambiado cuando el planeta volvió a recibir los rayos solares con normalidad. Incluso puede que aquel impacto variara el eje de la Tierra y la velocidad de su rotación con las consecuentes alteraciones en el ciclo día-noche y las estaciones, y si cambia el medioambiente las especies se adaptan o desaparecen.

—Y los dinosaurios no se adaptaron, ¿verdad?

—No la mayoría. Con su práctica desaparición, los mamíferos, mucho más pequeños, capaces de soportar el frío refugiados en madrigueras subterráneas, prosperaron poco a poco, y cuando la Tierra se recuperó del impacto, se extendieron por todo el planeta apareciendo nuevas y más grandes especies que ocuparon todos los nichos ecológicos: el mar (con ballenas, delfines, focas, etc.), el aire (con especies como murciélagos) y la tierra.

—¿Cómo han llegado a saber que fue la caída de un asteroide la causante de tamaño desastre?

—Porque han encontrado una fina capa de polvo conteniendo grandes cantidades de iridio en todas las partes del mundo donde se ha buscado. Y da la casualidad de que el iridio es muy escaso en este planeta pero abundante en los asteroides y meteoritos. Si a eso le sumamos que cerca de la península del Yucatán se ha descubierto lo que parece un gran cráter sumergido, pues es fácil deducirlo si además la fecha del estrato iridiado coincide con la era geológica de la extinción.

–Pobres dinosaurios, eran grandiosos.

–No todos. Solo los grandes nos llaman la atención, pero también existían algunos muy pequeños del tamaño de un pavo o de una gallina.

–Me gustaría poder viajar en el tiempo para verlos.

–No hace falta Julio, ahora mismo los puedes ver a diario.

–Sí claro, en los museos, en reportajes de la tele y en los libros, pero no es igual.

–Me refiero a que puedes verlos «vivos».

–¿Estás de broma?

–No. Mira, las aves; los paleontólogos actuales las consideran descendientes directas de los dinosaurios, más bien son pequeños dinosaurios con plumas. Es decir, que para ellos los dinosaurios como especie siguen existiendo en las aves. Como te he dicho, algunos dinosaurios evolucionaron para adaptarse a las nuevas condiciones ambientales. Aceleraron su metabolismo calentando su sangre y se revistieron de plumas para aislarse del frío. Luego solo quedaba echar a volar.

–Es pasmoso tío, realmente apasionante. Continúa con los mamíferos.

–Antes debo decirte que los dinosaurios, esos animales que tanto fascinan a los jóvenes, dominaron el planeta más de 135 millones de años. Comparado con esta cifra, nuestra existencia apenas es digna de mención.

–¡Qué barbaridad! Parece increíble, ¿duraremos tanto nosotros?

—Al paso que vamos es poco probable si no cambiamos la forma de tratar el planeta. Y ahora sigamos con nuestros parientes.

»Los mamíferos tienen una característica especial: sus descendientes se desarrollan dentro de la madre en un órgano llamado útero gracias a la placenta, y cuando nacen se alimentan de una secreción también producida por las madres llamada leche que sus progenitoras exudan de sus glándulas mamarias. Además, las madres y los padres protegen a la prole hasta que esté en condiciones de alimentarse y huir de los depredadores. En un principio los mamíferos eran muy pequeños, como las musarañas y los ratoncitos. Para alimentarse comían insectos, raíces, carroña, y vivían en madrigueras excavadas bajo tierra. Es posible que contribuyeran a la extinción de los dinosaurios al comerse sus huevos. Eran nocturnos y aprovechaban las más bajas temperaturas para salir a comer, cuando los reptiles estaban más torpes.

—¡Qué listos!

—Sí Julio, más que los reptiles. También eran muy fértiles; tenían muchas crías en poco tiempo y se podían permitir algunas bajas sin poner en peligro la subsistencia de la especie. Sin embargo, los reptiles los mantenían a raya; no podían prosperar demasiado ni crecer en tamaño pues todos los nichos ecológicos estaban ya ocupados por los dinosaurios. Y así ocurrió hasta que el asteroide acabó con estos. Y podría haber acabado también con los mamíferos, pero estaban escondidos bajo tierra y resistieron las bajas temperaturas gracias a su sangre caliente y a su pelo. Como eran muy pequeños necesitaban pocas calorías para alimentarse y así sobrevivieron hasta que las condiciones climáticas mejoraron y el planeta se recuperó. Entonces salieron de sus madrigueras y empezaron a crecer y comer a pleno día por el ancho mundo; tenían mucho territorio libre y abundancia de alimentos y emprendieron la aventura de evolucionar ocupando los nichos ecológicos que antes eran exclusivos de los reptiles. Su ADN detectó las señales del ambiente: menos depredadores, más alimentos, más territorios, más oportunidades, y mutó para adaptarse. Entre otras cosas, crecieron de tamaño.

–Fantástico, lo explicas de manera que parece una película.

–De este «filum» de los mamíferos proceden los antropoides, animales que tienen manos y pies prensiles y vista binocular frontal. Generalmente, los simios viven en los árboles o trepan a ellos rápidamente para escapar o para dormir. Deben tener buena visión estereoscópica para saltar entre ramas, calcular las distancias, ver en color (no todos los animales ven en color) para distinguir las frutas maduras, y manos para agarrarse a las ramas y coger el alimento.

–¿No todos los animales ven en color?

–No todos. Por ejemplo, los caballos ven en blanco y negro, aunque tienen un campo de visión mucho más amplio que nosotros.

–Sigue tío.

–Las manos son un logro extraordinario; con ellas se pueden hacer muchísimas cosas que no se consiguen con pezuñas o garras. Obviamente las manos no son buenas para correr. Los animales especialmente corredores tienen una sola pezuña como los caballos, o zarpas terminadas en fuertes uñas como los guepardos, amén de cuatro patas.

–Es verdad. Los monos no corren demasiado bien pero en los árboles son únicos. –Julio imitó con los brazos el movimiento de subir por una cuerda.

–Efectivamente los simios no son buenos corredores, pero son inmejorables subiendo a los árboles y colgándose de las ramas. Según la teoría de la evolución, de este «filum» de animales procede el ser humano. Con el tiempo aparecieron monos que podían caminar erguidos, ya que en lugar de manos al final de las extremidades inferiores, estas se transformaron en pies y las caderas se modificaron para poder andar y correr erguidos. De esta manera se perdían facultades para subir a los árboles pero se oteaban los alrededores mejor, ya que al estar levantados podían vigilar a los depredadores ocultos en la hierba y tener las manos libres para empuñar armas.

—Yo sigo creyendo que en los árboles hubieran estado más seguros.

—Si no hubiéramos bajado de los árboles, incluso a riesgo de perder la vida, no estaríamos aquí tú y yo y seguiríamos siendo monos. Los homínidos aparecieron en la sabana africana, un lugar despejado con alta hierba, rocas y escasos árboles. Si nuestros antepasados hubieran vivido en una jungla como los gorilas, los chimpancés y los orangutanes, nunca se hubieran hecho bípedos. Los «simios» erguidos y con pies se denominan «homínidos», pues son ya de otra especie distinta a los cuadrumanos antropoides.

—Vaya tío, pero en la jungla, subidos a los árboles, estaban más seguros que en la sabana. ¿Por qué bajaron al suelo?

—Es una buena pregunta Julio. No bajaron por su propia voluntad, sino que el clima los obligó a ello.

—¿Cómo?

—Pues al parecer hubo un cambio climático muy drástico en una zona al Este de África, en el gran valle del Rift, y la jungla se transformó en sabana, ya sabes, una llanura enorme con altas hierbas. Las lluvias se hicieron menos frecuentes y la mayoría de los árboles y matorrales fueron desapareciendo. Con ellos se acabaron también la fruta y las hojas tiernas. No quedaba más remedio que adaptarse a un nuevo ambiente natural, la sabana, y en esta es mejor ser alto para otear a larga distancia si hay depredadores, y permanecer unidos los miembros del clan con el fin de protegerse unos a otros y coordinar estrategias.

–¿También fue un asteroide lo que hizo cambiar el clima?

–No se sabe con certeza, pudo ser, pero lo más aceptado es pensar que la causa del cambio fue la deriva de los continentes y los movimientos sísmicos asociados a la tectónica de placas. Un gran terremoto pudo haber cambiado el curso de ríos y alterado la altura de las montañas. Como consecuencia, una región del planeta, el valle del Rift en África, pudo haber dejado de recibir abundante lluvia para convertirse en una sabana.

–Ahora lo entiendo mejor, sigue, es apasionante como un cambio de clima pudo ser el origen de la Humanidad.

–El desarrollo de la vida que preconiza la teoría de la evolución por selección natural, postula que las especies aparecen tras oportunas mutaciones aleatorias en el ADN, algunas de ellas beneficiosas, que permiten a sus portadores adaptarse mejor a los nichos ecológicos de su medioambiente y escapar más a menudo de sus depredadores, al mismo tiempo que los ayuda –si son carnívoros u omnívoros– a cazar más presas para comer.

–Pero, ¿por qué se dice que hay una selección natural?

–A este proceso se le llama «selección natural» porque la propia naturaleza es la que selecciona a las especies más adaptadas eliminando a las que ya se van quedando desfasadas en cuanto a su capacidad de adaptación a los cambios del medio ambiente. Las especies que experimentan mutaciones «erróneas», es decir, aquellas que se producen pero no sirven para que sus portadores «mejoren», simplemente son cazadas fácilmente por sus depredadores o no pueden competir por la comida con los mutantes mejor adaptados, y por lo tanto se extinguen.

–¿Quieres decir que las mutaciones del ADN se producen al azar y que muchas no sirven para nada? –inquirió Julio.

—Así se propone en esta teoría evolucionaria, aunque se postula también una ley de «complejidad creciente» por la cual las nuevas especies son cada vez más complejas en cuanto a estructura orgánica y adaptación. Sin embargo, últimamente están saliendo a la luz científicos que preconizan otra teoría que permite la conciliación y el surgimiento de nuevas especies recordando la teoría de Lamarck que decía que «la función crea el órgano», de tal manera que si un animal encontraba comida, cada vez más alta en los árboles, estiraba el cuello generación tras generación, hasta surgir una nueva especie como, por ejemplo, la jirafa.

—Parece más lógico.

—De la misma manera, el órgano que no se usaba quedaba atrofiado. El problema de Lamarck era saber cómo se realizaba esta adaptación, pues por mucho que se les cortara la cola a los ratones durante cientos de años, seguirán naciendo ratones con cola. Una nueva teoría revolucionaria, la «epigenética», postula que el ADN, al igual que emite mensajes codificadores de proteínas, recibe información a través del mimo canal de todo lo que afecta al organismo: alimentos, estrés, emociones, clima, y produce mutaciones inducidas no aleatorias tendentes a la mejor adaptación a los cambios. Estas mutaciones «guiadas» ya se han comprobado en bacterias sometidas a fuerte estrés, cultivándolas en un medio adverso y dándoles como alimento un producto tóxico. Muchas morían, pero con el tiempo algunas empezaron a asimilar el tóxico como si fuera un nutriente más, fabricando nuevas proteínas que no estaban antes codificadas en su ADN; es decir, se acomodaron a las circunstancias modificando la «expresión» de su código genético. Estas bacterias pasaron la nueva información a sus descendientes. Esto explicaría por qué las bacterias patógenas están haciéndose resistentes a los antibióticos que antes las mataban; ahora se los comen y «engordan».

—Pues en los libros de texto se dice que el ADN es determinante y que no recibe información sino que sufre mutaciones debido a su complejidad estructural, errores al duplicarse o bajo la influencia de tóxicos o de radiaciones, y que muchas son dañinas, aunque algunas pueden ser eficaces.

—Sí Julio, pero eso está cambiando. El Dr. Lipton, profesor universitario, médico y biólogo, postula esta teoría de cambios en el ADN producidos por la información recibida, algo que es verdaderamente revolucionario por las implicaciones de todo tipo que origina, y es una teoría que ya se ha confirmado plenamente en los laboratorios.

—¿Y cómo es que los libros de texto no dicen nada de esto?

—Porque hacen falta años para que los viejos dogmas científicos se modifiquen. También en la ciencia hay fundamentalistas y resistencia a los nuevos paradigmas.

—¿Entonces no hay una certeza total acerca de cómo surgió la vida?

—Lo cierto es que el registro fósil permite trazar una historia de nuestros ancestros que, aunque discutida por los propios especialistas, que no están todos de acuerdo en la clasificación de los homínidos, se acerca bastante a la realidad.

—Pues ya estoy impaciente por oírla.

—Pero ya se está haciendo tarde. Lo mejor es que lo dejemos para mañana después de la siesta. No sé si tu tía te ha dicho que mañana viene Clío.

—Sí, mañana por la mañana —contestó Julio con cierta desgana.

—Tiene que ir a esperarla a la parada del autobús a las once. Es una gran entendida en Historia; su tesis doctoral ya está muy avanzada. Cuando yo esté fuera puedes preguntarle a ella cualquier duda que tengas.

–Gracias tío Manuel, pero prefiero que me lo expliques tú. Lo dices de una manera que aprendo sin darme cuenta. Me encanta como lo cuentas.

–Eres muy amable Julio. Me gustaría que mis alumnos de la facultad opinaran como tú.

–Seguro que sí.

Manuel se levantó y revolvió cariñosamente con su mano los cabellos de Julio.

–Lamentablemente el decano no piensa lo mismo. Está chapado a la antigua y le gusta una educación rígida y severa, seriedad y memoria, atenerse estrictamente al contenido de los textos, ¡disciplina! –Al decir esta palabra se cuadró militarmente y saludó llevándose la mano a la frente y frunciendo el ceño.

–¡Ja, ja, ja! Tío, pareces un soldado. No sabía que fueras tan divertido –Julio se reía con ganas en el sofá.

–Pues no digas de esto ni una palabra a nadie –Manuel señaló con el dedo a su sobrino mirando teatralmente a su alrededor–. Mi reputación de «catedráticus diplodocus» se resentiría.

–Yo siempre he creído que un catedrático de universidad es un señor muy serio y aburrido que se pasa el día entre torres de libracos y poniendo exámenes muy difíciles para cargarse a cuantos más alumnos mejor.

–Ya ves que las cosas pueden ser diferentes a como pensamos que son. Vamos a buscar a tu tía. Nos daremos un baño en la piscina antes de cenar. ¿Qué te parece la idea?

–Estupenda; voy corriendo a ponerme el bañador.

Al poco, los tres se zambullían ruidosamente en las cristalinas y frescas aguas de la piscina. El calor a última hora de la tarde apretaba de firme y el chapuzón se agradecía.

–¡A ver quién llega primero al otro lado! –gritó Julio lanzándose a nadar con fuerza.

–¡Eh! ¡Eso es jugar con ventaja! –dijo Manuel siguiendo la estela de su sobrino.

–¡Vaya par de tramposos! –grito Cintia entre risas, salpicando el agua en su intento de seguirlos.

Julio aminoró el ritmo de su brazada dejando que su tío le ganara. Se estaba divirtiendo. No esperaba que Manuel fuera lo que se llama «un tío enrollao», y le habían sorprendido su talante amable, su manera de contar las cosas, su buen humor. Pensó que en realidad apenas le conocía pese a ser el hermano de su padre.

Después del baño, que les dejó frescos y relajados, se cambiaron para la cena. A Cintia le gustaba que todos fueran bien vestidos. Para ella era un momento especial donde se aprovechaba para hablar sobre lo acontecido en la jornada, y sobre los proyectos del día siguiente.

Como la noche anterior, la cena estaba deliciosa, bien cocinada y con una mesa puesta con todo detalle incluidas dos grandes velas rojas sobre sendos candelabros de plata. Una dulce música de piano sonaba al fondo surgiendo de un equipo musical de alta fidelidad.

–Tía Cintia –comentó Julio–, no deberías molestarte en poner tantos detalles. No estoy acostumbrado. En casa cenamos cualquier cosa, más bien poco sobre un mantel de hule antes de acostarnos.

–No te preocupes muchacho –respondió Manuel–, tu tía es así. Le gusta cenar con una mesa elegante y bien puesta, ¿verdad cariño?

–Totalmente, pienso que la cena es un momento muy importante. Por cierto, los dos estáis guapísimos con esos suéteres blancos y los pantalones azules –comentó Cintia divertida.

Julio se dio cuenta entonces de que había bajado de su habitación vestido con los mismos colores que su tío, incluso con los mismos mocasines. Todos se rieron a carcajadas.

Una vez en el porche, mientras Manuel fumaba su última pipa del día contemplando las estrellas, Julio sintió un bienestar especial sentado en el sillón de mimbre mientras admiraba la serena belleza de su tía Cintia con su vestido beige claro de algodón, que saboreaba una copa de licor de avellana con hielo.

«Todavía es guapa –pensó–. ¿Cuántos años tendrá? por lo menos cincuenta. Pues que bien se conserva».

–Tío Manuel ¿cómo éramos al principio, cuando salimos de la jungla?

Manuel aspiró la pipa largamente y exhaló una gran bocanada de aromático humo hacia el cielo mirando las estrellas y entornando los ojos, como si viera lo que iba a relatar en las volutas que se elevaban lentamente.

–Nuestros antepasados homínidos en principio eran más bien pequeños, de aproximadamente un metro o menos de estatura, pero las sucesivas especies que fueron apareciendo crecieron y su capacidad craneal fue desarrollando un cerebro cada vez más grande. Al principio empezaron a crear herramientas rudimentarias utilizando piedras, palos y huesos. Probablemente eran carroñeros, es decir, se comían los restos de los animales que encontraban muertos por otros depredadores, aunque también se alimentaban de bayas, raíces, frutos, insectos y algunas verduras.

–Pues no era una dieta muy apetecible –comentó Julio recordando la apetitosa cena que acababan de saborear.

–Pronto empezaron a cazar pequeños animales. Según los antropólogos, las proteínas de la carne que comían hicieron que sus cuerpos se desarrollaran mejor y se ampliara su cerebro. Tal vez tengan razón, pero se ha descubierto que los chimpancés también comen carne cuando pueden y su cerebro no ha evolucionado desde hace millones de años. Yo creo, –y la Psicología también–, que es el propio manejo de herramientas el que hace que el cerebro se desarrolle mejor pues existe una correlación entre las herramientas y la inteligencia en ambas direcciones, una retroalimentación positiva.

»Poco a poco los homínidos fueron adquiriendo mayor cerebro y estatura y mayor habilidad en la caza, ya que planeaban como derribar a las presas con estrategias de acoso. La necesidad aguza el ingenio. Unidos en clanes familiares primero y en tribus después, armados con hachas de piedra y lanzas de madera terminadas en afiladas puntas o huesos pulidos atados con fibras vegetales, podían repeler a los depredadores y atacar a los animales más grandes. Según la teoría de la evolución que vimos esta mañana, todo ser viviente que pretenda prosperar debe cambiar adaptándose al medioambiente variable, de manera que sepa huir de sus depredadores, alimentarse con lo que hay disponible en su territorio, guarecerse del clima, no enfermar, reproducirse y cuidar de su prole para la continuidad de la especie. Para Darwin solo los más fuertes y adaptados a sus circunstancias podían sobrevivir, o de lo contrario la especie se extinguiría.

—Para decir eso tampoco hace falta ser un lince, ¿no tío?

—Ahora nos parece fácil, pero hay que situarse en la época de Darwin. Decir estas cosas tan de sentido común desató fuertes escándalos en la sociedad y Darwin padeció furibundos ataques intelectuales e insultos, sobre todo desde el lado religioso, pues la comunidad científica de entonces postulaba que era Dios, en última instancia, el que movía los hilos de todo.

—Estoy observando que la religión siempre se opone a cualquier revolución científica, ¿no tío?

—Es el problema de tener unos dogmas inflexibles. Cuando la ciencia descubre algo nuevo que aparentemente va en contra de una creencia religiosa acendrada y tradicional, la religión primero se opone con todas sus fuerzas usando el descrédito y, cuando tenía poder, la coerción; luego, ante la evidencia irrebatible, maniobra para adecuarse en lo posible a los nuevos postulados. Pero esta cuestión ya la veremos en su momento cuando tratemos el fenómeno religioso a fondo. Ahora sigamos.

»A a lo largo de la Historia del mundo muchas especies han desaparecido y han surgido otras. Este es el lado débil de la teoría darwiniana pues, según sus postulados, las especies deberían ir modificándose poco a poco, transformándose en otras nuevas conforme cambia el ambiente. Pero al parecer no ocurre así. En los diferentes estratos los paleontólogos encuentran animales que aparecen en uno y desaparecen en el siguiente, y a continuación en otro estrato más reciente aparecen de improviso multitud de nuevas especies totalmente formadas y distintas sin que existan seres intermedios entre unas y otras. Parece como si a una extinción masiva le siguiera la aparición simultánea de nuevas criaturas totalmente distintas a las anteriores. Naturalmente estas nuevas especies no surgen de inmediato al mismo tiempo, sino que nacen a lo largo de miles de años.

–Pues entonces algo no concuerda.

–Al principio, cuando se descubrió el ADN se asumió que todos éramos esclavos de esta molécula prodigiosa, ya que no podíamos ser otra cosa que lo determinado en los genes, pero ahora se sabe que podemos modificar la expresión de esos genes dependiendo de nuestra forma de vida, nuestras vivencias, sentimientos, emociones y deseos, incluyendo la alimentación y el aire que respiramos, aunque no toda la comunidad científica esté de acuerdo con ello. Esta nueva ciencia de la que ya te he hablado y a la cual llaman «epigenética» va a revolucionar la Biología, la Medicina y es posible que hasta la manera de vivir. Pronto te darás cuenta, Julio, de que no solo cuesta mucho cambiar los dogmas religiosos, sino también los «dogmas» científicos.

–Ya lo veo tío, es tremendo.

—En realidad el ADN se limita a producir proteínas según las plantillas que tiene codificadas en su doble escalera de ácidos nucleicos, dependiendo de las demandas de las células que, según los últimos descubrimientos de la Biología, se comunican con el resto de organismo mediante frecuencias electromagnéticas. Las proteínas se van produciendo a través de una transcripción del ADN al ARN mensajero. Antes se creía que esta transcripción iba en una sola dirección, es decir, desde el ADN al ARN y a la formación de la proteína (ADN>ARN>proteína), pero ahora sabemos que también puede ser al contrario: medioambiente>homeostasis>información>ARN>ADN>modificación de las plantillas (mutación dirigida del ADN)>producción de nuevas proteínas. Desde esta perspectiva, es fácil deducir que los seres vivos son moldeados por las necesidades del medio en el que viven, se alimentan, se reproducen y mueren, y por todo aquello por lo que sienten, temor, placer, dolor, hambre, etc.

—Pues a mí me parece que esta última teoría es la más acertada, aunque mi opinión no valga mucho.

—La ciencia más avanzada postula que los períodos de crisis ambientales producen cambios inesperados y rápidos que el ADN debe gestionar. Las crisis en realidad son oportunidades para que se manifiesten nuevas especies y se extingan otras. Lo mismo ocurre en el mundo de la economía y en la sociedad, ya lo iremos viendo.

—¿Y cuáles han sido las especies de humanos más próximas a nosotros? —preguntó Julio impaciente.

—Todas las opiniones cuentan, Julio. Hoy tu opinión no es importante pero tal vez mañana sí. En fin, como quiera que haya sido, estamos aquí sobre la rugosa superficie terrestre.

»Las dos especies humanas más recientes en nuestro árbol genealógico son el hombre de Neanderthal y el *Homo sapiens*.

»Los hombres de Neanderthal tenían un cerebro más grande que el nuestro...

—¿Más grande? Entonces... ¿eran más inteligentes? —se extrañó Julio incrédulo.

—No debía ser así porque se extinguieron. Parece que el tamaño no es lo más importante, sino su rendimiento, la transmisión de la cultura y los conocimientos adquiridos por algunos individuos al resto de la especie. Recientes investigaciones postulan que este hombre era una especie diferente a la nuestra, pero se han encontrado restos de ADN neandertal en europeos modernos.

»El *Homo sapiens*, a cuya especie pertenecemos, tuvo tal vez una mejor adaptabilidad al ambiente y parece que acabó con los neandertales. Éramos más ágiles, hábiles e inteligentes, y tal vez más agresivos y resistentes a las enfermedades. Los neandertales estaban mejor adaptados al frío, eran más macizos, más fuertes, con la nariz más ancha, pero no pudieron competir con nuestros antepasados —Manuel se levantó del sillón dando pequeños pasos mientras hablaba—. Antes de seguir, hagamos un parón momentáneo para ver la división en «eras geológicas» que hace la ciencia del tiempo transcurrido en nuestro planeta, desde su formación hasta hoy.

—Eso es un rollo tremendo —protestó Julio—; son un montón de cifras y nombres imposibles de recordar.

—Ya lo sé; parecen muy aburridas y difíciles de memorizar, pero lo más importante es que te quedes con lo esencial. Y para lograrlo lo mejor es asociar cada era con lo más relevante ocurrido en ella, las especies animales aparecidas o las extinciones. No es tan difícil si pones un poco de interés y tomas apuntes.

—Está bien tío, adelante —se resignó Julio empuñando un bolígrafo y abriendo un bloc que había llevado «por si acaso».

–Primero voy a hablarte de las eras geológicas.

»Se llaman así porque son las divisiones que se han hecho en el desarrollo del planeta. En estas eras, la geología y la zoología van unidas de la mano en la paleontología, pues dependiendo de los ambientes y ecosistemas que iban apareciendo, así también se modificaban las especies animales. ¿Te das cuenta Julio? Toda la vida del planeta depende de los cambios geológicos y climáticos, incluso nosotros.

–Entonces, ¿si cambia la Tierra, si cambia el clima, nosotros cambiaremos?

–No lo dudes. A pesar de que el ser humano puede vivir en cierta manera independientemente del clima gracias a su inteligencia y, ahora, gracias a la tecnología, si desaparecen los animales y las plantas ¿de qué íbamos a vivir hasta que aparecieran nuevos animales y nuevas plantas? No quiero pensar que la solución sea la de la película *Soylent Green*, traducida en España con el título *Cuando el destino nos alcance*.

–No la conozco.

–Claro Julio, ya tiene casi medio siglo, pero te recomiendo que si puedes localizarla en Internet la veas, es escalofriante.

–¿Es de miedo? No me gustan mucho, luego sueño cosas raras.

–No es de esas, pero debería darnos miedo. Trata de un futuro donde el cambio climático ha agotado las plantas y los animales.

–¿Y de qué viven las personas?

–Pues esto es lo más horrendo, del «Soylent Green» un compuesto en pastillas que se vende diciendo que proviene del plancton marino.

–¿Y no es verdad?

–No Julio. El protagonista, Charlton Heston, muy famoso en aquella época, descubre que este producto se fabrica principalmente con cadáveres humanos.

–¡Qué horror! ¡Qué asco! –Julio se agitó en su sillón.

–Era una especie de canibalismo simulado. En fin, esperemos no llegar a eso.

»Como te iba diciendo, si aparecieran nuevas plantas adaptadas a las cambiantes condiciones, ¿serán comestibles o venenosas para nuestro organismo? Tal vez nos extinguiríamos.

–Confiemos en que eso no ocurra, aunque al paso que vamos contaminándolo todo...

–Bien Julio, espero que vuestra generación, cuando gobierne, sea más inteligente que la nuestra. Prosigamos, las eras se dividen en:

»*Era Arcaica o Precámbrica:* Desde unos 4500, hasta 570 millones de años atrás, esta era que duró casi 4000 millones de años desde la formación rocosa de la Tierra hasta el que podríamos llamar el «estallido» de la vida en los mares. A finales de este período, hace unos 700 millones de años, aparecieron los primeros seres pluricelulares (las plantas), luego los primeros animales, gusanos, medusas, almejas, en el seno de las aguas. A lo largo de esos miles de millones de años la ciencia asegura que se dieron las facilidades necesarias para la formación de la primera célula viva. Recuerda que «arcaica» significa muy antigua, y «precámbrica» que está antes que la cámbrica.

–Sí, eso es fácil de recordar. Resumiendo, la era Arcaica o Precámbrica abarca desde la formación del planeta hasta los primeros animales marinos.

–Exacto, eso es lo más importante. Ahora vamos a por la segunda era:

»*Era Paleozóica:* Ten en cuenta que «paleo» viene del griego y significa «antiguo», y «zoica» significa «de animales», por lo tanto la era Paleozoica es la «era de los animales antiguos». Se subdivide en seis períodos, dependiendo de los fósiles encontrados en sus diferentes estratos:

»*Cámbrico:* Desde 570 a 505 millones de años. En ella aparecieron multitud de nuevas especies marinas, peces sin mandíbulas, crustáceos, etc.

»*Ordovícico:* Desde hace 504 hasta 437 millones de años.

–¿Y qué significa este nombre tan raro?

–Es un capricho de quien podríamos llamar el «descubridor» de este período geológico. Se trata del inglés Charles Lapworth, que a finales del siglo XIX estudió estos estratos al Norte de Gales en Gran Bretaña, donde en la antigüedad vivía una tribu celta llamada «ordovices» y tuvo la ocurrencia de ponerle este nombre en recuerdo de aquellos pobladores de la región.

–Entonces ¿no tiene nada que ver con lo que pasaba en ese período?

–En absoluto. Solo es una especie de homenaje a una tribu británica desaparecida.

»Continuemos, ahora le toca al... *Silúrico*; de hace entre 436 y 408 millones de años. En ese período aparecieron las plantas terrestres, los insectos y los anfibios.

»*Devónico*: De hace entre 409 y 362 millones de años. Aquí aparecieron los peces con mandíbulas, los celacantos y el tiburón, especies que aún viven.

–Pues sí que son viejos –dijo Julio con una sonrisa.

–Prosigamos Julio.

»*Carbonífero*: De hace entre 361 y 290 millones de años; en este período se formaron los grandes bosques que luego dieron lugar a los depósitos de carbón.

»*Pérmico*: de hace entre 289 y 246 millones de años. Aquí aparecieron los reptiles.

–¿Ves tío? Ya empezamos a liarnos con las cifras.

—Sí, lo sé, pero no es importante que te las aprendas de memoria. Luego, al final, haremos un resumen más sencillo de recordar. Sigamos:

»*Era Mesozoica*: Significa más o menos «animales de antigüedad mediana», que a su vez se subdivide en tres períodos:

»*Triásico*: De hace entre 247 y 213 millones de años; aquí empezaron a aparecer los precursores de los dinosaurios.

»*Jurásico*: De hace entre 212 y 144 millones de años. Esta era famosa por las películas que pusieron a los dinosaurios de moda. Efectivamente, es en este período cuando estos seres alcanzaron su mayor desarrollo, ocupando todos los nichos ecológicos de la tierra, el mar y el aire. Eran los auténticos dueños del planeta. Aquí aparecieron también las primeras aves primitivas.

»*Cretácico*: De hace entre 143 y 65 millones de años. En este período fundamental para nosotros, aparecieron los primeros mamíferos y se fueron extinguiendo los dinosaurios. Las aves se modernizan hasta ser como las de hoy.

—La que mejor me sé es la del Jurásico, gracias al cine —apuntó Julio recordando las estupendas películas de Spielberg.

—Sí, aunque a veces deforme la Historia, el cine sirve para recordar ciertas cosas. Prosigamos:

»Era *Cenozoica* o *Terciaria*: Significa «nuevas formas de vida» más o menos. Se subdivide en cinco subperíodos:

»*Paleoceno*: Hace entre 64 y 56 millones de años. En esta época se extendió el dominio de los mamíferos al haber desaparecido los dinosaurios, surgiendo multitud de nuevas especies cada vez más grandes.

»*Eoceno*: De entre 55 a 38 millones de años. Significa «nuevo amanecer».

»*Oligoceno*: De hace entre 37 y 24 millones de años; aparición de los équidos (antecesores de los caballos) y de los primeros primates, animales con visión binocular en color y cuatro manos. Según la ciencia, nuestros ancestros.

»*Mioceno*: De 23 a 6 millones de años atrás (ya nos vamos acercando a la actualidad); aparición de los grandes mamíferos como los mastodontes, y de los grandes simios, antecesores del gorila y el chimpancé.

»*Plioceno*: De 5 a 1,7 millones de años atrás. Por fin, aparecen los homínidos que caminaban erguidos. Son nuestros lejanos antepasados, el *Australopitecus* y el *Homo habilis*.

–¡Vaya! Pues han pasado millones de años en este planeta hasta que empezamos a evolucionar –exclamó Julio cansado de apuntar con el boli y aprovechando para hacer una pausa.

–Claro Julio, en realidad somos casi unos recién llegados. Ya vamos a terminar:

»*Era Cuaternaria*: Se subdivide en dos períodos:

»*Pleistoceno*: De hace 1,6 millones de años hasta el 10000 a. C.. Se caracteriza por la aparición de varias especies de homínidos cada vez más evolucionadas, hasta el hombre actual. En este período se produjeron varias glaciaciones, períodos de frío intenso, cuando los hielos cubrían gran parte del hemisferio norte.

»*Holoceno*: Desde hace 10000 años a. C. hasta hoy. Lo más significativo de esta etapa fue el deshielo general, la subida del nivel de los mares y la aparición de las primeras civilizaciones.

–Vale tío Manuel. Ahora dime cómo hago el resumen para memorizarlo mejor.

–Esta cronología puede suponer algo de dificultad para recordar todos los períodos, pero lo más importante es memorizar las cinco eras geológicas y sus principales acontecimientos, a saber: (1) *Precámbrica* o *Arcaica*: aparición de la vida en el mar, primeras bacterias, primeras plantas y primeros animales; (2) *Paleozóica*: estallido de la vida diversificada: insectos, plantas terrestres, tiburones, anfibios y reptiles; (3) *Mesozoica*: expansión y, finalmente, extinción de los dinosaurios, aparición de los primeros mamíferos y de las primeras aves, parece que derivadas de los dinosaurios pequeños. (4) *Cenozoica* o *Terciaria*: expansión de los mamíferos, aparición de los primates y, al final del período, de los homínidos *Australopitecus* y del *Homo habilis*. Afianzamiento de las aves. (5) *Cuaternario*: enfriamiento planetario y glaciaciones, bajada del nivel del mar y, al final de la era, deshielo y subida de las aguas oceánicas unos 150 metros. Aparición del hombre moderno.

–Bueno, así es mucho más fácil –apuntó Julio esgrimiendo el bolígrafo–. Me haré un cuadro sinóptico con las eras, los períodos, los acontecimientos y las especies animales más características de cada uno.

–Estupendo. Lo mejor es asociar cada era con lo ocurrido en ella que más te llame la atención. Visualiza una película de los acontecimientos, como si fuera *Jurassic Park*. Verás que no es tan difícil.

Cintia se levantó de su sillón mirando a Manuel.

–Cariño, ha sido muy interesante pero tengo sueño. Lo siento, mañana debo madrugar para ir a Madrid. Tengo que ver al editor de la revista y luego recoger a Clío en la estación.

Cintia escribía para una revista de Economía, con la que colaboraba con un reportaje semanal.

–También tengo que hablar con el fotógrafo. Las últimas fotos que me mandó por correo electrónico no eran muy buenas –comentó retocándose la falda.

–Buenas noches tía, que duermas bien. Yo también me voy a mi habitación; ya empiezo a tener sueño –dijo Julio ahogando un amago de estirar los brazos y bostezar–. Esta última clase ha sido muy pesada.

–Pues demos por terminada la clase por hoy. Buenas noches Julio, hasta mañana.

–Buenas noches tío y perdona, no lo digo por ti que me lo has explicado estupendamente; es que el tema es denso. Buenas noches.

Julio subió a su habitación y se puso el pijama. Se acercó a la ventana y a través de la mosquitera contempló las estrellas. Aquellas noches de verano sin luna lucían esplendorosas sin las luces de la ciudad. Subió la mosquitera y apagó la luz de la habitación para contemplarlas mejor.

Algunas brillaban a intermitentes destellos como si pulsaran. Cerró los ojos. Bajó la mosquitera y se tendió en la cama. En su mente, una inmensa bola de fuego se enfriaba hasta convertirse en una roca con mares de los que surgían reptiles gigantescos haciendo temblar el suelo y emitiendo fuertes bramidos. Luego una luz en el cielo se iba haciendo más y más grande hasta que llegó al mar y en él se alzó una enorme columna de fuego y humo.

Los dinosaurios corrían despavoridos inútilmente; una ola de calor intenso los abrasaba sin remedio. Las palmeras eran arrancadas por un fuerte viento candente y ardían cual antorchas. El cielo se volvió rojo y luego gris oscuro. El Sol dejó de lucir, el frío llenó la Tierra. Allá abajo, escondidos en su madriguera, una pareja de ratones temblaban acurrucados sobre sus crías. Entre sueños Julio pensó: «fueron los herederos de la Tierra y pueden volver a serlo».

CLÍO

Después del desayuno, cuando sus tíos se marcharon a sus respectivos quehaceres, Julio decidió dar un paseo por los alrededores de la finca. La mañana era deliciosamente fresca; el aire estaba impregnado de olores a romero, tomillo, espliego y a otras muchas hierbas aromáticas que no pudo identificar.

La resina de los pinos chorreaba por las heridas de los troncos y multitud de pajaritos trinaban escandalosamente defendiendo sus territorios.

Caminó durante cuarenta y cinco minutos saliendo de la carretera asfaltada e internándose por un camino forestal que serpenteaba ladera arriba por una colina cubierta de pinos y encinas. Respiró el aire oxigenado a pleno pulmón sintiéndose lleno de energía. Pensó en empezar a correr al día siguiente. Estaba fuera de tono físico pero podía recuperarse rápidamente. Una hora diaria de carrera respirando aquel aire le iban a poner como un toro y a darle buen fondo.

Podía alternar la práctica de correr con la natación. La piscina no era muy grande pero era suficiente para hacer largos a «crawl», que era el estilo que le gustaba.

Miró el reloj y volvió sobre sus pasos. Tenía que estudiar hasta la hora de comer. Por la tarde, su tío volvería a darle una clase magistral. Estaba sorprendido por la sencillez con que le explicaba los orígenes de la Tierra y de la vida y como él lo comprendía y asimilaba casi sin esfuerzo. Esta vez tocaban los comienzos del ser humano. Pronto entrarían de pleno en la Historia de la Humanidad. Se extrañó de estar un poco impaciente por comenzar a saber qué pasaba en la antigüedad. Recordó las películas de romanos. Algunas eran aburridas, se notaba el falso decorado y el vestuario de opereta, pero otras eran estupendas, como *Espartaco* o *Gladiator*.

Su tío Manuel era tan buen narrador que él podía cerrar los ojos y contemplar las imágenes que relataba como si estuviera viéndolas en una pantalla. Por ese lado estaba contento; no iba a ser tan mal verano como pensaba.

Cerca de la una de la tarde, cuando estaba enfrascado en plena lectura de la Prehistoria, escuchó abrirse la puerta metálica de la parcela y el motor inconfundible del coche de su tía Cintia.

«Ahí está —pensó—, con ella traerá a la empollona».

Unos minutos después su tía lo llamó desde el salón.

—¡Julio, baja un momento, tengo que presentarte a Clío!

El chico cerró el libro con un lapicero dentro para no perder la página y se levantó del asiento de mala gana dirigiéndose a la escalera.

En el salón del chalé, su tía lo esperaba de pie en el centro. A su lado, de espaldas, mirando los libros de la biblioteca, había una mujer vestida con pantalones vaqueros, camisa blanca remangada y el cabello corto castaño oscuro que dejaba ver un largo cuello.

«Vaya —se sorprendió Julio—, tiene buen tipo. Esto se pone bien, solo falta que no sea muy fea».

—Julio, te presento a Clío, tu compañera de estudios, aunque ella lo haga a otro nivel. Espero que os hagáis buenos amigos.

Julio se acercó mientras Clío se daba la vuelta. Se quedó casi paralizado, sin saber qué decir. Clío era guapa, muy guapa. Tenía la cara ovalada, los pómulos redondeados, ojos grandes y negros enmarcados por largas pestañas bajo finas cejas arqueadas, la nariz recta, labios gruesos y bien dibujados, mentón firme sobre un cuello de cisne encantador, piel luminosa y suave. Aquella aparición le tendió la mano sonriente y radiante.

–Encantada de conocerte Julio.

–Yo... yo también es... estoy encantado –acertó a decir Julio un poco colorado intentando disimular su sorpresa.

Clío le agarró la mano y tiró de ella hasta depositar sendos besos en las ruborosas mejillas del chico. Una ola de suave perfume lo inundó hasta hacerle casi desfallecer. Sintió contra su cuerpo el turgente pecho de la muchacha por un instante.

–Ya me ha dicho tu tía que estás repasando la asignatura de Historia, qué bien. Si en algo puedo ayudarte no dudes en decírmelo.

–Claro... claro, lo haré.

Cintia lo miró sonriendo comprensiva. Julio se vio inundado por la personalidad de aquella mujer de treinta años. Notó enseguida que no se trataba de una adolescente. Olía distinta, su presencia era avasalladora, llenaba todo el salón. Se sintió turbado, vulnerable; aquella era una auténtica mujer en toda la extensión de la palabra y él era solo un chico de dieciocho años. Le faltaban solo unos meses para ser mayor de edad pero sintió una diferencia abismal entre los dos. Toda su autoestima de hombre se empequeñecía ante aquella mujer esplendorosa que desprendía feminidad, encanto y seguridad por todo su ser.

–Y ahora, Clío, acompáñame –intervino Cintia–; te enseñaré tu habitación. Luego, antes de comer, puedes darte un baño en la piscina para refrescarte.

–Gracias Cintia eres muy amable –le contestó Clío.

Entonces Julio se dio cuenta del timbre y el tono de la voz de Clío, firme, melodioso y cantarín, una voz que penetraba en sus oídos y llegaba hasta el fondo de su cerebro y su corazón.

No pudo evitar volverse y mirar como ambas mujeres se alejaban y subían las escaleras hacia el piso superior con las maletas. Sus ojos se centraron en la silueta perfecta de Clío, su leve balanceo de caderas y el rastro de perfume que dejaba.

–¡Un momento! –acertó a decir–, dejadme que los lleve las maletas por favor.

–No hace falta Julio –contestó su tía–, podemos con ellas.

–Por favor, insisto. –En dos zancadas estaba junto a las dos mujeres y les arrebató las maletas de las manos.

–Está bien. Todo un caballero español, vamos –sonrió abiertamente Cintia cediéndole el paso.

La habitación de Clío estaba enfrente de la de Julio; prácticamente eran gemelas, con el mismo mobiliario, un armario, una cama y una mesa de estudio con su silla graduable.

–Me gusta –dijo Clío–; aquí podré desarrollar mi tesis con comodidad.

–¿Dónde dejo las maletas? –preguntó el muchacho, ya repuesto de su sorpresa inicial.

–Encima de la cama, Julio. –Era la primera vez que Clío pronunciaba su nombre y se estremeció al oírlo de sus labios. Sonaba muy bien.

–Bueno Clío, instálate como en tu casa. En el baño tienes toallas, puedes bajarte una a la piscina. La comida es a las dos en punto –informó Cintia.

–Seré puntual, y si puedo ayudarte en algo...

–Gracias Clío; la asistenta se encarga de casi todo, aunque el toque final de la comida me gusta darlo a mí. Espero que te guste.

–Seguro que sí. Manuel me ha dicho que eres una gran cocinera, te admira.

—Más le vale —dijo la mujer divertida—, o se irá a comer a un restaurante. Hasta luego.

—Hasta después Clío —se despidió Julio saliendo detrás de su tía.

Entró en su habitación algo alterado cerrando la puerta. «Pues vaya con la empollona gorda y fea, menudo chasco. ¡Si es un bombón!» pensó nervioso y contento al mismo tiempo.

Intentó retomar el estudio pero no pudo. Las líneas del libro se le borraban y en su lugar aparecía la imagen de Clío sonriente, con los ojos brillantes. Sintió oleadas de calor recorriendo su cuerpo y, levantándose de la silla, se asomó a la ventana para respirar hondamente el aire puro cargado de olores silvestres.

A los pocos minutos vio a Clío salir de la casa caminando sobre el césped camino de la piscina. Llevaba un sucinto biquini negro que resaltaba sus perfectas líneas femeninas. Julio no pudo evitar mirarla con un estremecimiento. «Joder, qué buena está» pensó automáticamente. «Podría hacerle una foto y mandársela a mi amigo Alejandro, se morirá de envidia». Pero antes tenía que conseguir que ella accediera; no quería hacerle una foto a escondidas. Parecía simpática; todo era cuestión de hacerse amigos.

Cerró el libro de golpe y buscó aceleradamente su bañador. Bajó las escaleras de tres en tres. Al poco tiempo estaba sumergido en la piscina nadando junto a Clío que reía sin parar cuando él la salpicaba con su pataleo. Luego salieron del agua. Ella se tendió en una hamaca para secarse y Julio hizo lo mismo a su lado.

—¿Llevas mucho tiempo aquí? —preguntó Clío desperezándose al sol haciendo resaltar su hermoso busto.

—Apenas dos días —respondió Julio mirando sus largas piernas de reojo—. Mi tío y yo tenemos frecuentes charlas sobre la Historia del mundo.

—¿Y qué tal, te gustan?

—Manuel es genial. En una hora aprendo más con él que cinco estudiando el libro.

—Sí, tu tío es un magnifico profesor, por eso he venido a terminar mi tesis bajo su tutela; quiero doctorarme en septiembre.

—Eso debe ser muy complicado. A mí se me atraganta la Historia.

—Eso es porque todavía no te ha entrado la «fiebre». A mí me pasaba lo mismo en el bachillerato pero topé con un buen profesor, del estilo de tu tío. Me abrió los ojos. Me enseñó un mundo nuevo donde hombres y mujeres luchaban por su libertad y su vida, un mundo de héroes y villanos que me entusiasmó. Y aquí estoy, doctorándome en ese mundo maravilloso.

—Pero, perdona Clío, luego ¿a qué te vas a dedicar? No creo que haya mucho trabajo en ese área, como no sea de profesora.

—No me importa. Tengo asumido que lo tendré difícil para encontrar un buen empleo que me permita desarrollar mi pasión por la Historia, pero esto es lo que quiero, es mi sueño y voy a por él con todas mis fuerzas. Me gusta la investigación, recorrer bibliotecas y archivos para descubrir qué pasó en realidad.

—Sí, suena muy bonito —dijo Julio—, pero luego hay que buscarse las habichuelas. Mi padre quiere que sea ingeniero de telecomunicaciones o de sistemas informáticos; dice que son los que tienen más porvenir.

—Y a ti, ¿qué te gusta?

Clío se había girado hacia él. El sol le había secado las gotas de agua de su cuerpo dorado, que contrastaba con el pequeño bikini negro. Julio tragó saliva intentando no mirar aquella escultura femenina perfecta, que estaba tan cerca.

—Pues... —dudó—, aún no lo sé. Las «mates» no se me dan mal, pero tampoco es que sean santo de mi devoción.

—No te preocupes —dijo Clío mirándolo directamente a los ojos—, cuando lo sepas, te darás cuenta, tendrás la «fiebre». Pero una cosa sí es importante.

—Dime —inquirió Julio intrigado.

—Cuando lo averigües de verdad, cuando lo sientas en todo tu ser, no te dejes influenciar por nadie. Ve directo a por lo que tú quieras.

La voz de Clío era firme y segura; sus ojos despedían chispas y sus cejas se arqueaban.

—¿Ni siquiera por mis padres?

—Ni por tus padres ni por tu tío. Cuando sientas bien dentro lo que quieres ser y hacer, no te apartes de ese camino. De otra manera estropearás tu vida y solo tienes una.

—¿Tú lo haces así?

—Totalmente. Cuando tenía tu edad... más o menos, ¿tienes dieciocho años, no?

—Casi.

—Bueno, cuando tenía tu edad estaba confusa. Mi madre y mi padre querían que estudiara Medicina, Empresariales o Económicas, aunque a mí no me gustaban. En realidad no tenía vocación por nada hasta que apareció Daniel.

—¿Daniel, un novio?

—No, no, mi profesor de Historia, él lo cambió todo.

—¿Tan bueno era?

—Ha sido el mejor profesor que he tenido en mi vida, aparte de tu tío claro. Daniel me contagió la fiebre por la Historia. Entonces decidí ser doctora en esa materia. No te puedes imaginar cómo se pusieron mis padres cuando se lo dije.

—Puedo imaginarlo si pienso en cómo se pondrían los míos si yo hiciera lo mismo. Menuda «movida».

—Pero mi determinación triunfó y al final cedieron. Ahora están contentos de verme feliz. Y eso, recuérdalo siempre Julio, eso es lo más importante de la vida, ser feliz, estar a gusto con uno mismo y con lo que haces, estar en paz.

—Vaya, pues me alegro de que estés así.

La puerta metálica chirrió al abrirse para que pasara el automóvil de Manuel haciendo crujir la grava bajo las ruedas.

—Tu tío ha vuelto de la facultad; creo que será mejor que nos cambiemos para comer —dijo Clío incorporándose en la hamaca.

—Vale. Me ha gustado mucho hablar contigo. Si tienes tiempo podemos ir a correr por el campo si te gusta. Conozco un camino muy bonito.

—Cuando sepa el plan de trabajo con tu tío, me encantará. Vamos.

Se levantaron y entraron en la casa, subiendo a sus habitaciones.

Julio se duchó ligeramente para quitarse el cloro de la piscina y se vistió. Salió al pasillo y miró sin poder evitarlo la puerta de Clío. Estaba entreabierta. Sintió un vuelco en el corazón. Por la estrecha abertura, vio parte del cuerpo desnudo de ella de espaldas mientra se secaba el cabello con una toalla junto a la cama.

Tuvo el impulso de pararse frente a la puerta y mirar más detenidamente, pero, azorado, apresuró el paso y bajó al salón. No quería que ella lo viese y pensara que era un mirón salido. Era una chica simpática y muy guapa, pero diez años mayor que él, lo cual le producía un complejo de inferioridad que procuraba superar. «Si tuviera más o menos mi edad, intentaría ligármela, pero no está a mi alcance» pensó llegando al salón.

En la comida charlaron todos de cosas intranscendentes: del tiempo, del calor, de las recetas de cocina de Cintia. Al terminar, y mientras tomaban un cremoso café expreso, Manuel se dirigió a Julio.

—Sobrino, esta tarde después de la siesta charlaremos un rato sobre los orígenes del ser humano. Hoy es el primer día de Clío en nuestra casa y tiene que organizarse e instalar sus bártulos. Pero a partir de mañana repasaremos por la noche después de cenar, pues por la tarde tendré que atender la tesis de Clío. Pero cuando termine en la facultad tendré la mañana libre y podré estar contigo más tiempo.

–Está bien tío. Siento haberos estropeado las vacaciones.

–No te apures; tu tía y yo no pensábamos salir de aquí este verano. Bueno, tal vez si todo va bien y los dos estáis seguros con vuestros estudios, nos marcharemos por ahí tres o cuatro días. Por muy bonito que sea el entorno donde vives, todos necesitamos un cambio de vez en cuando para recargar las pilas y apreciar verdaderamente lo que se tiene.

–No te preocupes tío, estudiaré de firme para que podáis marcharos. –El gesto de Julio era firme y decidido.

–Claro –intervino Clío–, por tres o cuatro días no pediremos auxilio. Pero cuando volváis tendrás trabajo extra.

–Eso no me preocupa. Ahora me apetece una siesta, el mejor invento que hemos regalado los españoles al mundo. Lo malo es que no cobramos *royalties* a los extranjeros que la han descubierto y la duermen exaltando sus virtudes. Somos así de quijotes –concluyó Manuel divertido.

Todos se retiraron a sus habitaciones. Julio y Clío subieron juntos la escaleras detrás de Manuel y Cintia. El chico se dio cuenta de que Manuel era más alto que su esposa. Sin saber por qué, miró de reojo a Clío: también era un poco más baja que él. En realidad Julio era bastante alto; medía casi un metro ochenta y tenía el pelo castaño claro, los ojos marrón-verdosos, la nariz ligeramente aguileña y los labios finos. No era lo que se dice un guaperas, pero era atractivo, varonil, aunque con algún granito en la cara (afortunadamente ya muy pocos que iban desapareciendo), el pelo rebelde cayendo sobre su frente y unas cuantas pecas en los pómulos.

La casa se quedó en silencio mientras el sol inmisericorde se abatía sobre la parcela. Las cigarras atronaban el aire con sus cantos monótonos desde los pinos. El calor era agobiante y no se movía ni una ligera brisa.

Julio cerró la ventana y las persianas para evitar que entrara el aire caliente y la fuerte luz de aquellas horas, conectó el ventilador del techo y se tumbó completamente desnudo sobre las sábanas limpias y frescas. La penumbra de la habitación invitaba al descanso y el aire en movimiento que le enviaban las aspas del ventilador aliviaba su calor.

Mientras se dejaba adormecer por el vasito de vino que había bebido en la comida y los vapores de la digestión, la imagen del cuerpo desnudo de Clío brotó en su mente, delgada, sin un gramo de grasa, de piel tersa y músculos elásticos. Recordó su cintura estrecha que se ensanchaba en las caderas como las curvas de una guitarra, sus glúteos redondos y firmes, sus torneados muslos. Julio sudaba bajo el ventilador. Se levantó de un salto y se metió en la ducha de agua fría dejando correr el agua. «Será mejor que olvide lo que he visto o no me podré centrar en el estudio» pensó mientras se secaba con la toalla.

Refrescado por la ducha, se volvió a tumbar en la cama y empezó a pensar en los primeros temas del libro. Pronto lo venció el sueño.

Después de la siesta se reunió con Manuel en el porche. Clío estaba en su habitación ordenando papeles, libros y ropa.

—Me gustaría saber cómo empezó la Humanidad tío —habló Julio mientras Manuel sacaba su pipa y la llenaba de oloroso tabaco.

—Vamos a dejar a un lado las teorías que están menos apoyadas por la ciencia y nos adentraremos en la que más se acepta, la de la evolución, y que tiene evidencias bastante contrastadas.

–¿Entonces no hablaremos de los extraterrestres?

–No es que yo descarte totalmente esa posibilidad, pero ciñámonos a lo que parece que se puede acreditar que ocurrió.

–Adelante. –Julio se arrellanó en su sillón de mimbre dispuesto a escuchar atentamente, con el bloc y el «boli» preparados.

–Hace unos veintidós o dieciocho millones de años, en el Mioceno, a finales de la Era Terciaria, apareció sobre la Tierra un animal llamado «procónsul», una especie de primate al que se le supone ser nuestro ancestro más antiguo, y que también es antepasado de los simios actuales. Era parecido a los lémures de Madagascar.

–¡Ah, sí! Se han hecho famosos con la película de dibujos animados *Madagascar*. El rey era muy simpático –dijo Julio recordando al divertido personaje.

–De este pariente de los lémures evolucionaron los simios, y de una línea de estos, en un período que abarca entre cuatro y dos millones de años de antigüedad (casi nada), apareció el *Australopitecus Afarensis* en África, al Sur de Etiopía, un ancestro de los homínidos.

–Aclárame qué son los homínidos.

–Se denomina homínidos a todos los primates que se desplazaban de forma bípeda, es decir, que andaban más o menos como nosotros. Todos ellos están en la línea de evolución del ser humano.

–Vale, sigue tío.

–Los huesos fosilizados del primer ejemplar que se encontró mostraron que medía aproximadamente poco más de un metro y debía pesar unos cuarenta kilos. Su cerebro tenía una capacidad de alrededor de 450 centímetros cúbicos, lo que significa que ya era mayor, proporcionalmente, que el de un chimpancé y por lo tanto era algo más inteligente. En este aspecto lo importante no es el tamaño absoluto del cerebro, pues una ballena lo tiene mucho mayor que el nuestro, sino su tamaño en relación con la masa corporal, es decir el «índice de encefalización». En esta proporción, nuestro cerebro es el mayor de todos. Es unas tres veces más grande de lo que debería ser por nuestra constitución física si nos comparamos con los animales.

—Pues algunos amigos míos son muy cabezones; deben tener por lo menos cuatro veces más de cerebro —dijo Julio muy serio.

—¡Ja, ja, ja! —Manuel rió con fuerza la ocurrencia de su sobrino—; no Julio, el tamaño de la cabeza humana puede variar, pero el cerebro es más o menos igual. Prosigamos.

»El *Australopithecus* ya andaba erguido sobre dos piernas, aunque tenía el dedo pulgar de los pies más separados de los demás que los nuestros. No eran ya pies prensiles, no eran casi manos como en los simios, pero tampoco pies totalmente humanos, por lo que podía subir y manejarse bastante bien en los árboles. Era un ser a medio camino entre un simio y un humano, por lo que se le considera que es el primer fósil encontrado de homínido. Manejaba al menos una herramienta que sepamos; cogía piedras pulidas de río y les daba golpes con otras piedras hasta conseguir un filo cortante en uno de sus lados. Con esta herramienta podía romper huesos, comer el tuétano y arrancar la carne. También podía matar pequeños animales para comerlos, aunque su comida principal era la carroña y la recolección de frutos, raíces, bayas e insectos.

—Pues era un menú poco agradable, salvo la fruta, tío.

—Eran demasiado frágiles para cazar animales grandes, y, además, no sabían manejar el fuego. Pero hacer aquella herramienta de piedra tosca y arcaica fue un gran avance. Ahora sabemos que algunos grupos familiares de chimpancés también fabrican una herramienta. Modifican un palito para sacar termitas de los agujeros y esta técnica se la transmiten a sus descendientes. También usan piedras para partir nueces, pero no las tallan para afilarlas. De todas formas, somos parientes cercanos del chimpancé ya que compartimos con ellos más cantidad de genes que con cualquier otro animal, hasta un 98,40% del ADN.

»Los siguientes «parientes cercanos» del ser humano son el gorila y el orangután.

—¿Son algo así como primos lejanos?

—Más o menos. Hace unos cuatro millones de años, los *Australopithecus* salieron de las selvas, tal vez debido a cambios climáticos que hicieron desaparecer su entorno casi por completo, y se aventuraron a vivir en las sabanas africanas en las cuales no había muchos árboles donde refugiarse, así que debieron cambiar su forma de vida arborícola por la de caminantes entre las altas hierbas. Andar erguidos les proporcionó mayor campo de visión para detectar a los depredadores y las posibles presas, y el mayor desarrollo de su cerebro les permitió organizar la caza en grupo, adoptando estrategias y usando piedras afiladas como armas.

—Pero eran unas armas muy toscas. Poco podrían hacer con ellas ¿no?

—Pues si te dieran en la cabeza con una de ellas podrían matarte fácilmente. No cabe duda de que les sirvieron de algo, ya que de otra manera no hubieran fabricado tantas como se han encontrado. Ten en cuenta que el ser humano no tiene grandes colmillos, ni garras, ni es tan corpulento y fuerte como un gorila. Una piedra afilada puede sustituir a un gran colmillo si se maneja con habilidad y fuerza.

—Tienes razón tío, sigue con tu historia.

—El fósil más famoso de *Australopithecus* lo encontró Donald Johansson en Hadar (Etiopía) en 1974. Le puso por nombre «Lucy», aunque no se sabe si era hombre o mujer, por estar el esqueleto muy incompleto. Era un ejemplar muy pequeño, apenas sobrepasaba el metro de altura, pero parece que podía andar erguido. Se le calcula una edad de 3,18 millones de años.

—Pues debía estar muy arrugada la pobre.

—Probablemente no vivían más de treinta años. Ya sabes que la antigüedad de un resto orgánico se puede calcular mediante procedimientos científicos con bastante aproximación. Existe suficiente consenso entre los expertos en lo relativo a que hace unos cuatro o cinco millones de años ya existían homínidos que caminaban erguidos como nosotros.

»Tres millones de años atrás en el tiempo convivían en África aproximadamente unas seis especies de homínidos parecidos al *Australopithecus*, pero al final sobrevivió solo uno, el *Homo habilis*, y todos los demás *Australopithecus* fueron desapareciendo.

—¿Se encontraron en Australia? —preguntó Julio extrañado.

—Este nombre, «*Australopithecus*», significa «mono del Sur» en latín y no tiene nada que ver con Australia, ya que se encontraron principalmente en el Sureste de África. Precisamente a este país, Australia, que es una isla-continente, desde hace millones de años llegaron los modernos *Homo sapiens* hace unos 40000 años. Nunca se han encontrado fósiles de especies más antiguas de homínidos.

—Entonces... ¿los indígenas australianos que viven hoy son los mismos que llegaron a esa isla entonces?

—Sí Julio, son sus descendientes directos. Australia ha estado aislada desde hace millones de años, por eso tiene una fauna diferente al resto del mundo, los marsupiales. Pero eso ya es cosa de la zoología. Los seres humanos no pudieron llegar allí hasta que tuvieron la inteligencia suficiente como para fabricar naves capaces de llevar a un buen número de ejemplares a través del océano Pacífico de isla en isla. Los aborígenes australianos no han cambiado nada desde entonces.

−Pues parece que ya quedan muy pocos.

−Es el problema del choque de culturas: la más avanzada en tecnología se impone en casi todos los campos.

»Volviendo al pasado remoto, la serie de especies homínidas que se han catalogado después del *Homo habilis* hasta llegar a la nuestra son principalmente el *Homo ergaster*, el *Neanderthal*, el *Rudolfensis*, el *Heidelbergensis*, el *Erectus*, el *Antecessor* y finalmente el *Sapiens*, aunque hay algunas más que luego veremos, pues el hombre se adaptaba al medio ambiente donde se asentaba, cambiando algunas características físicas. Muchas subespecies son variaciones locales de los mismos individuos que habitaban en otra región con diferente ecosistema.

−¿Tanto puede afectar el ecosistema a los humanos?

−Mucho. Ya sabes que evolucionamos dependiendo de nuestro entorno. Si este cambia o emigramos a otros ambientes, nosotros o nuestros descendientes tenemos que cambiar también. La «epigenética» ha dado la respuesta a esta adaptación.

−Es tremendo que podamos cambiar de aspecto dependiendo de donde vivamos.

−Sí, y de lo que comemos y sentimos, aunque para ello tienen que pasar muchos siglos. Sigamos.

»Parece que los últimos *Australopithecus* convivieron en sus últimos tiempos con otra especie de homínidos, el *Homo habilis*, que apareció hace unos 2,4 millones de años. Es el primer ser al que se le asigna el nombre de «Homo» que significa hombre en latín, pues el *Australopithecus* estaba totalmente cubierto de pelo y más parecía un mono que un ser humano primitivo. El *Homo habilis* debía tener menos pelo corporal y contaba con un cerebro de entre 500 y 800 centímetros cúbicos. Ya tallaba toscamente las piedras por completo, es decir, por ambas caras, haciendo lascas mediante percusión con otras rocas, fabricando una especie de «hacha» en forma de gota con filos cortantes. Las manejaba agarrando la piedra con la mano y golpeando o cortando con ella. También es posible que las atara a un palo con fibras vegetales, lo cual hubiera supuesto un gran avance, pues incrementaría su potencia y alcance.

−¿Y por qué no lo sabemos con exactitud?

−Porque las fibras vegetales y la madera se pudren y desaparecen por completo debido a la humedad, los insectos y las bacterias.

»Un poco más tarde pero más cerca de nuestro tiempo, hace unos 1,6 millones de años, apareció el *Homo erectus*, que podía medir hasta 1,80 m y contar con un cerebro de 750 a 1250 centímetros cúbicos, y lo que es más importante, sabía manejar el fuego, lo cual le permitió calentarse y asar la carne haciéndola más digestible. Gracias a las hogueras podía mantener alejados a los depredadores. Se calcula que fue hace unos 500000 años cuando se consiguió encender y controlar el fuego a voluntad. Existe un esqueleto completo de este homínido, de 1,5 millones de años de antigüedad, y que tiene una estructura muy moderna, técnicamente parecida a la nuestra.

−Pues no creo que sea tan difícil encender fuego. Parece mentira que hayamos necesitado millones de años para conseguirlo cuando ahora en poco tiempo se avanza en la tecnología de manera vertiginosa.

−Claro, ahora tenemos todo el legado cultural de nuestros antepasados que durante siglos han dejado sus descubrimientos. Pero hace cientos de miles de años el ser humano partía de cero; ni siquiera tenía una escritura y el fuego le daba miedo, como a todos los animales. Pero cuando el cerebro creció, aprendieron mediante observación que el fuego se podía mantener controlado añadiendo leña poco a poco.

−¿Y cómo aprendieron a encenderlo si no tenían cerillas ni encendedores de gas? −preguntó Julio sonriendo.

–Tal vez aparecieron unos viajeros del futuro y les enseñaron. En serio, es posible que fuese por accidente, como se han hecho muchos de los descubrimientos de la Humanidad.

»Un día cayó una roca sobre otra produciendo una chispa junto a unos arbustos secos. La chispa prendió fuego y alguien lo observó maravillado y probó a repetirlo golpeando las dos rocas sobre hierba seca. Otros se darían cuenta de que frotando dos palos se calentaban. Imagínate lo que sentirían cuando pudieron encender el fuego a voluntad.

–Debió ser algo grande –afirmó Julio entusiasmado.

–Tanto que fue el comienzo del dominio del ser humano sobre la Tierra y los depredadores. En realidad no hemos avanzado demasiado desde entonces, salvo en mecánica y electrónica. Los grandes cohetes que llegan a la Luna o envían sondas al espacio funcionan con el impulso del fuego de sus combustibles.

–¡Es verdad! Y también los automóviles funcionan quemando gasolina.

–Fíjate que cuando decimos «enciende la luz» nos estamos refiriendo al fuego, no a la electricidad. En realidad deberíamos decir «conecta la electricidad», pero el fuego lo llevamos en nuestro subconsciente colectivo como algo muy nuestro. Lo hemos usado durante milenios.

–¿El subconsciente colectivo? ¿Eso es Historia?

–Bueno… forma parte de la Historia, pero es una especialidad de la Psicología y de la Psiquiatría. No tienes que estudiarlo, aunque hablaremos de él cuando llegue el momento porque te darás cuenta de que a veces la Humanidad parece que se mueve impulsada por este ente misterioso.

»Ahora sigamos. Con el fuego los seres humanos disponían de un arma formidable que les daba ventaja sobre sus enemigos ancestrales. Los grandes depredadores, como el león, el leopardo y el oso, eran ahuyentados con facilidad.

Por primera vez dejamos de tener miedo a ser comidos por los animales.

—Claro, una buena hoguera en la entrada de la cueva era suficiente.

—Los primeros *Homo sapiens*, nosotros, se supone que procedían del Sur de Etiopía, y desde allí se extendieron por todo el mundo. Al Norte de América llegaron atravesando el estrecho de Bering desde Asia, que entonces estaba helado y pudieron hacerlo a pie.

—Si todos los *Homo sapiens* proceden de África, del mismo tronco ¿por qué existen tres razas principales totalmente distintas? —preguntó Julio.

—En realidad no somos tan distintos. Las diferencias de ADN entre razas es inapreciable. Se presume que aquellos primeros seres humanos modernos, nuestros antepasados directos, eran negros, o al menos de piel muy oscura, debido a la fuerte radiación solar que había en su territorio de origen. La piel oscura protege de la luz ultravioleta mucho mejor que la clara. Por consiguiente todos descendemos de *Homo sapiens* de piel de color oscuro, mal que les pese a los racistas.

—Pues eso nunca lo hubiera pensado.

—Las tres razas principales son la blanca, o caucásica, la amarilla, o asiática, y la negra, o africana. Todas las demás variantes proceden de mezclas entre ellas. Cuanto más al Norte, más claros son los ojos, la piel y el pelo. Pero no solamente hay variaciones en la piel, el cabello y los ojos, sino que las facciones de la cara son también diferentes. Los europeos tienen los labios finos y la boca pequeña, la nariz afilada y el pelo más o menos lacio. Si pasamos al continente asiático, la llamada «raza amarilla» (que en realidad no es amarilla sino muy blanca, mucho más pálida que los europeos) tiene el pelo muy lacio y oscuro, poco pelo en el cuerpo, son bastante barbilampiños, más bajos que los europeos y los negros, los ojos tienen un pliegue sobre el párpado superior que los hace más pequeños e inclinados, la nariz es ancha y achatada, los pómulos salientes y los labios más gruesos. Los «indios» de América son descendientes de los asiáticos y sus rasgos son muy parecidos.

−¿Los indios americanos descienden de los asiáticos?

−Está totalmente comprobado. Como ya te he dicho llegaron a América desde Asia cruzando el estrecho de Bering. Los científicos justifican la existencia del pliegue de los ojos, porque los hombres salidos de África y llegados a las frías estepas tuvieron que protegerse del resplandor de las nieves con ese pliegue ocular que cierra el ojo más que el de negros y blancos.

»Los negros, aparte de la piel más oscura, tienen el pelo muy crespo, la nariz muy ancha, los labios muy gruesos y la boca grande. Con la piel oscura es más difícil identificar la expresión de las emociones, por lo que esta raza evolucionó para poder distinguir mejor los rasgos faciales.

−Y también los alimentos ayudan a cambiar a la gente, según me has dicho antes −afirmó Julio con aire de suficiencia.

−Exactamente. No es lo mismo basar tu alimentación en el trigo que en el arroz, el mijo o el maíz. A través de generaciones se producen ciertos cambios genéticos debido a la alimentación diferenciada, al clima y al ambiente. Pero, a pesar de las aparentes diferencias raciales, los expertos afirman que toda la Humanidad tiene muy poca variabilidad genética y que todos procedemos de un pequeño grupo que vivió en África. Los estudios genéticos mitocondriales (el ADN mitocondrial es independiente del ADN del núcleo y se hereda por vía materna sin variaciones, excepto mutaciones periódicas que se conocen) realizados por todo el mundo y en todas las razas, postulan que el *Homo sapiens* arcaico salió de África hace unos 200000 años y se extendió por todo el planeta. También puede estudiarse a través del cromosoma Y de los hombres.

—Pues parece mentira que procedamos de los mismos individuos que los africanos y los asiáticos.

—Teorías más atrevidas y delirantes postulan que las distintas razas existen porque pertenecen a planetas diferentes y que el ser humano es igual en todo el Universo, salvo pequeñas variaciones en sus facciones, aunque pueden mezclarse entre sí. Volvemos pues a la teoría de los antepasados extraterrestres que nos fabricaron a partir de sus genes y los de un primate.

—Y ¿cómo pudieron venir de otros planetas?

—Ya sabes que estas teorías no tienen base científica. Se basan en que hace cientos de miles de años existieron civilizaciones avanzadas en la Tierra que desaparecieron. Algunos incluso postulan que todos los planetas son huecos y en su interior viven seres humanos más inteligentes.

—Vaya tío, todo eso me lo tienes que explicar más despacio.

—Ya tendremos ocasión. En realidad te lo digo para que no te sorprendas cuando alguien te hable de estos temas o lo leas en Internet o en alguna revista, pero para la Historia, que se basa, o más bien debe fundamentarse, en hechos contrastados científicamente, no son reales sino fruto de la imaginación.

—Vale, sigue con tus explicaciones. Dices que ya habían aparecido los seres humanos modernos.

—Efectivamente. Ya tenemos al *Homo sapiens* en la Tierra y conocemos las diferentes teorías que explican nuestra presencia aquí. Ahora vamos a conocer la Historia, es decir, lo que ha acontecido a nuestra especie desde que llegamos a alcanzar el tamaño actual de nuestro cerebro.

»Realmente la Historia del ser humano, con mayúsculas, empieza cuando se descubrió la escritura, pues solo a partir de entonces podemos disponer de documentos que nos permiten saber lo que ocurrió en épocas pretéritas. Lamentablemente, también en la remota antigüedad, igual que ahora, los que tenían el poder trataban de modificar las referencias a los hechos realmente acaecidos, de forma que parecieran logros importantes y significativos resultado de su gestión; da igual que estos gobiernos fueran reyezuelos de estados teocráticos o repúblicas.

–Pues, ¿entonces cómo saber la verdad de lo ocurrido?

–Los historiadores, para tener una aproximación a la verdad tienen que estudiar documentos de distintos orígenes de la misma época y referidos al mismo acontecimiento, así como las consecuencias que se derivaron de ellos. De esta manera podemos saber un poco mejor lo que ocurrió en realidad. Desgraciadamente, en los albores de la Humanidad no existía la escritura, por lo tanto solo podemos conocer algo de aquellas lejanas épocas a partir de los restos fósiles encontrados, los utensilios domésticos, los enterramientos, las armas, los adornos, las obras de arte, las construcciones y las huellas genéticas.

»Pero antes de continuar repasemos la cronología de nuestra estirpe y de las otras especies humanas que se extinguieron. Toma nota por favor.

Julio se dispuso a escribir en su cuaderno de notas prestando la máxima atención.

–Adelante tío, dispara.

–*Proconsul:* existió hace entre 22 y 18 millones de años. Era totalmente un animal, un pre-simio, un antepasado común de monos y humanos.

»*Australopithecus ramides:* existió hace entre cinco y cuatro millones de años. Tenía el cerebro un poco más desarrollado que los simios y parece que ya andaba erguido.

»*Australopithecus afarensis:* existió hace entre cuatro y 2,7 millones de años. Ya fabricaba algunas herramientas líticas (de piedra) toscamente.

»*Australopithecus africanis:* existió hace entre tres y siete millones de años.

»*Australopithecus robustus:* existió hace 2,2 y un millón de años.

»*Homo habilis*: surgió en África, hace entre 2,2 y 1,6 millones de años. Su capacidad cerebral era de entre 600 y 800 centímetros cúbicos. Fabricaba hachas de piedra talladas por ambos lados.

–Espera un poco, vas demasiado deprisa.

–Perdona.

»*Homo rudolfensis:* se discute si en realidad era un *Homo habilis*, debido a su gran similitud con él. Tenía parecida capacidad cerebral y vivió en la misma época.

»*Homo ergaster*: es el primer *Homo* que llegó a Europa procedente de África. Tenía una capacidad craneal de 850 c.c., y vivió entre 1,8 y 1,4 millones años antes de nuestros días. Es un antepasado del *Homo erectus*.

»*Homo georgicus*: corresponde a un fósil hallado en Georgia; se discute si en realidad es un *Homo ergaster* arcaico. Tenía 650 centímetros cúbicos de capacidad cerebral.

»*Homo erectus*: tenía un cerebro de 900 a 1100 c.c., y vivió hace aproximadamente dos millones y hasta 400000 años antes de nuestra era.

»*Homo antecessor*, desciende del *Homo ergaster* y es antepasado del *Homo heidelbergensis*, su cerebro era mayor de 1000 c.c. y vivió hace 800000 años en Europa. En España se lo ha encontrado en Atapuerca.

»*Homo heidelbergensis*: es el antepasado del Neanderthal y vivió entre 500000 y 150000 años antes de nuestra era. Su cerebro tenía 1350 c.c., muy cercano al nuestro.

—Pues hubo un montón de especies humanas anteriores a nosotros... ¿todas han desaparecido? —Julio levantó el bolígrafo del bloc.

—Todas excepto la nuestra. En realidad somos supervivientes; todos descendemos de un grupo de hombres y mujeres que salieron de África a poblar el mundo, obligados por la presión del hambre.

»Continúa escribiendo:

»*Homo neardenthalensis:* existió hace entre 200000 y 130000 años. Tenía mayor capacidad cerebral que nosotros, pues su cerebro podía alcanzar los 1900 centímetros cúbicos. Estaban muy adaptados al clima frío. Se extinguieron hace unos 30000 años.

»*Homo sapiens*: apareció en África hace unos 200000 años. Su cerebro era el mayor, exceptuando a los neanderthales, ya que alcanzaba hasta 1800 centímetros cúbicos.

»*Homo cromagnon:* vivió en la Tierra hace 130000 años (en realidad es una variante europea del *Homo sapiens*)

»Y para terminar, *Homo sapiens sapiens* (el hombre moderno): vivió hace unos 42000 años. Las variaciones entre el *Homo sapiens* y nosotros es mínima. Muchos antropólogos postulan que en realidad somos exactamente iguales, con las consabidas diferencias entre individuos.

»Algunas de estas antiguas especies vivieron simultáneamente y es posible que unas acabaran con las otras. Por ejemplo, el hombre de Neanderthal convivió en Europa con el *Homo sapiens*, y aunque ellos tenían mayor capacidad cerebral, parece que no fueron capaces de sobrevivir y se extinguieron.

—¿Cómo fue?

—Unos piensan que pudimos matarlos a todos, otros que les contagiamos enfermedades o que acabamos con la caza que ellos necesitaban gracias a nuestra mayor agilidad y capacidad de organización y planificación. También nos mezclamos con ellos. Se han descubierto genes de Neanderthal en nuestro ADN. Fuera lo que fuese, he aquí que el *Homo sapiens*, es decir los seres humanos que poblamos la Tierra ahora, sobrevivimos como especie y estamos multiplicándonos constantemente, mientras el resto de especies humanas ha desaparecido. Tampoco ha sido una evolución en línea, sino que han existido muchas variantes que se extinguieron en el pasado, ramas laterales salidas de un tronco común. Parece que nuestra especie ha sido al final la más adaptativa y fuerte de todas, de momento.

—Bueno tío, yo creo que por esta tarde ya es suficiente, ¿no te parece?

—Claro Julio. Ha sido una clase larga y algo farragosa en cuanto a los nombres de nuestros antepasados. Todavía me han quedado en el tintero algunos más, como el «Hombre de Pekín» o el «Hombre de las Flores», pero no son significativos en esta historia. Lo que viene a decir tanta variedad es que el ser humano ha evolucionado en cada rincón del planeta dependiendo de su medioambiente. Hasta los *sapiens* cambiaron cuando emigraron de África.

—Entonces, ahora empezaremos la verdadera Historia.

—Todavía no; tenemos que repasar lo que ocurrió en la Prehistoria para comprender lo que sucedió después. Pero eso será mañana. Por hoy, como tú has dicho, ya es suficiente.

—¡Hola chicos! —la voz de Clío sonó a sus espaldas.

—¿Llegamos a tiempo de charlar un rato con vosotros? —añadió Cintia que la acompañaba—. Espero que hayáis terminado.

—Claro. Por hoy hemos concluido el repaso de los antepasados homínidos —contestó Manuel echando una buena bocanada de humo al cielo.

—¿Y qué tal, Julio? —preguntó Clío.

–Pues muchos nombres para recordar, pero lo encuentro interesante. Creo que la línea evolutiva desde los simios a nosotros está bastante clara –contestó Julio tratando de mostrarse seguro en sus conclusiones.

–Eso parece –añadió Clío–; se puede seguir una determinada línea evolutiva desde los *Australopithecus* hasta nosotros a través de millones de años gracias a los fósiles que se han ido encontrando en los últimos años y a los avances en las disciplinas complementarias de la Antropología. Hoy se pueden reconstruir las caras de aquellos seres basándose en los cráneos y los progresos forenses sobre los restos humanos. Los sabuesos policiales han contribuido de manera determinante al descubrimiento de las características físicas de nuestros ancestros.

–Sin embargo, todavía hay mucha gente que sigue creyendo que el ser humano fue creado por Dios, así, cogiendo un pedazo de arcilla con la mano y dándole la forma de un muñeco –apuntó Cintia.

–Son los creacionistas –dijo Manuel–, los que interpretan la Biblia al pie de la letra. Pero la Iglesia Católica ya admite el evolucionismo con el añadido de que Dios intervino para darle al ser humano el entendimiento, la capacidad de reflexión sobre sí mismo y el razonamiento. En una palabra: el alma.

–Para mí –intervino Julio–, aunque me he enterado a tope esta tarde de la evolución humana gracias a ti tío, creo que todo está muy claro, aunque deberíamos saber cuándo ocurrió el cambio que nos permitió ser como somos, o sea, el paso de animales a humanos.

–Todavía quedan algunas lagunas, opiniones dispares en cuanto a la antigüedad y la denominación de algunas especies, pero hay suficiente consenso internacional respecto a la evolución homínida. En cuanto al cambio de la mente, pudo ser gradual, salto a salto evolutivo en paralelo al crecimiento encefálico. Los utensilios encontrados junto a cada especie así lo demuestran; poco a poco se van perfeccionando, van siendo más complicados y con mejor tecnología. Eso lo veremos en la siguiente charla sobre la Prehistoria.

–¿Entonces, eso descarta a Dios? –preguntó Julio.

–No tiene por qué –afirmó Clío–, si pensamos que todo puede estar programado en el ADN desde antes del comienzo y que hay un programador supremo.

–Ayer leí en la prensa –dijo Manuel– las declaraciones de un físico. Ha propuesto que la vida es algo que ocurre inevitablemente si se dan las condiciones necesarias, debido a las leyes de la termodinámica, algo inherente a las condiciones generales físicas que rigen nuestro Universo.

–Entonces tío, eso quiere decir que puede haber vida en otros mundos –afirmó Julio expectante.

–Claro que sí. Cada vez son más los científicos que aceptan esa posibilidad. Existen miles de millones de planetas parecidos al nuestro. Lo que pasa es que, si hay vida inteligente, puede que nunca lleguemos a encontrarnos, pues estaría a cientos, miles o millones de años-luz.

–Salvo que se descubran nuevas tecnologías que permitan los viajes interestelares en un tiempo razonable para los humanos –Cintia se arrellanó en su sillón cruzando las piernas, todavía atractivas–, o que esa vida inteligente tenga la capacidad de llegar hasta nosotros.

–Aunque la tuviera –habló Manuel–, lo difícil sería entonces localizarlos o que ellos nos encontraran en el infinito universo. Sería mucho más difícil que encontrar una determinada sardina en el océano.

–¡Qué lástima! –se quejó Julio.

–O qué suerte –apostilló Manuel–, ya que no sabemos con qué clase de seres podríamos encontrarnos. Si fueran depredadores podrían exterminarnos.

—Yo pienso —intervino Clío— que los peligrosos somos nosotros, los humanos. Llevamos milenios matándonos unos a otros por el poder, por los intereses económicos, por el miedo. Si llegáramos a contactar con otras civilizaciones en el espacio... no sé qué podría pasar si ellos tuvieran algo que fuera atractivo para nuestra especie.

—Tal vez tengas razón Clío. Pero sin darnos cuenta, hablando se ha hecho tarde y mañana tengo que madrugar. Tenemos claustro de profesores para cerrar el año académico. Entremos a cenar, quiero acostarme pronto —dijo el catedrático incorporándose.

—Buena idea Manuel —dijo Cintia levantándose—, yo también tengo que madrugar para ir a Madrid.

Cintia y Manuel entraron en la casa. Ambos jóvenes se quedaron en el porche, mirando las rutilantes estrellas de aquel cielo de verano. Julio sintió oleadas del suave y enervante perfume de Clío.

—Es interesante eso que has dicho del contacto con vida extraterrestre. Pero siempre he pensado que el peligro son ellos. En las pelis casi siempre los malos son los «aliens».

—No Julio. El peligro somos nosotros los humanos con nuestra sed de poder, agresividad y violencia. Solo correríamos peligro si contactáramos con una especie tan violenta como nosotros, que se nos pareciera en la forma de ser y pensar.

—¿Tan peligrosos somos?

—Y tanto. Piensa que con el diez por ciento del dinero que destinamos a fabricar armas y mantener ejércitos podríamos erradicar la pobreza y el hambre en el mundo, sin hablar de las enfermedades que se pueden curar. Pero no hay recursos para proporcionar vacunas o medicinas a los países en vías de desarrollo, un eufemismo para no humillarlos diciendo que son países tercermundistas o pobres.

—No se me había ocurrido. Parecemos tan civilizados...

–Porque hay leyes que sancionan, cárceles y Policía. Piensa en lo que ocurriría si no existiera el temor al castigo.

–Pues… no podríamos salir a la calle; sería la ley de la selva, del más fuerte y sin escrúpulos.

–Exactamente. Luego resulta que parecemos civilizados porque tememos la consecuencia del desorden, no porque seamos bondadosos, solidarios y honrados, aunque es verdad que hay mucha gente que es así. Cuando sepas más de la Historia más te darás cuenta de que el ser humano siempre predica el amor, la amistad, la honradez, la solidaridad, la justicia, que tiene nobles sentimientos, pero que también puede ser mezquino, egoísta, manipulador, cruel y asesino con tal de alcanzar sus ambiciones.

–¿Y la religión?

–Las religiones son una muestra más de la contradicción que anida en el alma humana. Todas predican el amor, pero si miras la Historia verás en ellas intransigencia, arrogancia, falta de escrúpulos, odio. Las religiones han sido, y por desgracia algunas siguen siendo, una de las causas de guerras, matanzas y torturas más importantes de la Historia.

–¿Cómo es posible? Bueno, excepto el cristianismo, que es la única verdadera.

–Eso es lo que tú crees ahora que no sabes nada del pasado. El cristianismo ha derramado más sangre en sus dos mil años de historia que todas las demás religiones juntas. Y eso que dices sobre que es la verdadera, es así solo para los cristianos, igual que para los musulmanes o los budistas o los judíos la auténtica y verdadera es la suya, todo es cuestión de perspectiva. En realidad, y después de dos mil años, el cristianismo es una religión minoritaria en el mundo si tenemos en cuenta el número de habitantes del planeta, aunque parece que es la que más fieles tiene, al menos sobre el papel.

—Pues estoy ansioso por saber esas cosas. En clase nunca nos han hablado de que la religión haya provocado tantas guerras y muertos.

—Ya lo verás. ¿Te das cuenta de lo necesario que es conocer la Historia? Es la única forma de saber quién eres en realidad, dónde estás, y qué sucede a tu alrededor. Incluso yo te diría que puedes atisbar cómo será el futuro a corto plazo.

—Pues no lo había pensado Clío. La verdad es que me estoy empezando a darme cuenta de lo importante que puede ser saber Historia.

—Me alegro por ti Julio. Mucha gente con cargos importantes toma decisiones sin saber nada de esta materia, y repite los mismos errores que los gobernantes antiguos. Si desconocemos la Historia, podemos volver a repetir lo peor de ella.

—¿Y eso es malo?

—Pues bastante, porque lo que volvemos a repetir suelen ser errores que desembocan en graves crisis, en inestabilidad, dictaduras y guerras.

—Espero que eso no pase.

—Muchas personas ahora creen que los extraterrestres nos salvarán de una guerra atómica que aniquilaría casi por completo a la Humanidad.

—Entonces... ¿tú crees en los ovnis? —pregunto Julio muy interesado por la respuesta de Clío.

—Nunca he visto algo que me pareciera un ovni. Pero los ovnis existen, si nos atenemos a lo que significa el acrónimo «objeto volante no identificado». Claro que los hay a montones, pero eso no quiere decir que sean artefactos extraterrestres tripulados por aliens. Muchas veces son efectos atmosféricos, otras aviones experimentales que los gobiernos ocultan por miedo al espionaje.

—Y ¿cuál es tu conclusión?

–Que hace ya más de setenta años que se dan noticias sobre los ovnis, justo cuando acabó la Segunda Guerra Mundial, y nadie ha conseguido un testimonio fiable de su existencia como naves extraterrestres.

–Es que es muy difícil tener una cámara a mano en ese momento –arguyó Julio cargado de razón.

–Pues desde hace pocos años todos tenemos cámaras en el bolsillo, y no solo de fotos, sino también de vídeo. Millones de personas llevan teléfonos móviles encima, pero que yo sepa todavía no se ha grabado una buena «peli» sobre un ovni. Siempre son fotos desenfocadas, confusas o trucadas. Nada determinante. En fin, esperemos que alguna vez se descubra la verdad, aunque hay muchos intereses en que esto no se sepa.

–Pues a mí me gustaría que existieran de verdad y que contactáramos con ellos.

–El tiempo lo dirá –concluyó Clío.

–¡Chicos, a cenar! –la voz de Cintia sonó a través de la ventana abierta del comedor.

–¡Huy Julio! se ha hecho muy tarde. Vamos. La noche es maravillosa con todas esas estrellas brillando, pero tus tíos se van a enfadar si tardamos en entrar. Además, mañana trabajo en mi tesis; me vendrá bien acostarme pronto.

–Yo también tengo que madrugar... ¿Te apetece salir a correr conmigo antes de desayunar? Es la única hora en que se puede hacer ejercicio. Aquí las madrugadas son frescas. Cuando sube el sol lo único que apetece es bañarse.

–Pues no me parece mala idea. ¿Está bien a las siete?

–¡Vale! Luego nos damos un baño en la piscina y desayunamos de maravilla.

Se levantaron casi al unísono de sus sillones y entraron en la casa. Manuel y Cintia ya estaban sentados delante de sendos platos, esperando.

–Lo sentimos –se excusó Julio–, nos hemos puesto a hablar de Historia y otras cosas y se nos ha pasado el tiempo sin darnos cuenta

–Tranquilo Julio –dijo Manuel–, sentaos antes de que se enfríe.

Después de la ligera cena, todos subieron al piso superior.

–Hasta mañana chicos –se despidió Cintia.

–Hasta mañana y que durmáis bien –apostilló Manuel.

–Buenas noches –respondieron los dos jóvenes.

Cuando llegaron a sus habitaciones Julio susurró un «hasta mañana» casi al oído de Clío, al que ella contestó muy quedamente con una amplia sonrisa mostrando sus blancos dientes perfectamente alineados.

Julio entró en su habitación y no cerró totalmente la puerta, dejando un hueco por el que se veía la habitación de Clío. Ella también había dejado un poco abierta la suya.

Julio venció la tentación de asomarse. Ella podría mirar hacia fuera y verlo en actitud de mirón. Se acostó y apagó la luz. Un resplandor entraba suavemente. Era la luz de la habitación de Clío que aún estaba encendida. Aspiró con fuerza el aire por la nariz detectando el perfume que de ella emanaba y que parecía llenar toda la casa. Estaba cansado. La luz de Clío se apagó por fin y la oscuridad total inundó la habitación. Sin apenas darse cuenta, se hundió en un reparador sueño. De las profundidades de su mente surgían hombres con apariencia simiesca que encendían hogueras dentro de lúgubres cavernas. Las llamas proyectaban siniestras sombras sobre las paredes de la cueva.

El despertador de su móvil sonó a las siete menos cuarto. Salió de la cama rápidamente, se puso un chándal y se calzó unas zapatillas deportivas. Salió de la habitación y se encontró con Clío en medio del pasillo. Ambos se sonrieron con un «buenos días» susurrado y bajaron suavemente las escaleras. Al fondo del pasillo se oyeron ruidos que indicaban que Manuel y Cintia estaban levantándose.

La mañana era fresca. El bochornoso calor del día aún no empezaba a torturar la campiña. El sol apenas asomaba por el horizonte.

–Vamos Clío, sígueme.

–No aprietes demasiado el ritmo, estoy desentrenada.

–No te preocupes, iré despacio.

Ambos empezaron a correr con un trote ligero. Julio se encaminó hacia el monte cercano torciendo por un camino de tierra bordeado de pinos y matorrales. El olor de resina, tomillo y romero inundaba sus fosas nasales.

Aflojó el ritmo dejando que ella se adelantara.

–Será mejor que vayas delante, así me adaptaré a tu velocidad.

–Vale Julio, ¿sigo por este camino?

–Sí. Hasta que te canses o quince minutos.

–Creo que los aguantaré, aunque vamos cuesta arriba.

–¡Animo! Después será cuesta abajo al volver.

Clío corría con buen estilo. Julio no pudo evitar mirarla. Llevaba una sudadera gris y unas mallas negras bastante ajustadas, que resaltaban la forma de sus redondas y respingonas nalgas.

«Está buenísima» pensó mientras adecuaba su paso al de ella. «Si tuviera unos años menos intentaría ligármela». Luego cambió de pensamiento para evitar lamentarse de no poder ni siquiera intentar intimar un poco más con Clío. «A lo mejor es una empollona. A esta solo le interesa la Historia y los hombres no entran en su vida por ahora. Tan guapa y sin novio. Es un poco raro. Con la de tíos que habrá en la universidad. Lo mejor es dejar de hacerse ilusiones de ningún tipo. Vamos idiota repite 'está fuera de mi alcance'. Tú a estudiar como un jabato, que dos meses pasan volando».

Cuando volvieron a la casa, se pararon en la puerta metálica a respirar hondo y recuperar el ritmo cardíaco normal.

—No ha estado nada mal para empezar. ¿Verdad Julio?

—Yo te creía más frágil. Te has portado muy bien subiendo la cuesta.

—Me gusta correr de vez en cuando. Ten en cuenta que me paso horas sentada. Tengo que hacer ejercicio.

—Pues esto podemos repetirlo todos los días que queramos.

—Me parece bien, vamos a darnos un baño.

Clío se quitó la ropa rápidamente dejando ver un bañador tipo olímpico en dos tonos, azul claro y azul marino.

—¡Vamos Julio, te echo una carrera de dos largos, ir y venir; el último invita a una copa en el pueblo esta noche!

—Espera que me quite el chándal tramposa.

Julio corrió detrás de ella, que lo esperaba al borde de la piscina en posición de salida de competición y se colocó a su lado.

—Saltamos a la de tres. Uno, dos y ¡tres!

Los dos cuerpos se sumergieron en las cristalinas y frescas aguas. Ambos nadaron con todas sus fuerzas. La vuelta la hicieron casi al unísono, pero pronto Julio empezó a destacarse, aunque Clío lo seguía a corta distancia. Tocó la pared el primero, apenas a un segundo de distancia.

—Vale, has ganado, te debo un copa —dijo ella con el agua chorreando por su rostro.

—De acuerdo, en cuanto podamos salimos al pueblo. Le preguntaré a mi tío dónde se puede tomar algo que esté bien, con ambiente. Ahora hay muchos veraneantes. Seguro que habrá algún sitio agradable.

—Nadas muy bien. Te aseguro que yo no soy mala en esto, pero me has ganado en buena lid. —Clío salió del agua por la escalerilla secándose con una toalla que estaba en la hamaca.

—Me gusta el deporte y me mantengo en forma. —Julio esperó tiritando a que ella se secara un poco el pelo.

—Ya lo veo. Tienes un cuerpo muy bonito y atlético. Procura mantenerlo así siempre.

—Gracias —dijo mientras ella le entregaba la toalla—, tú tampoco estás nada mal.

—Son los genes de mis padres; yo solo me limito a mantenerlos en orden y contentos. Vamos a desayunar, estoy hambrienta.

Clío echó a correr hacia la casa recogiendo su ropa del suelo. Él la siguió. En la casa, Manuel y Cintia ya estaban sentados a la mesa con la cafetera humeante y el olor a tostadas flotando en el aire.

—Venga que se os hace tarde, chicos —les dijo Cintia vertiendo café en su taza.

—Os esperamos para desayunar juntos, daos prisa. —Manuel removía el café con una cucharilla.

Subieron corriendo las escaleras. Se cambiaron y pronto estaban todos sentados en torno a la gran mesa de roble con un mantel de algodón impecable recién planchado. Encima había huevos revueltos, aromático café, mantequilla, aceite de oliva virgen extra, mermeladas, nueces, sésamo tostado, almendras, fruta y tostadas de pan de trigo con maíz y pipas de girasol, leche y jamón.

Julio aspiró los diferentes aromas del desayuno y se sintió pleno de energía, de ganas de vivir.

—El desayuno es estupendo tía Cintia; con esto tengo fuerzas para estudiar toda la mañana.

—Y que lo digas Julio. Sois dos grandes anfitriones —afirmó Clío untando mantequilla en una tostada.

—Es lo menos que podemos hacer por vosotros. —Manuel dejaba caer aceite de oliva sobre el pan—. Además, nos gusta desayunar bien. No somos de café con leche y magdalenas, ¿verdad cariño?

–Yo sigo el consejo que dice «el desayuno es la comida más importante del día», en eso soy poco española –respondió Cintia.

–Es que en España se acostumbra a comer un bocadillo a media mañana. Es lógico si se desayuna poco. Cada país tiene sus costumbres –concluyó Manuel.

–Exacto –dijo Clío–, cuando estuve en Inglaterra estudiando los desayunos eran muy completos, parecidos a este, aunque sin llegar a la calidad del nuestro ni mucho menos. Allí me acostumbré a desayunar fuerte, porque yo antes era de las de café rápido y un bollito. Luego a media mañana estaba desmayada de hambre.

–Bueno chicos. Nos vamos. Que se os dé bien la mañana con el estudio. –El profesor se levantó y, cogiendo su cartera metió en ella unos documentos y salió hacia el garaje seguido de Cintia.

–Hasta la tarde. La asistenta os preparará la comida sobre las dos. Nosotros llegaremos hacia las seis. Lamentablemente nos perderemos la siesta, ¡qué le vamos a hacer!

–Pues hasta la tarde.

Julio se despidió con una tostada cubierta de huevos revueltos y nueces en la mano. Luego se volvió hacia Clío.

–Nos vemos a comer. Que te vaya bien en tu tesis.

–Gracias. Y tú aprende. Luego, si tienes dudas, intentaré resolverlas hasta que venga tu tío.

–Vale.

Los dos subieron las escaleras y cada uno entró en su habitación. Julio se sentó frente al libro, abrió por donde estaba el lapicero y comenzó a estudiar la Prehistoria.

Unos golpes en la puerta lo sacaron de su concentración.

—¿Se puede? —la voz de Clío sonaba desde el quicio de la entrada.

—Pasa Clío, estoy terminando este tema.

—Ya es la hora de comer. ¿Bajas?

—Claro. ¿Qué tal te ha ido esta mañana?

—Bien, investigando por Internet en distintas bibliotecas y consultando notas. ¿Y tú?

—Peleándome con la Prehistoria; un tema bastante aburrido.

—Eso parece a primera vista, pero cuando entres bien en ella verás que es apasionante. Imagínate que somos herederos de esos hombres y mujeres que vivían cazando bisontes, defendiéndose del oso cavernario y del intenso frío de las glaciaciones solo con palos, piedras y mucho valor.

—Dicho así parece que lo pasaron bastante mal.

—No lo dudes Julio. Las condiciones para vivir eran muy duras. Frío, fieras enormes que se los podían comer y clanes hostiles que querían arrebatarles la comida, el territorio de caza o devorarlos a ellos. Solo el fuego los ayudaba a sobrevivir; el fuego y su inteligencia.

—Por suerte ahora la vida es más cómoda. Vamos a comer.

—Sí, huele bastante bien, vamos.

Comieron charlando de cosas intranscendentes. En un momento a los postres, ella le preguntó:

—¿Tienes novia?

—No... amigas, creo que aún no es el momento de tener una novia al estilo de antes. Ya sabes, verse casi todos los días, salir juntos; creo que no estoy preparado. Tal vez en la universidad. ¿Y tú?

—Tuve uno hace dos años, pero no salió bien. Era muy celoso y no soportaba que yo tomara decisiones y necesitara estar a solas algunas veces y salir con amigas. Sobre todo no le gustaban mis amigos.

–Por eso mismo no quiero tener una novia ahora. Un amigo mío, Pedro, ha dejado de venir a practicar deporte conmigo desde que tiene pareja. Ella le acapara todo el tiempo, le sigue con el teléfono móvil, le manda «whatsapps» sin parar. Es tremendo.

–Esa forma de actuar denota una falta enorme de madurez y de confianza –dijo Clío con gesto serio.

–Es que parece que el amor trae falta de libertad y disgustos.

–No tiene por qué ser así. Cuando se ama de verdad, se confía en la otra persona y se respeta su libertad.

–Espero que así sea, porque pienso en lo que le pasa a mi amigo Pedro y me agobio.

–No te preocupes ahora. Cuando llegue el momento, fíjate en que ella respete tu libertad y confíe en ti, eso es lo más importante. Claro está que tú debes hacer lo mismo. Así el amor es algo maravilloso, compartir momentos de la vida con alguien a quien quieres. Pero eso no quiere decir que tengan que ser «todos los momentos».

–¿Te has enamorado así alguna vez? –preguntó Julio.

–Varias, ¡ja, ja, ja! –Clío rió con ganas y dos hoyuelos aparecieron en sus mejillas–. Cuando tenía quince años me enamoré de un compañero de clase; fue un amor platónico y muy romántico de adolescente, incluso escribía un diario.

–Bueno... yo también tuve algo parecido, aunque no llegué a escribir.

–Es que los hombres sois bastante menos expresivos emocionalmente. Parece que os da vergüenza mostraros tiernos.

–De todo eso tú sabes más que yo. Tienes más experiencia de la vida.

–Tú también la tendrás, solo es cuestión de tiempo. Y ahora me perdonarás pero me apetece una siestecita. Nos hemos levantado muy temprano y hace mucho calor.

–Claro, yo también voy a echarme un poco.

Los dos entraron en sus habitaciones. Ninguno cerró la puerta. Julio pensó que a través del pasillo las puertas entreabiertas permitían una comunicación de alguna manera. Si la brisa soplaba del lado de la habitación de Clío podía oler su perfume que lo envolvía como una caricia tierna y sugerente.

Jugó con la consola un rato hasta que sintió sopor y se acostó sobre las sábanas frescas bajo el ventilador. Se quedó durmiendo casi de inmediato; el madrugón, la carrera, el baño y la comida le estaban pasando una agradable factura.

Unos golpes en la puerta lo despertaron bruscamente.

–¡Arriba dormilón, ya es tarde!

Clío entró en la habitación. Él estaba en calzoncillos sobre la cama y se incorporó rápidamente sentándose en el borde del colchón.

–Qué susto me has dado. Estaba profundamente dormido.

–Lo siento chico. Venga, vamos a quitarnos el calor con un baño antes de charlar un poco sobre la Prehistoria.

Julio se percató entonces de que Clío solo llevaba puesto el pequeño bikini negro con una toalla colgada de su brazo. Estaba allí a medio metro de él en toda su espléndida figura, desprendiendo aquel olor que le alteraba.

–Voy a ponerme el bañador, es un momento.

Se levantó y después de coger la prenda del armario entró en el baño a cambiarse. Ella mientras ojeó su libro de texto.

–No está mal; un poco aburrido como casi todos –comentó.

Julio salió del aseo con el bañador puesto y una toalla al cuello, calzando chanclas de goma.

—¡Listo! Vamos a la piscina.

El agua estaba bastante bien, aunque algo caliente, pero les refrescó del agobiante calor de la tarde. Se ducharon y se tumbaron en las hamacas para secarse al sol.

—¿Hay algo que no te encaje de la Prehistoria? —le preguntó Clío.

—No entiendo muy bien la diferencia entre el Paleolítico y el Neolítico.

—La Prehistoria se ocupa de lo ocurrido antes de que se inventara la escritura. Pero, previamente, hay que remontarnos a lo que pasó hace millones de años, aunque me figuro que tu tío ya te ha hablado de todo eso.

»Parece que hace unos siete millones de años, nuestra rama evolutiva se separó de la rama que dio origen a los chimpancés, y empezamos una evolución por nuestra cuenta. Nos pusimos de pie. Los chimpancés andan normalmente a cuatro patas, aunque las tengan terminadas en manos. Pueden andar sobre sus extremidades inferiores durante cortos trechos y de manera grotesca, balanceándose a uno y otro lado, ya que sus caderas no están preparadas para deambular erguidos. Sin embargo, nuestros antepasados modificaron sus caderas y las manos de las extremidades inferiores se convirtieron en pies. A ello tal vez les obligó haber tenido que abandonar las ramas de los árboles y «bajar» a vivir errantes por las praderas y sabanas.

—Sí, mi tío ya me ha hablado de ese cambio y que pudo haber sido provocado por el fin de un ciclo climático.

—Así debió ocurrir. Hace unos dos millones y medio de años, los homínidos tenían un cerebro ligeramente más grande que los chimpancés. Hacia esa época, nuestros antepasados comenzaron a tallar las piedras, y con toda seguridad usarían utensilios de madera. La Psicología ha descubierto que fabricar herramientas desarrolla el cerebro del que lo hace. Es decir, que el mismo cerebro que impulsa a fabricar algo se beneficia del trabajo y crece en conexiones neuronales, pues hay que ir resolviendo los problemas que surgen sobre la marcha.

–Parece que tiene lógica –razonó Julio.

–No te quepa duda. La fabricación de utensilios de piedra y su manejo ayudó progresivamente en el largo y complicado proceso de encefalización. Por otra parte, al exponerse en los espacios abiertos, los homínidos corrían más peligro de ser devorados por leones y leopardos y se vieron forzados a desarrollar estrategias defensivas y elusivas, estimulando su cerebro para encontrar soluciones a los nuevos problemas que iban surgiendo, puesto que ya no podían escapar subiéndose a los árboles. Hace unos dos millones de años atrás se produjo un sustancial aumento cerebral. Nuestro encéfalo es siete veces mayor que el de un mamífero tipo el gato y tres veces mayor que el de un mono. Naturalmente que este índice cerebral es proporcional al tamaño y al peso del sujeto. El gato, por ejemplo, tiene un índice de «1», y el perro de «1,2».

–¿Y el delfín? Dicen que es muy inteligente.

–Es el animal que tiene mayor cociente de encefalización después del ser humano, un 4,14.

–Vaya, no está mal.

–¿Y el chimpancé, nuestro primo?

–Solo el 2,5.

–Qué desilusión, yo creía que eran más inteligentes.

–Y lo son, más que un perro, más del doble. En realidad los perros son los animales terrestres más inteligentes pero no llegan al nivel de los delfines.

–Sigue Clío.

–En los últimos 500000 años se aceleró el desarrollo y creció el cerebro medio y los hemisferios, sobre todo la corteza pre-frontal, dando lugar a la aparición del lenguaje y la conciencia autorreflexiva. Ya empezamos a ser verdaderos seres humanos. El dominio del fuego, el hacha con mango, la lanza y el arco, permitieron mantener a raya a los depredadores y proveer de carne a la familia y a los clanes con cierta facilidad, lo que permitió la supervivencia y la expansión de la especie.

—Es increíble lo que pueden hacer unas simples herramientas.

—No solo las armas pueden cambiar la Historia de la Humanidad, sino la forma de usarlas y la cooperación entre individuos, la estrategia, la planificación y la ejecución de los planes a seguir.

»La Prehistoria se divide en dos períodos básicos: el *Paleolítico*, que significa «piedra antigua», y el *Neolítico*, que significa «piedra nueva». A su vez, el *Paleolítico* se subdivide en tres períodos, el «inferior» el «medio» y el «superior».

—Ya empezamos a complicar las cosas. ¿No podían los historiadores simplificar un poco?

—Es que cada día se descubren elementos nuevos que nos detallan las diferencias entre épocas. Hace pocos años solo se estudiaba el Paleolítico, sin dividirlo en períodos, pero no te extrañe que dentro de un tiempo se le añadan algunos más, o incluso que se cree una nueva era. También las nuevas técnicas de datación permiten situar mejor los objetos arqueológicos en un tiempo determinado.

—Es decir, que si yo hubiera nacido en el siglo XIX, tendría que estudiar menos.

—Por supuesto. Aparte de ahorrarte el siglo XX, los hallazgos de muchos fósiles y yacimientos arqueológicos no se habían producido todavía, por lo que la Historia era mucho más reducida y sencilla de aprender.

—Claro, era una broma. Mira ya llegan mis tíos.

Efectivamente, la puerta metálica se abría chirriando sobre sus ruedas metálicas dejando paso al automóvil de Manuel, que entró en la parcela en dirección al garaje. Por la ventanilla, Cintia los saludó con la mano.

—Vamos, aún queda tiempo antes de la cena para que mi tío me aclare un poco el Paleolítico.

Los dos se levantaron de sus hamacas y se encaminaron a la casa, subiendo a las habitaciones.

—Yo me quedaré rematando un capítulo de mi tesis —dijo Clío antes de entrar en la suya—, luego bajaré a cenar.

—Que te vaya bien, nos vemos luego.

Julio se cambió rápidamente y bajó al salón. Su tío ya estaba sentado, ojeando unos papeles.

—¡Hola chaval! ¿Cómo te ha ido el día?

—Bien tío. ¿Cuándo tendrás tiempo para mí?

—Pues ahora mismo. Espera, ordeno estos papeles y estoy contigo. Espérame en el porche. El sol ya está muy bajo y no hace tanto calor.

—De acuerdo.

Julio salió al porche. Empezaba a soplar una ligera brisa fresca cargada de perfume a flores del jazmín que crecía junto a uno de los pilares que sostenía la techumbre. Se sentó en un sillón de mimbre y se estiró desperezándose. Manuel salió al poco tiempo.

—Ya estoy aquí. Veamos por dónde vas.

—Clío me ha estado hablando de la Prehistoria; me dijo que el Paleolítico se dividía en tres períodos.

—Así es de momento. Inferior, medio y superior, según nos vamos acercando a nuestro tiempo. Incluso ya se habla de un pre-paleolítico, pero no creo que lo tengas que estudiar este curso.

—¡No! ¿Otro período más? No, por favor —dijo Julio con cara de terror,

—No exageres Julio, no es para tanto.

»El Paleolítico inferior comenzó hace unos 2,8 millones de años y terminó hace 127000 aproximadamente. Es la época de los *Homo habilis* y el *Homo erectus*. Después aparecieron el hombre de Neanderthal y el *Homo sapiens*. Del comienzo de este período se han recogido piedras y cantos de río parcialmente tallados a golpes para fabricarles un filo. Estas piedras, redondas por un lado, se agarraban con la mano y con ellas se golpeaban los huesos o se rajaba la piel de los animales cazados. Posiblemente ya se usaban ramas de árboles con la punta afilada, pero no han quedado restos.

—Lo que me doy cuenta es de que, conforme nos acercamos a la actualidad, los intervalos de tiempo que diferencian los períodos históricos se va reduciendo drásticamente.

—Justo. Me alegro de que te hayas dado cuenta Julio. Estos acortamientos de tiempo entre cambios históricos o proto-históricos sustanciales se deben precisamente a la aceleración evolutiva del ser humano. Conforme el cerebro se fue desarrollando se descubrieron antes nuevas técnicas, nuevas formas de fabricar armas más eficaces, en definitiva, se consiguió mejorar la dieta, sobrevivir a los depredadores y ocupar nuevos territorios. Los verdaderos avances que cambiaron nuestras vidas apenas tienen unos miles de años, como la agricultura, la ganadería y el sedentarismo.

—Impresionante tío. Tendemos a pensar que siempre hemos vivido en ciudades disponiendo de comercios donde comprar la comida.

—Claro, pero esta forma de vida apenas tiene seis o siete mil años. Sigamos.

»Bastante avanzado este período del Paleolítico inferior, se empezaron a tallar las piedras por completo. Ya no se escogían guijarros redondeados, que eran más fáciles de sujetar con la palma de la mano, sino piezas de piedra que se percutían hasta conseguir una forma de lágrima, llamadas hachas «bifaz» porque se tallaban por ambas caras y se manejaban con la mano.

»El Paleolítico medio abarca desde hace unos 127000 años a 40000 años atrás. En este período se van refinando los utensilios de piedra, que ya son más ligeros y mejor tallados. Se hacen raspadores para limpiar las pieles con que vestirse y hasta cuchillos de sílex o pedernal finamente labrados. Es la época del dominio del Neanderthal y de los primeros ritos funerarios.

—¿Ya no se comían a sus muertos para aprovechar las proteínas? —añadió Julio socarrón.

—Es posible que algunas tribus lo hicieran; los antropófagos han subsistido hasta casi nuestros días en regiones aisladas del mundo. En este caso no lo hicieron. Los cadáveres eran enterrados en posición fetal con algún utensilio doméstico, adorno o arma. Tal vez ya creyeran en otro tipo de vida después de la muerte.

»Aparece nuestra especie, el *Homo sapiens*, en África y emigra a Europa. Es probablemente en este período cuando empezamos a dejar de ser nómadas, asentándonos en un territorio y domesticando al perro y probablemente a las cabras.

»En el Paleolítico superior, que comenzó hace unos 40000 años y duró hasta el 12000 antes de nuestros días, el clima se enfrió a intervalos, con glaciaciones que cubrieron de hielo buena parte del hemisferio norte, incluso hasta los Pirineos españoles.

—¿Entonces toda Europa estaba cubierta de hielo?

—Casi toda a partir del Sur de Francia, y con una gran capa de nieve y hielo. El *Neanderthal* y el *Erectus* desaparecieron, extendiéndose el *Homo sapiens* por todas partes. La fabricación de «hachas» de piedra mejoró notablemente, aprovechando el sílex, una roca cristalizada volcánica, que afilada mediante golpes que hacían saltar lascas, cortaba como una cuchilla. También apareció el tallado de huesos de animales, que se transformaban en puntas de azagaya, bastones de mando, toscas agujas de coser, arpones y anzuelos. Obviamente se usaban palos para sujetar las puntas a un extremo y se hacían vestiduras con la piel de los animales. En esta época nació el arte, las manifestaciones artísticas, una de las facultades que nos distingue de los animales; también se empezaron a fabricar vasijas de barro cocido al fuego y estatuas representando mujeres, las famosas «venus paleolíticas»

—Por las fotos, estaban todas bastante gordas.

—Probablemente se exageraban los atributos femeninos para representar la fertilidad, pues se pensaba que las mujeres tenían el secreto de la vida. Es casi seguro que las primeras manifestaciones religiosas se dedicaban a la Gran Diosa Madre, gracias a la cual la naturaleza reverdecía cada primavera y ofrecía sus frutos a los humanos, aparte de favorecer los embarazos y los partos.

—Entonces ¿el primer dios era mujer? —preguntó Julio asombrado.

—Por lo que sabemos, parece que sí. En esta época, los seres humanos vivían en cuevas, cabañas y palafitos (cabañas construidas sobre palos clavados en el fondo de lagunas para evitar a los depredadores) dependiendo el tipo de vivienda elegida del clima dominante en cada región. Nunca sobrepasaron la sociedad de clanes familiares, pequeñas tribus de varias familias emparentadas. Ya se hacían collares y adornos, es decir, apareció la coquetería, el afán de ser diferente y resultar atractivo a los demás. Cazaban los abundantes animales que pululaban por los bosques, como el ciervo, las cabras, los uros, los bisontes, los toros, el caballo, los jabalís e incluso los mamuts, grandes paquidermos adaptados al frío, parientes de los elefantes. En los ríos cogían cangrejos y pescaban con cestos hechos de caña y fibras vegetales. En las costas comían toda clase de almejas, lapas, caracolas, pescaban con arpones y anzuelos de hueso, incluso se aventuraban un poco en el mar en rústicas balsas de troncos atados. En los bosques y praderas buscaban frutos, raíces comestibles, tubérculos, bayas silvestres, e incluso larvas de insectos; todo era bueno para complementar la dieta. Cuando la caza y la recolecta silvestre se agotaba, se mudaban a otro territorio; eran nómadas huyendo de los fríos invernales y emigrando al compás de las estaciones, probablemente detrás de las migraciones de los grandes rebaños de cérvidos, antílopes, caprinos, bovinos y ovinos.

—Entonces eran como los indios norteamericanos de las praderas.

—Bastante parecidos. Como debes saber, el caballo no existía en América, pero se multiplicó en poco tiempo cuando los llevamos los españoles y se extendió por todo el continente. Los indios lo adoptaron enseguida como un regalo de los dioses. En el Paleolítico todavía no se domesticaba este noble animal sino que era cazado y comido. Un gran avance de la Humanidad se produjo cuando el caballo se domesticó, pues proporcionó fuerza de tiro y transporte.

»También en Europa, los humanos debían defenderse de los depredadores como el oso cavernario, el tigre de dientes de sable y el lobo. En ciertas épocas también hubo leones y rinocerontes en el viejo continente. Hemos de tener en cuenta que la especie humana ha vivido en el Paleolítico, en la Edad de Piedra, el noventa por ciento de nuestra existencia sobre la Tierra hasta hoy. La civilización solo representa el diez por ciento de nuestra carrera como especie.

—Pues no había pensado en eso. Quieres decir que casi toda nuestra Historia la hemos vivido en la Edad de Piedra.

—Exactamente. En la Península Ibérica el Paleolítico inferior comenzó hace aproximadamente un millón de años y acabó hace unos 100000. Los primeros pobladores de España parece que fueron los *Homo antecessor*, ya que sus restos se han encontrado en Atapuerca (Burgos), aunque no se sabe si procedían de Europa o de África.

—Pues no eligieron bien su territorio. En el Sur, en Andalucía, hace menos frío.

–Lo que pasa es que no se han encontrado sus restos allí, aunque eso no quiere decir que no estuvieran. Atapuerca es un yacimiento magnífico; llevan años trabajando en él, y todavía se encuentran fósiles interesantes. Falta todavía mucho por estudiar. Los neandertales dominaron el Paleolítico medio de la península entre 100000 a 35000 años antes de nuestros días. Parece que eran descendientes evolutivos del *Homo antecessor* y que ya tenían algún tipo de lenguaje y creencias en una especie de existencia después de la muerte.

–Háblame del Paleolítico superior, y cerramos este período.

–Ya veo que tienes ganas de terminar la verdadera Edad de Piedra.

»El Paleolítico superior se inició hace 35000 años, y duró hasta el 10000 a. C. Los neandertales se fueron extinguieron y mientras tanto llegaron los *Homo sapiens* llamados también *Cromañón*. Hacia el 11000 a. C. se desarrolló el arte rupestre, del cual podemos ver muestras en la Cueva de Altamira. Ambas especies de humanos coexistieron en la península durante cientos, tal vez miles de años. Los últimos neandertales se refugiaron en Gibraltar, donde se han encontrado sus restos.

–Bien, entonces empezamos con el Neolítico.

–El Neolítico significó un gran avance para la Humanidad. Las hachas de piedra eran pulimentadas mediante rozamiento, no golpeadas, consiguiendo un acabado liso. Estas herramientas se sujetaban a palos que aumentaban su eficacia. También se perfeccionó el arco con el cual podían matar a distancia, los propulsores de azagayas y el bumerang. Se mejoró la forma de vestir y fabricar utensilios de cocina y ajuar doméstico. Al final de este período, se domesticaron animales, cabras, ovejas, toros, y hacia el año 8000 a. C. se empezó a explotar la agricultura en Oriente próximo. Poco a poco se fue extendiendo esta labor fundamental por todo el mundo habitado.

–¿Y qué cambios produjo la agricultura?

–Cambios fundamentales Julio; ya no hacía falta ser nómadas a la búsqueda de nuevos territorios para alimentarse; la comida estaba segura, fija en un lugar, por lo que surgieron los asentamientos permanentes. El ser humano se convirtió en sedentario, y fueron formándose las tribus más grandes, con familias que ya no compartían los genes sino un mismo origen territorial, una manera de pensar, de vivir, un agrupamiento que les proporcionaba mayor seguridad, al ser más numerosos. La producción agrícola cíclica y los rebaños de ganado de animales domésticos significaron la regularidad del suministro alimentario. Ya no hacía falta salir a cazar obligatoriamente; la carne estaba en los corrales o en los rebaños que pastoreaban. Y también se efectuó otro cambio fundamental; comenzó la propiedad privada.

–¿Antes no existía?

–Los nómadas apenas tienen posesiones, pues hay que viajar constantemente. Van con lo imprescindible. Las tribus eran pequeñas y todo se compartía, pues algunas veces eran unos los que conseguían alimentos y otros días lo encontraban distintas personas. Por lo tanto, todo pertenecía a la tribu y era intercambiable. Lo más importante era la supervivencia del grupo, que los protegía a todos.

–¿Y por qué no se siguió de esta forma al asentarse en un lugar? Unidos compartiendo todo –dijo Julio.

–Tal vez al principio fue así, pero poco a poco surgió el sentimiento de propiedad: mi casa, mis animales, mis campos. La codicia y el egoísmo aparecen con mucha facilidad en el ser humano. El pensamiento «yo trabajo más que los otros y el fruto de mi labor es mío» surgió de inmediato. Los cooperadores nómadas de antes se convirtieron en desconfiados vecinos sedentarios.

–Pues fue una lástima. Yo creo que el mundo iría mejor si compartiéramos todo.

–Eso se llama utopía y ya se ha intentado muchas veces, pero no funciona a gran escala. Tú eres joven y apenas conoces cómo se mueve el mundo y por qué, pero ya lo irás viendo. Prosigamos con los cambios.

»En la Península Ibérica el trigo y la cebada empezaron a cultivarse hacia el 6000 a. C. Esta nueva era de la Humanidad permitió tener más tiempo libre, lo que significó el progreso en la cerámica, el vestido, los utensilios, y, finalmente, el descubrimiento de los metales y su producción. Los poblados fueron creciendo hasta llegar a constituir pequeñas ciudades, precursoras de futuros estados. Durante el Paleolítico superior existía igualdad entre las clases sociales. Todos los miembros del clan o de la tribu tenían que colaborar de la misma manera en recoger alimentos, transportar los poblados, salir a cazar y defenderse de otros clanes o atacar para robar comida o raptar mujeres. Solo el chamán, el hombre o mujer que se comunicaba con los espíritus o el jefe, tenía algunas prerrogativas, pero sus órdenes podían ser discutidas, y en caso de que obraran de forma disparatada o perjudicial para el grupo, era rápidamente destituido.

–Eso está bien, me gustan las tribus Clío.

–Y a mí, pero el progreso avanza y las tribus se convirtieron en naciones. Al final del Neolítico, conforme la Humanidad se fue haciendo sedentaria y teniendo rebaños, tierras de labranza y viviendas fijas, comenzaron las desigualdades sociales. Cuando las ciudades crecieron y se transformaron en mini estados y el jefe de la tribu se convirtió en rey y sacerdote y los espíritus en dioses, fue necesaria la especialización de las ocupaciones de los ciudadanos. Unos se convirtieron en soldados, otros en agricultores y ganaderos, otros en artesanos fabricantes de armas o utensilios domésticos, otros tejieron telas, y otros, los que no tenían tierras, casa propia, ganado o eran incapaces para el Ejército, sirvieron a los ciudadanos más importantes.

–Vaya, los ricos y los pobres –dijo Julio con voz triste.

–Poco a poco la sociedad se fue diferenciando en clases sociales: las élites gobernantes, los ricos, la clase media, los pobres y los esclavos que solían ser prisioneros de guerra o deudores que no podían pagar de otra manera que no fuera sirviendo a sus acreedores.

–O sea, que desde hace mucho tiempo, los humanos hemos abusado unos de otros.

–Mira Julio, ni siquiera en las tribus todo era tan idílico como parece. Los seres humanos somos distintos unos de otros, más o menos fuertes e inteligentes. La tendencia del fuerte y listo es sacar partido de sus dones, y si alguien debía tener menos, ese era el débil y el incapaz. Así ha sido siempre desde que el hombre es hombre, por desgracia.

–No es justo que el fuerte avasalle al débil –se lamentó Julio.

–Claro que no; para eso se han hecho las leyes, incluso las religiones, pero es inevitable que ocurra en mayor o menor grado de forma más o menos encubierta. El fuerte e inteligente piensa que su aportación a la sociedad merece mayor recompensa. Pero esto es una conversación filosófica que no viene al caso ahora. Volvamos a la Historia.

»Hacia el 5000 a. C., en el Neolítico, fue la época de los megalitos, que significa «piedras enormes». La mayor parte de ellos servían de tumbas colectivas o individuales. Los dólmenes eran construidos con dos o tres grandes piedras (pesaban muchas toneladas) colocadas verticalmente y otra encima a modo de tejado. Los «crómlech» se disponían en forma de círculo y se ignora su significado. Un ejemplo paradigmático podemos verlo en Stonehenge, en Inglaterra, que parece ser un calendario u observatorio astronómico, pues indica la salida del sol en determinadas fechas.

–He visto Stonehenge en varios reportajes de televisión. Es alucinante. ¿Cómo lo hicieron? –preguntó Julio.

–No se sabe, es un logro inexplicable del Neolítico. Lo hicieron apenas con fuerza, cuerdas y palancas. Otros monolitos se denominan «menhires» y son enormes piedras que se clavaban en el suelo de forma vertical, a veces en filas. Todos estos monumentos nos indican que aquellos hombres ya se asociaban en gran número para llevar a cabo las tareas, ya que se necesitaban cientos de ellos a fin de levantar, arrastrar y colocar debidamente tamañas moles de toneladas de peso. El final de Neolítico fue marcado por el descubrimiento de los metales, primero el cobre y el estaño; más tarde el bronce y finalmente el hierro.

»Hacia el año 3300 a. C., es decir hace unos 5300 años, se descubrió la escritura, aunque más adelante hablaremos de ello, pues representa el comienzo de la verdadera Historia.

–Ya tengo ganas tío.

–Me alegro de que te vayas interesando.

«La edad de los metales empezó con el descubrimiento y uso del cobre, dando principio al Calcolítico o Edad del Cobre. Comenzó en Anatolia, hace unos 7000 años, y fue extendiéndose a Mesopotamia (Sumer y Acad) y a Egipto. Precisamente en la época en la que se fecha la construcción de la pirámide de Keops ó Jhufu, hacia el 3500 a. C., en Egipto solo se usaban instrumentos metálicos de cobre y no se conocía la rueda.

–¿No tenían carros los egipcios? Pues en las películas salen unos carros muy chulos con dos caballos que corren como rayos.

–Hay que tener en cuenta que la historia del antiguo Egipto abarca más de tres mil años. La mayoría de las personas tienden a creer que todo lo que se sabe de Egipto ocurrió en cualquier época de su historia, pero no es verdad. Durante ese tiempo hubo muchos cambios, tecnológicos, políticos y religiosos, pero las primeras dinastías históricas no conocían la rueda, ni el hierro, ni siquiera el bronce; solo el cobre y el oro.

—Pues hay que ver lo que hicieron, nada menos que las pirámides. —Julio puso cara de asombro.

—Estudiaremos Egipto en su momento. A mí me apasiona aquella cultura. Piensa que sus dioses y su escritura perduraron durante más de tres mil años. El cristianismo apenas ha comenzado el tercer milenio, y no sabemos si lo terminará. Sigamos con la edad de los metales.

»El pleno desarrollo del cobre ocurrió hace entre 4000 y 3000 años a. C. Pronto se descubrió que, mezclándolo con el estaño, aproximadamente en una relación 90-10 (90% de cobre y 10% de estaño), se conseguía una aleación más fuerte llamada bronce, lo que dio lugar a una nueva era: la Era del Bronce. La aleación del bronce parece que surgió por primera vez en lo que hoy es Armenia. Esta nueva época se desarrolló aproximadamente entre el 3000 y 1500 años a. C. hasta el descubrimiento del hierro, metal mucho más duro, aunque se oxida fácilmente mientras que el bronce no se corroe ni siquiera bajo el mar.

»Los hititas fueron los primeros en usar armas de hierro en el año 1300 a. C. lo que les proporcionó una ventaja militar que les permitió conquistar un imperio y amenazar incluso al poderoso estado egipcio.

—Eran como los más avanzados tecnológicamente, ¿no?

—Pues te diría que no en todas las ciencias. Mientras que de los egipcios tenemos un legado monumental grandioso, de los hititas apenas ha quedado nada, apenas los restos de su capital Hatussa, unas pobres ruinas. Simplemente descubrieron el hierro y como trabajarlo. Pronto se dieron cuenta de que era más duro que el bronce y que las armas fabricadas con él podían perforar corazas de cuero o de bronce y romper fácilmente las espadas de cobre. Pero en arquitectura, y por lo tanto en matemáticas, los egipcios fueron muy superiores. Y te diré un secreto.

–¿Cuál? –preguntó Julio curioso.

–Los egipcios conocían el hierro desde muy antiguo.

–¿Y por qué no lo usaron como arma?

–Porque era hierro meteórico, proveniente de los meteoritos que caían del cielo. Muchas veces, debido al calor que se produce al atravesar la atmósfera, se derrite la piedra que lo contiene, dejando solo el metal que llega a la Tierra. Los egipcios creían que, al provenir del cielo, era un producto que los dioses les enviaban y que tenía poderes mágicos.

–Qué interesante, sigue por favor.

–Con este hierro meteórico hacían utensilios que usaban en sus ceremonias religiosas y fúnebres. Para ellos, hacer un arma con este metal era un sacrilegio. Por eso no lo usaron para la guerra durante cientos de años.

–Pues esa superstición les saldría cara.

–No creas. Ya llegaremos a ese momento. Más tarde, el hierro importado de otros países sí que lo usaron cuando se dieron cuenta de que los hititas estuvieron a punto de derrotarlos... Pero ahora centrémonos en lo que toca hoy.

–Claro tío; perdona pero es que creo que la historia de los egipcios es apasionante. Me encantan las películas donde salen los faraones ordenando construir las pirámides.

–Me alegro de que te apasione algún momento de la Historia, pero no te fíes mucho del cine. Normalmente distorsionan los hechos reales para hacer los guiones más atractivos, aunque eso sirve al menos para despertar interés por lo acaecido en la antigüedad.

»Los primeros metales usados por la Humanidad fueron el cobre, el estaño, el oro y la plata. Con los metales se pudo mejorar la agricultura al construir arados más fuertes y resistentes al desgaste que la madera. Empezaron la minería, la metalurgia y el comercio, ya que las comunidades que no disponían de metales los cambiaban por otras mercancías o comida.

—Entonces los metales eran como el petróleo hoy —afirmó Julio seguro de su comentario.

—Más o menos. Las comunidades que conocían la forma de obtenerlo procuraban guardar el secreto, pero con el tiempo, el procedimiento fue conocido en todas partes, aunque claro está, había que tener yacimientos. Las exploraciones marítimas de griegos y fenicios comenzaron precisamente motivadas por la búsqueda de las minas de los metales necesarios para fabricar armas y toda clase de utensilios. En aquellos tiempos existían pocas naciones constituidas como tales y casi todas estaban en Oriente Próximo. Europa era un rompecabezas de tribus semisalvajes esparcidas por todo su territorio. Los fenicios fueron los primeros en lanzarse al mar Mediterráneo en busca de nuevas tierras y minerales. Llegaron a las costas de España, donde encontraron yacimientos de estaño, cobre, mercurio, plata y oro.

—Entonces España era una tierra llena de materias primas, ¿no?

—Exactamente. Aquí establecieron colonias negociando con los indígenas, a los que superaban en cultura y tecnología. Por ironías de la Historia, los españoles fuimos encandilados con collares, pulseras, cuentas de vidrio, cacharros de cocina y estatuillas para entregar nuestras minas y territorios a los «conquistadores» fenicios, al igual que luego hicimos nosotros con los indios en América. También fueron los fenicios los inventores y creadores del alfabeto moderno, aunque otros pueblos ya habían creado una escritura mucho antes; pero debemos cerrar este capítulo y comenzar ya por fin la verdadera Historia.

—Estupendo, ya tenía ganas de llegar a este período.

—Creo que pronto nos van a llamar para cenar, así es que mejor lo dejamos para luego —dijo Manuel mirando su reloj de pulsera.

—Como quieras tío.

—Dime una cosa Julio, ¿cómo te va con Clío?

—Es una chica muy simpática. Creo que nos llevaremos bien. Esta mañana hemos salido a correr. La verdad es que me ha sorprendido; es una atleta. ¡Cómo aguanta!

—Me alegro de que simpaticéis a pesar de la diferencia de edad.

—¡No es tanta tío! —protestó Julio.

—Diez años entre un hombre y una mujer no es mucho cuando ocurre al revés, si el hombre es mayor que ella. Pero ahora, a vuestra edad, el que tú seas diez años menor que ella supone una importante diferencia —afirmó el profesor con voz seria.

—¿Por qué? Me gustaría que me lo explicaras.

—Porque la mujer madura antes que nosotros. Son más intuitivas, más sentimentales, saben expresar mejor sus sentimientos y todo lo hablan entre ellas. Así se descargan de sus emociones y aprenden mutuamente de sus experiencias.

—¿Y los hombres?

—Tú ya lo estás experimentando. ¿Les cuentas a tus amigos tus problemas sentimentales? —inquirió Manuel socarrón.

—Pues... no mucho, parecería un poco marica. Un hombre tiene que ser duro, macho, y apechugar con sus problemas amorosos —contestó titubeante Julio.

—¿Te das cuenta? La cultura que tenemos nos ha condicionado a que el hombre y la mujer jueguen papeles muy distintos en la vida, incluso en la forma de comunicarse. Ellas viven para los sentimientos y no tienen reparo en compartirlos con sus amigas; nosotros vivimos para ser duros y demostrarlo a nuestros amigos.

–Pues no había caído en ello –dijo Julio pensativo.

–¿Te imaginas a un hombre contando un fracaso senti-mental a un amigo con el rostro cubierto de lágrimas?

–Pues... no.

–Sin embargo las mujeres pueden hacerlo sin proble-mas. Luego naturalmente se sienten mejor, mientras que no-sotros nos lo guardamos por dentro y eso nos hace polvo el estómago o cualquier otro órgano debido al estrés. Esa es la mayor diferencia entre mujeres y hombres.

–Pero ¿qué tiene que ver con la diferencia de edad?

–Pues que una mujer de la edad de Clío, que es joven to-davía, ya tiene una personalidad afianzada, sabe lo que quie-re en el amor y seguramente tiene mucha experiencia. Sin embargo, un chico de tu edad todavía no lo tiene claro.

–Tienes razón, encuentro que las chicas de mi edad ya están pensando en lo que quieren del futuro. Mis amigos y yo solo queremos divertirnos, hacer deporte y superar exá-menes. Las chicas nos interesan para pasarlo bien pero no queremos relaciones serias; en cambio ellas sí las quieren. Además, prefieren hombres de más edad porque dicen que son más formales... ¡Y tienen razón! Pero ¿por qué tenemos esa diferencia de criterio con la misma edad?

–En el pasado, la esperanza de vida era mucho menor; alrededor de cuarenta años debido a las enfermedades in-fecciosas, la falta de higiene, el trabajo duro y las continuas guerras. Entonces una mujer se casaba a los dieciséis años y tenía hijos antes de los dieciocho, pues la vida era muy corta. Los hombres, sin embargo, a los dieciséis años no estaban todavía en la plenitud de su fuerza física y se encontraban en pleno período de aprendizaje de sus correspondientes ofi-cios o estudios. La mujer no necesitaba estudiar ni aprender oficios, salvo cocinar y cuidar del marido y los hijos, y eso lo adquirían pronto de sus madres y abuelas. Así pues, las funciones que debían desempeñar ambos géneros eran distintas, de manera que las mujeres tuvieron que aprender a madurar mucho antes que los hombres.

–Pero ahora es otra época.

–Sí, pero llevamos poco camino recorrido desde que se descubrieron las bacterias y los virus causantes de las plagas, y las ventajas de la higiene. Han transcurrido pocas generaciones con esta nueva visión del papel de los géneros. Llegar a que nuestros cerebros admitan como normal la igualdad en todos los terrenos del hombre y la mujer llevará más tiempo. Los cambios en las leyes sociales pueden ser rápidos sobre el papel, pero los cambios emocionales que hemos heredado de nuestros antepasados, lo que llamamos el «inconsciente colectivo» y que hoy explica la epigenética, necesita mucho más tiempo. De todas maneras, las mujeres siempre madurarán antes que los hombres; es algo intrínseco a su naturaleza.

–Pues no acabo de entender por qué tiene que ser así –protestó Julio.

–Por la sencilla razón de que las mujeres tienen fecha de caducidad para ser madres, mientras que los hombres no.

–Explícame eso tío –preguntó extrañado.

–Porque alrededor de los cincuenta años el cuerpo de las mujeres deja de ovular, entra en la menopausia, y ella ya no puede quedar embarazada, mientras que nosotros podemos tener hijos prácticamente siempre.

–¿Y por qué crees tú que eso es así?

–Porque estar embarazada, dar a luz y criar hijos es una tarea que requiere muchos recursos físicos y emocionales, y una mujer de cincuenta años ya no está en condiciones de pedir a su cuerpo ese esfuerzo.

–Pero ahora hay otros recursos: partos sin dolor, asistentas, electrodomésticos que alivian las tareas del hogar...

–Claro, pero la naturaleza no tenía previstas todas esas cosas. Ten en cuenta que la especie humana vivía en los bosques como los animales salvajes; teníamos que solucionarnos la vida por nosotros mismos y la vida era muy corta. ¡Y en ese estado hemos pasado el 90% de nuestra existencia como especie! Realmente los avances de la medicina nos han regalado una segunda oportunidad. En España la esperanza de vida hoy es de más de ochenta años. En la Edad de Piedra probablemente no pasaría de los treinta.

—¿Tan poco?

—Sí, entre los rigores del clima, las enfermedades, la falta de alimentos, las peleas entre clanes y los depredadores, esa es la edad media que alcanzarían, lo cual no es obstáculo para que algunas personas llegaran a «viejas» y cumplieran cincuenta años.

—¿Y tú crees que con el tiempo el ADN hará que eso cambie?

—No lo sé, porque desgraciadamente no toda la Humanidad está en las mismas circunstancias. Y yo creo que sería un cambio de la especie, aunque en el pasado también se produjeron cambios genéticos dependiendo de la situación y el aislamiento geográfico. Pero todo esto es divagar, ¡vayamos a cenar!

—Vale tío, ha sido muy interesante. A partir de hoy veré a las mujeres con otros ojos.

—Espero que mejores —dijo Manuel pasando un brazo por los hombros de Julio.

—Por supuesto. Estoy empezando a valorarlas más que antes.

—Me alegro mucho Julio. ¡Hum! —Manuel se detuvo un instante en el quicio de la puerta de la casa aspirando el aroma que salía de la cocina—, huele de maravilla.

—Estoy de acuerdo, entremos.

ENTRANDO EN LA HISTORIA

Después de la cena, como los días anteriores, los cuatro salieron al porche. La noche era deliciosa; una brisa fresca cargada de aromas de las flores nocturnas incitaba a hinchar los pulmones después de un día en el que la temperatura había alcanzado la máxima del verano hasta ese momento.

–¡Ah! –suspiró Manuel sacando su pipa–, qué noche tan espléndida. Verdaderamente el clima nocturno de la sierra de Madrid es extraordinario. Me dan pena las pobres gentes que no tengan más remedio que pasar las vacaciones en la ciudad.

–Realmente allí las noches son bochornosas –dijo Cintia–. Recuerdo cuando pasaba los veranos en el piso de mis padres y aún no teníamos aire acondicionado. Era horrible. Apenas podíamos dormir con los ventiladores en marcha toda la noche. Menos mal que solo eran unos cuantos días de julio o agosto, pero se pasaba mal. Mi madre, la pobre, que era muy calurosa, tenía que salir al balcón con un abanico.

–Y además los olores de las basuras –terció Clío

–Sí, es un cóctel maravilloso –comentó Manuel–, las ventanas abiertas, el calor, los olores de las basuras, el ruido del camión que las recoge y los borrachos que cantan a la luna. Una ópera perfecta.

–¿Tú no dices nada Julio? –preguntó Clío.

–En casa tenemos aire acondicionado; nunca he pasado un verano de calor insoportable de esos de no dormir sudando en la cama.

–Qué suerte tienes de vivir en un país de Occidente y en esta época. Hace no muchos años en España, los vecinos tenían que salir a la calle por la noche para soportar el verano. No teníamos el nivel de vida que tenemos ahora a pesar de la crisis económica.

–Ya tío. Mis padres me han comentado algunas veces como era España en su juventud y he visto algunas películas ambientadas en los cincuenta y sesenta del siglo pasado.

–Pues ya ves, hemos prosperado, y esos cambios son cambios históricos; los estudiaremos cuando lleguemos a ese tiempo –dijo Manuel encendiendo la pipa y procurando que el aromático humo se alejara de ellos gracias a la brisa.

–Pero ahora me tienes que explicar cómo y cuándo empezó la escritura.

–El logro de la escritura es otra de las cinco revoluciones que han hecho cambiar la vida de la Humanidad. El primero fue el dominio del fuego, el segundo la agricultura y la ganadería, el tercero el descubrimiento de los metales, y el cuarto la maravilla de los signos escritos.

»Se calcula que la escritura comenzó a balbucear unos 4000 años a. C., y parece que surgió en varios sitios del planeta casi a la vez. Sin ella la civilización no hubiera podido abrirse paso. Nunca hubiéramos salido de ser pequeñas tribus con una cultura de transmisión oral.

–¿Cuál es la quinta? –preguntó Julio curioso.

–La informática; apenas tiene treinta años, pero ya está cambiando la sociedad –contestó el profesor.

–¿Tan importante es la escritura? Veo que muchas tribus viven desde hace siglos sin saber leer ni escribir.

–Pero se han quedado estancadas. Están viviendo igual que sus ancestros, o incluso peor. La escritura permite registrar la sabiduría, los descubrimientos, los avances. Se pueden contabilizar los bienes de consumo y se puede expresar el Arte, la Literatura, y la Historia.

–Claro, y la escuela, los estudios... –continuó Julio.

–En una sociedad nómada, sencilla y de pocas personas se puede vivir sin escritura, pero las cosas se complican cuando la gente se hace sedentaria y la población crece. Hay que hacer censos, cuentas, saber cuánta comida hay disponible, cuántas personas, cuántos animales domésticos, cuántas tierras de labranza. Todo esto hizo que se buscara una forma de registrarlo y poder interpretarlo fácilmente. Las primeras agrupaciones de personas, a las que podemos llamar «civilizaciones» o «culturas evolucionadas», surgieron a la orilla de grandes ríos: Sumer junto al Tigris y el Éufrates en Mesopotamia, Egipto junto al Nilo, Harappa y Mohenjo-Daro junto al río Indo en el subcontinente indio, en China junto al río Amarillo (Yang-Tse) y la cultura de Caral en el valle de Sure, en Perú. A todas ellas se les calcula una antigüedad de entre 4000 y 3500 años a. C. y todas tenían algún tipo de escritura. Es realmente sorprendente que las cinco primeras culturas o civilizaciones, después del largo período del Paleolítico y del Neolítico, surgieran casi de pronto en lugares tan alejados entre sí (salvo Egipto y Sumer) y prácticamente al mismo tiempo. Fue como si la chispa de la civilización prendiera de pronto en aquellos lugares más propicios para su desarrollo. Lo realmente increíble es que ocurriera en el mismo tiempo cronológico, incluso en la aislada América del Sur.

–¿Y cómo explica eso la Historia? –preguntó Julio intrigado.

Antes de contestar, Manuel se acomodó más en el sillón haciéndolo crujir, y miró de reojo a Clío que lo escuchaba atenta.

–Historiadores heterodoxos creen que probablemente hubo una cultura o civilización más antigua, desaparecida bajo las aguas del océano, que inundó parte de la Tierra con el final de la última era glacial, hace unos 11 o 12000 años. Las nuevas culturas serían los asentamientos de los supervivientes de aquella primigenia civilización dispersos por el planeta. Inevitablemente nos viene a la mente el fabuloso nombre de la Atlántida, ante cuya sola mención los historiadores ortodoxos menean la cabeza negativamente.

—¡La Atlántida! El continente legendario. Pero ¿existió en realidad? —preguntó Julio estirando el cuello.

—Lo cierto es que no se han encontrado rastros de esta supuesta civilización, salvo las referencias que Platón en sus obras *Timeo* y *Critias* hace de ella. La localización de la esquiva Atlántida se ha propuesto en varias ubicaciones, en una isla cerca de las Canarias, en las costas de Cádiz, en Tera (actual Santorini), o en la isla griega de las Cícladas donde explotó un gran volcán llevando a la decadencia la cultura minoica. Otros incluso han situado a la vieja Atlántida en el triángulo de las Bermudas. Pero no hay nada concreto. Dejando en el aire la cuestión de los orígenes casi simultáneos de estas cinco civilizaciones —aunque podríamos volver a recurrir al argumento del inconsciente colectivo de la Humanidad—, hemos de aceptar la historia «oficial» para decir que, sin un tipo de símbolos que permitan el registro y la transmisión del pensamiento, la administración y los acontecimientos, no podemos hablar de «civilización» propiamente dicha.

—Claro, con la civilización todo se complica. La vida en pequeñas tribus nómadas era mucho más sencilla. Pero ¿qué es una civilización?

—Un pueblo dotado de un idioma común, una cultura, una escritura, leyes, escuelas, arte, arquitectura, incluso una manera de vestir y relacionarse, un gobierno, una religión, en definitiva, un conjunto homogéneo de creencias y actitudes diferenciado de los demás constituye una civilización. No así los pueblos tribales que viven incluso hoy día en las junglas más intrincadas de América del Sur, Indonesia, Nueva Zelanda, Papúa Nueva Guinea o Filipinas. Estas tribus no poseen escritura; su sociedad por lo tanto es de una estructura muy simple. Son pocos individuos y se rigen por leyes ancestrales no escritas. No edifican templos ni palacios, ni siquiera casas particulares sólidas. Se limitan a ser cazadores y recolectores con muy poca actividad agrícola o ninguna, levantando chozas de cañas, bambúes y hojas, abandonando los poblados cuando la caza o las pocas tierras cultivadas primitivamente se agotaban, y construyendo nuevos poblados en su constante nomadeo. La escasa literatura que poseían era totalmente de transmisión oral, y por lo tanto, breve y sencilla. Su sentido del arte se limitaba a los adornos corporales y a grabados en cacharros de barro, piedras o abrigos en las rocas. En realidad constituían una «cultura» específica pero no una civilización propiamente dicha.

–Pues la verdad es que no me había dado cuenta de lo importante que es la escritura –comentó Julio.

–Es normal, porque has nacido dentro de una cultura que has aprendido desde el colegio, como algo natural que siempre ha existido. La escritura es el logro más importante de la Humanidad, por detrás del dominio del fuego. Ella permite el registro de las ideas, de los avances culturales y científicos, el control de la economía, el comercio, el registro de las leyes y el testimonio del pasado, amén de permitir la comunicación a larga distancia.

–Pero las primeras escrituras pertenecían a períodos muy antiguos, a culturas que desaparecieron hace muchos siglos. ¿Cómo se han podido descifrar?

–Buena pregunta. Una dificultad que se presenta para los arqueólogos e historiadores es descifrar esas primeras letras, ya que no existen diccionarios, e incluso los idiomas en los que están escritas han desaparecido. Podemos traducir la escritura china porque su cultura es milenaria; no se ha interrumpido desde que se inició. También podemos traducir las sumeria y egipcia, aunque hace siglos que no se usan, pero no podemos todavía traducir la escritura del valle del Indo, ni sabemos qué tipo de comunicación registrada usaban en Caral. Recordemos que los incas no tenían una escritura al uso que normalmente conocemos, signos sobre una superficie, sino que usaban nudos hechos en pedazos de cuerdas de diferentes colores llamados «quipus». La cultura de Caral podría haber usado *quipus* o algún medio de transmisión de la información que todavía no hemos descubierto, pero es seguro que lo tenían, a la vista de sus impresionantes construcciones. Se han encontrado restos de tejidos que podrían ser antecesores de los *quipus*.

—¿Se sabe cuál es la primera escritura del mundo? —preguntó Julio interrumpiendo a su tío.

—Los arqueólogos e historiadores postulan que la primera escritura se produjo en Sumer, Mesopotamia, región hoy situada aproximadamente en Irak. Se llama escritura «cuneiforme» porque los signos tienen forma de pequeñas «cuñas» que se hacían con una cañita cortada sobre tabletas lisas de arcilla fresca. Este soporte ha permitido que nos lleguen hasta hoy casi intactas, después de más de cinco mil años, pues la arcilla una vez cocida es prácticamente indestructible por la humedad o las bacterias, los insectos o los pequeños mamíferos. Incluso un incendio o la exposición a las inclemencias del tiempo no puede destruirlas. Solo el roce continuo de la arena o de las aguas puede llegar a borrarlas desgastándolas, aunque son muy frágiles y pueden romperse debido a golpes y presiones.

—¿No tenían papel o algo parecido?

—Afortunadamente no, de lo contrario no hubieran llegado hasta nuestros días como el soporte arcilloso. Se han encontrado yacimientos con tablillas intactas, y aunque muchas estaban rotas, se han podido juntar los pedazos dispersos con una labor de infinita paciencia. Gracias a ello disponemos de una nutrida información acerca de aquellos pueblos y sus avatares, que unidos a los restos arqueológicos de utensilios, estatuas, frisos, tumbas y referencias de sus vecinos, nos permiten describir como era la vida en aquella remota civilización.

–Me asalta una duda. Si ya había desaparecido el idioma y la cultura, ¿cómo se consiguió traducirlas?

–En un principio, cuando se descubrieron en el siglo XVIII las escrituras jeroglíficas egipcias y las cuneiformes sumerias, fue imposible saber qué significaban. Pero un día a Napoleón se le ocurrió emprender una expedición científico-militar a Egipto. En esa época esta antigua cultura era prácticamente desconocida, salvo para algunos eruditos.

–¿Napoleón estuvo en Egipto? –dijo Julio asombrado.

–Sí, a finales de siglo XVIII emprendió una campaña para ocupar Egipto y bloquear los puertos donde se abastecía la armada británica. Por aquel entonces todavía no era emperador pero sí un general victorioso que había llevado a cabo una brillante y rápida campaña en Italia salvando a la joven república francesa.

–¿Y qué ocurrió?

–Pues que le fue muy mal en Egipto. Aunque al principio ganó la batalla de las pirámides a los mamelucos y se apoderó de El Cairo, luego tuvo que dejar al Ejército francés aislado por la flota inglesa y volver a escondidas a Francia; pero eso ya lo estudiaremos cuando llegue su turno. En esta desastrosa expedición en el terreno militar, ocurrió que junto con los soldados viajaron multitud de expertos en civilizaciones antiguas y artistas que copiaron los textos esculpidos en los monumentos, pues entonces no existían las cámaras fotográficas. Eso sí, fue un éxito en cuanto a los descubrimientos arqueológicos, ya que dio a conocer al mundo la maravillosa civilización egipcia.

–Sí, eso es emocionante, pero ¿cómo consiguieron...?

–Ten paciencia Julio. A eso vamos. Uno de los soldados encontró una piedra llamada la «piedra Rosetta», que estaba grabada con tres escrituras, la demótica, la jeroglífica y –esta es la maravilla– el griego, alfabeto y lengua que se conocía perfectamente. Daba la tremenda «casualidad» de que las tres escrituras se referían al mismo evento, un edicto de la coronación de Tolomeo IV como faraón de Egipto en el año 197 a. C. Pero esta coincidencia la descubrió un francés llamado J. F. Champolion, quien desde que era adolescente se sintió fascinado por la cultura egipcia antigua y le prometió a su padre que resolvería el misterio de su escritura. Él se dio cuenta de que los nombres propios eran los mismos en los tres textos, y poco a poco, comparando palabras y teniendo como base el idioma copto, muy parecido al del antiguo Egipto, logró desentrañar el misterio de los jeroglíficos.

–Sé lo que son los jeroglíficos, pero... ¿qué es la escritura demótica?

–La demótica era otra forma que tenían de escribir los antiguos egipcios, más sencilla, simplificando las figuras de los jeroglíficos. Además tenían una escritura, llamada hierática, más cursiva.

–Pues no cuadra que fueran una civilización tan antigua y que tuvieran nada menos que tres tipos de escritura.

–La Historia nos da sorpresas de vez en cuando. El que fuera antigua no quiere decir que fueran tontos. Era una cultura muy refinada. Solo hemos avanzado en cuanto a medios tecnológicos. Ellos lograron cosas que todavía hoy sería difícil realizar.

–¿Cuáles?

–Paciencia. Ya lo iremos viendo sobre la marcha. Una historia parecida ocurrió con la escritura cuneiforme. Un oficial británico de Marina, Henry Rawilson, encontró en 1835 una piedra llamada la «inscripción de Behistún». Se trataba de un edicto del tiempo de Darío I, rey persa del siglo V a. C.

–A estos antiguos parece que les gustaba escribir en piedras...

–Era la única forma que tenían de que los documentos más importantes perduraran a la intemperie. Ten en cuenta que estos monolitos los colocaban en las plazas públicas, donde todo el mundo pudiera leerlos. Eran como los periódicos de hoy o los telediarios. Se tallaban en piedras de gran dureza. Igual que la piedra Rosetta, la «inscripción de Behistún» tiene tres textos idénticos escritos en persa antiguo, cuneiforme y elamita. Rawilson, ayudado por un irlandés llamado Edward Hincks, consiguió descifrar el escrito en antiguo persa y después descifraron la enrevesada escritura cuneiforme abriendo así el cofre de los misterios de todas las civilizaciones del Oriente Próximo: la sumeria, la acadia, la hitita, la babilónica y la asiria, que usaron como escritura universal al igual que hoy los países de Occidente utilizan el alfabeto latino.

–Me gustaría saber cómo inventaron la escritura, No debió de ser nada fácil.

–Efectivamente Julio. En un principio, la escritura se intentó hacer mediante pictogramas. De esta manera, cada dibujo significaba exactamente lo que representaba. El dibujo esquemático de una casa significaba lo mismo, «casa». La figura de un hombre, un ser humano, y así todos los posibles dibujos que pudieran representar objetos reconocibles. Pero el problema era que no se podían registrar pensamientos abstractos, ni tiempos de verbos, ni pronombres. Los números primitivos eran muy limitados. Por cada unidad se hacía una raya o un punto, y naturalmente solo se podían anotar cifras muy pequeñas.

–Parece difícil.

–Con ingenio, los pictogramas fueron evolucionando. Por ejemplo, del dibujo esquemático de una cabeza de toro, un triángulo y dos cuernos, se llegó a la letra «A» que invertida puede recordar ligeramente a un astado. De parecida manera, los primeros escribas fueron esquematizando y simplificando los dibujos y añadiéndoles nuevos rasgos para convertir la escritura pictográfica en una escritura silábica, es decir, que cada signo representara una sílaba, aunque algunos signos que aludían a cosas importantes podían significar palabras completas de uso muy corriente y repetido como «dios», «templo», «rey», de manera que, en realidad, las primeras escrituras eran una mezcla de signos con significado alfabético, silábico y pictográfico. Solo tenemos que mirar los jeroglíficos egipcios para ver que son una serie de dibujos que representan objetos, animales y personas. Unas veces se traducen por letras, otras por sílabas, y otras son lo que representan, dependiendo de los llamados «determinantes», símbolos que se colocaban delante para indicar que aquella figura debía leerse de una forma determinada. Así se ahorraban usar muchos dibujos, aunque estas primeras escrituras contaban con una gran cantidad de grafías, llegando fácilmente a ser más de mil.

—Pues entonces aprender a leer y a escribir sería muy difícil.

—Tanto que se tardaban años en dominar las grafías que constituían una verdadera carrera «universitaria», la de escriba, una profesión muy respetada y que permitía vivir holgadamente. En verdad eran muy difíciles de aprender y ejecutar. Por ese motivo, en aquellas culturas se creó un cuerpo especial de funcionarios que iniciaban sus estudios desde niños para llegar a adultos dominando la redacción de los textos. Eran una élite y gozaban de privilegios al alcance de muy pocos.

»Un antiguo papiro egipcio cuenta que los escribas eran una casta orgullosa de sí mismos, con un trabajo suave en contraste con el de los campesinos, soldados o artesanos, y que eran muy considerados por los dirigentes. Podríamos compararlos con una mezcla de los contables, notarios y auditores de hoy. No solo debían saber leer y escribir perfectamente, sino que además tenían que conocer las leyes y las tradiciones, y archivar los textos y guardarlos para recurrir a ellos cuando fuera necesario. Ellos eran los administradores, los fedatarios públicos y los guardianes de los documentos de Estado. Llevaban las cuentas de las cosechas, del comercio, de los impuestos, de los gastos, y asesoraban sobre si los documentos que les encargaban eran correctos y no vulneraban ninguna disposición política o religiosa.

–Por lo que dices, el pueblo no sabría leer.

–Claro que no Julio, era una carrera difícil y cara que solo se podían permitir los que podían pagar a los profesores, aparte de que tenían que demostrar su inteligencia. La inmensa mayoría de la gente no sabía leer; apenas algunos signos muy significativos como dios, rey, ley, decreto.

»Pero existían personas, escribas de alquiler, que traducían los textos a todos aquellos que lo requerían. Cuando dos comerciantes acordaban una transacción llamaban a un escriba que extendía el contrato, aunque ellos mismos apenas supieran leerlo. Lo más normal es que el propio escriba lo archivara por si hubiera posteriores reclamaciones sobre su contenido e interpretación.

–Vaya, parece bastante moderno, como un notario o un abogado de hoy –comentó Julio.

–Exactamente, aunque no creas que desde el principio la escritura cuneiforme apareció perfecta. Los primeros grabados eran muy simples, primitivos, aunque pronto evolucionaron y se perfeccionaron de tal manera que un escriba hábil podía grabar los signos cuneiformes casi al dictado.

–Me gustaría saber cómo eran aquellas gentes.

–Bueno –Manuel sacudió la pipa apagada y con un pequeño artilugio que sacó del bolsillo limpió la cazoleta vertiendo los restos de tabaco quemado en un cenicero–, eso queda para mañana, por hoy creo que ya es bastante. Estas damas estarán ya aburridas de oírnos.

–No creas Manuel –dijo Cintia sonriendo–, a mí me gusta saber cosas de la Historia, ya lo sabes.

–Pues yo no digo nada –Clío adelantó el torso–, me encanta escucharte; no en vano eres mi profesor favorito.

–Gracias a las dos, sois muy gentiles –contestó Manuel sonriendo.

–Entonces –dijo Julio interesado–, si las dos están de acuerdo, podías decirme algo de los sumerios.

–Está bien. La noche es muy agradable y mañana no tengo que madrugar demasiado. Se está tan bien aquí en el porche contemplando las estrellas... ¿Sabes? Los sumerios fueron los primeros en muchas cosas, una de ellas en la contemplación de los cielos estrellados. Identificaron varios planetas. Realmente, para no tener instrumentos ópticos, sus deducciones fueron asombrosas.

–¿Y cuándo empezaron?

–Cronológicamente se suele empezar la Historia con la descripción de la cultura sumeria. Hacia el año 3500 a. C., unas gentes que no se sabe de dónde procedían, se asentaron entre los ríos Tigris y Éufrates en una tierra que los griegos llamaron Mesopotamia (que significa país en medio de ríos). De la nada levantaron una civilización tan avanzada que construyeron canales de regadío para aumentar sus cosechas, ciudades de ladrillo con templos en forma de pirámides escalonadas llamadas *zigurat*, se dotaron de una mitología que explicaba la creación del mundo y de los hombres por un deseo de los dioses, crearon un Ejército profesional, inventaron la rueda, el arado, el martillo, la escritura, fundaron escuelas, fomentaron el comercio y hasta «inventaron la tarjeta de crédito».

–¿La tarjeta de crédito? Eso sí que es una sorpresa. ¿Cómo puede ser? ¿Es que había ya bancos?

–Algo parecido. El comercio floreció tanto que los sacerdotes de los templos y los mercaderes opulentos hacían de bancos, aunque siempre era el templo del dios principal el que garantizaba los créditos importantes. Naturalmente no existía el plástico; en realidad se trataba de una tableta de arcilla donde el templo o un comerciante o una asociación de ellos, reconocidos por su solvencia y seriedad, reflejaban por escrito que el portador era digno de recibir allá donde fuera una determinada cantidad de oro, plata o cobre. Entonces no existía la moneda y se traficaba con metales al peso, según medidas y pesas normalizadas.

—¿No tenían dinero? —preguntó Julio sorprendido.

—No tal y como lo conocemos ahora. Ni siquiera monedas. Se comerciaba con metales al peso en pulseras, anillos o pequeños lingotes, o intercambiando productos. A los trabajadores se les pagaba su salario, parte en especie y parte con metales. Por ejemplo, algo de cobre y trigo, cebollas, cebada, cerveza...

—¿Cerveza? Pero no termino de sorprenderme... ¡Ya tenían cerveza!

—No era como la de ahora claro está. La tomaban sin enfriar y la elaboraban fermentando el trigo o la cebada. Se supone que era fuerte y espesa.

—Entonces podían agarrar alguna que otra cogorza —dijo Julio divertido haciendo sonreír a Cintia y a Clío por su ocurrencia.

—Las bebidas alcohólicas son tan viejas como la agricultura —dijo Manuel—. El vino y la cerveza fueron las primeras que se elaboraron.

»Pero volvamos a la «tarjeta de crédito». Con una tablilla de arcilla grabada y «firmada» por los templos, o por mercaderes reconocidos por su seriedad y solvencia, otro mercader podía emprender un viaje de negocios sin llevar encima oro que pudieran robarle por aquellos caminos llenos de peligros. Al llegar a la otra ciudad exhibía su tableta en el templo o en la sucursal de sus «banqueros» o asociados, y recibía el peso establecido en el metal indicado para hacer sus compras. Los sacerdotes hacían de garantes. Los que iban a viajar depositaban en los templos sus metales, se le extendía una tablilla por la cantidad equivalente, y con este «cheque» podían recuperar sus metales en otra ciudad que dispusiera de un templo al mismo dios. Naturalmente siempre descontaban una comisión por el servicio prestado, igual que ahora.

—¿Y cómo firmaban?

—La firma se conseguía con unos sellos cilíndricos de piedra, metal o barro cocido en relieve que se hacían rodar sobre la arcilla fresca y que dejaban un dibujo personal y característico de cada individuo; era como el documento de identidad de hoy. Las leyes castigaban duramente, con la muerte, la esclavitud o la mutilación, a quien suplantara la personalidad de alguien falsificando el sello. Estos podían llevarse cómodamente en la bolsa que generalmente se ataba a la cintura. Los viajes se hacían en grandes grupos o caravanas, en las que varios comerciantes y viajeros se unían para evitar ser asaltados. Incluso se podía alquilar personal de seguridad que los escoltaran si la mercancía que llevaban era valiosa. Viajaban de día y acampaban de noche procurando hacer jornadas que los llevaran al atardecer hasta algún poblado o establecimiento de relevo de los animales, mulas, caballos y camellos, que llevaban las pesadas cargas.

—Realmente es difícil de creer que unas gentes surgidas del Neolítico pudieran hacer todo eso tan moderno, ¿verdad tío?

—Ellos mismos dejaron escrito que los dioses crearon a los hombres para que efectuaran el trabajo duro que los propios dioses se negaban a realizar.

—Cuéntame cómo lo hicieron y quiénes eran aquellos dioses.

—Tenían un panteón muy extenso. Los pueblos antiguos divinizaban las manifestaciones de la naturaleza que no entendían o les atemorizaban. Por ejemplo, Anu era el dios del cielo, y Enki el dios del agua dulce y un ser benéfico para los hombres, al contrario que su hermano Enlil, dios del viento, que odiaba a los seres humanos. Utu era el dios del Sol y Nanna de la Luna.

—¿Y no tenían un dios de la guerra como los griegos y los romanos? —preguntó Julio.

—No tenían un dios de la guerra, sino una diosa llamada Inanna que también era diosa del amor.

—Diosa de la guerra y del amor. ¡Vaya contraste! —exclamó Cintia divertida.

—Así lo creían ellos, que la guerra y el amor se parecían, pues a veces las relaciones de pareja son como un combate entre dos seres que se aman y se odian al mismo tiempo.

—Sigue tío, esto se va poniendo interesante —dijo Julio.

—Los sumerios se llamaban a sí mismos «el pueblo de los cabezas negras», tal vez porque tenían el pelo de ese color intenso.

—¿Y de dónde venían?

—Ese es un gran enigma de la Historia. Se especula que pudieran ser descendientes de los cimerios, por el parecido del gentilicio con los sumerios.

—¿Quiénes eran los cimerios? Me suena que la saga de «Conan» del cual he leído algunas novelas se refería a ese personaje como «el cimerio» y, perdona tío, en el cine.

—No tiene nada que ver. Conan es un producto de la imaginación del escritor Robert E. Howard que lo concibió en 1932. Los auténticos cimerios eran un pueblo nómada que recorría los amplios territorios al Norte del Cáucaso. Se propone que un grupo de ellos llegó a Mesopotamia al final del Neolítico y se estableció allí definitivamente edificando ciudades fortificadas a base de ladrillos de barro secados al sol. En esa zona no había piedras para construir y sí abundancia de agua y arcilla.

—Creo que esos ladrillos serían muy endebles para hacer casas; con la lluvia se desmoronarían.

—Efectivamente, pero en ese territorio apenas llueve y cuando se deterioraban un poco volvían a recubrirlos de barro nuevo. Hoy día lo siguen haciendo así en el África subsahariana, donde las casas e inclusos las mezquitas se hacen de barro. Pero tengo que decirte que no eran tan frágiles. Dudo que los edificios actuales de hormigón y acero duren cinco mil años, como el famoso *zigurat*. Claro está, solo son ruinas, pero todavía se mantienen en pie algunas hileras de ladrillos que nos permiten observar sus técnicas constructivas. Cada pocas hiladas ponían esteras de cañas y tendían cuerdas de cáñamo trenzadas que le daban a la estructura más solidez, así como clavos de arcilla cocida, cobre y bronce. Además, los ladrillos exteriores eran cocidos en un horno, lo que les daba mayor firmeza y durabilidad.

—¿Clavos de arcilla?

—Recuerda que estamos en la Edad del Cobre, el Calcolítico; era un material muy caro que se usaba mayormente para fabricar armas. Los clavos no eran tan pequeños como los de ahora. En realidad eran estatuas de dioses benéficos con la parte inferior terminada en punta.

—Parece una técnica muy primitiva.

—Sin embargo ellos dieron a la Humanidad multitud de inventos que han servido para mejorar nuestra vida a lo largo del tiempo.

—¿Por ejemplo?

—Crearon la aritmética, la geometría y el álgebra.

—Vaya con los sumerios.

—No solo eso, tenían un sistema numérico sexagesimal que combinaban hábilmente con otro decimal como el nuestro. Desarrollaron la rueda, el arado y el torno de alfarero.

—La rueda no debió ser muy difícil; todo lo que es redondo es fácil de rodar.

—Pero mira que los indios americanos no desarrollaron la rueda hasta la llegada de los españoles. Todo se transportaba con porteadores. Nunca fabricaron carros para el transporte. Ni siquiera los egipcios en sus primeras dinastías conocieron la rueda, o al menos no la usaron hasta que fueron invadidos por pueblos que tenían carros de guerra.

—Vaya, pues no me parecía tan difícil la idea de hacer ruedas.

—Ya ves que hasta las cosas sencillas no son algo que surja fácilmente en la mente humana.

»Pero no se detienen aquí los avances asombrosos de los sumerios para esa época; también identificaron cinco planetas: Mercurio, Venus, Marte, Júpiter y Saturno, y supieron que la Tierra giraba alrededor del Sol, algo que se olvidó al principio de la Edad Media y que no volvió a reconocerse hasta el Renacimiento en el siglo XVI. Por decir esta obviedad, Giordano Bruno fue ejecutado en la hoguera y Galileo Galilei estuvo a punto de serlo, pero se retractó y fue condenado a permanecer sin salir de su casa hasta la muerte.

—¡Qué barbaridad! —exclamó Julio indignado.

—Fíjate que ya los sumerios dedujeron que la Tierra era redonda y giraba alrededor del Sol, algo elemental que la Iglesia negó durante siglos basándose en la Biblia. Pero ya llegaremos a ese momento. También inventaron la medida del tiempo dividiéndolo en 60 segundos, 60 minutos, el día en 24 horas y el año en 12 meses.

—¡Lo mismo que hacemos ahora!

—Exactamente, para que veas lo avanzados que fueron. Pero todas sus aportaciones al acervo humano no acaban ahí.

—¿Todavía más? Pero si apenas se los menciona en los libros.

—Para que veas las injusticias que se cometen en la vida. El problema es que no dejaron grandes monumentos como los egipcios, sino apenas unos cuantos muros ruinosos de ladrillos de barro.

—¿Y qué inventaron, además de todo lo que has dicho?

—Pues creencias que todavía están en la mente de gran parte de la Humanidad como el diluvio universal, la vida después de la muerte, la resurrección de los muertos, que la mujer fue hecha de una costilla del primer hombre, que este fue hecho de barro, el paraíso primigenio, la creación del mundo separando las aguas de la tierra...

—Pero todo eso está en la Biblia; lo copiarían de ella.

—No amigo mío, no. Los escritos sumerios son mucho más antiguos que la Biblia, y piensa que Abraham vivía precisamente en una ciudad sumeria llamada Ur de la cual partió con su tribu por orden de un dios misterioso cuyo nombre no se conocía, y al que se le llamaba «el dios de nuestros padres».

—Entonces sugieres que la Biblia pudo haberse escrito inspirándose en los mitos sumerios.

—Efectivamente, y así lo cree la ciencia arqueológica e histórica, al menos en sus primeros capítulos. Y la influencia de los sumerios ha sido tan enorme, aunque no nos damos cuenta, que todavía los días de la semana están dedicados a los astros, igual que ellos.

—¿Los días de la semana?

—Claro, mira, el lunes se llama así por la Luna, el martes...

—Déjame adivinarlo... ¿por el planeta Marte?

—Exactamente, el miércoles por Mercurio, el jueves por Júpiter, el viernes por Venus, el sábado por Saturno...

—Espera tío, el sábado... ¿no viene del «Sabbat» judío?

—Ahora sí, en español, pero en inglés aún se llama «Saturday» que significa día de Saturno, y el domingo «Sunday» o día del Sol, aunque en español lo hemos cambiado por el domingo, que significa «día del señor».

–Pues eran tremendos estos sumerios. ¿Cómo es posible que de la Edad de Piedra pasaran de golpe a todos estos avances y descubrimientos?

–Naturalmente los nombres de los días semanales eran distintos, pues nosotros los hemos heredado de los romanos, pero el hecho de tener nombres de dioses y astros es influencia sumeria. En cuanto a todos esos avances, ellos los achacaban al dios Enki que surgió de las aguas y les enseñó todo: la agricultura, cómo hacer canales de riego, la edificación con ladrillos, la rueda, el arado, la escritura...

–¿Y cómo era ese dios Enki?

–Los sumerios lo describen como un ser anfibio, mitad hombre y mitad pez. En su mitología refieren que los dioses bajaron del cielo y se repartieron el mundo. Los menos importantes trabajaban para los de superior categoría, pero las condiciones laborales eran tan penosas que se rebelaron, exigiendo mejoras. Fue la primera huelga de la Historia, al menos en la mitología sumeria. Los dioses superiores decidieron entonces crear un ser que hiciera los trabajos duros en la Tierra, y así nació el ser humano; mezclaron su sangre con barro e hicieron una figura de hombre, dándole vida, luego con un hueso del varón hicieron una mujer.

–Esa forma de crear al hombre y a la mujer, aunque sin sangre de dioses, es la misma que refleja el Génesis de la Biblia.

–Eso es lo sospechoso, que el libro sagrado de judíos y cristianos dice casi lo mismo que la mitología sumeria. Hoy lo llamaríamos un plagio en toda regla.

–¿Y cómo llamaban los sumerios a los dioses en general?

–Pues los llaman Annunakis, ya te lo dije antes Julio.

–Quería oírtelo decir de nuevo tío. Ese nombre lo he oído yo referido a los extraterrestres.

–Sí, efectivamente. Algunas versiones que circulan por ahí, entre ellas los libros de Zacarías Setchin, afirman que estos Annunakis son los verdaderos creadores de la Humanidad y que permanecen en las sombras del poder incluso en nuestros días. Pero aquí y ahora vamos a centrarnos en lo que está científicamente comprobado, y por lo tanto, dejaremos todas estas historias sensacionalistas a un lado mientras no se demuestre fehacientemente su veracidad.

–Vale tío, pero lo de los extraterrestres me mola.

–Por si te sirve de algo, los sumerios también fueron los primeros en describir un paraíso terrenal y un mundo lóbrego y subterráneo poblado de demonios, una especie de infierno. Y, como inventaron la escritura, también fueron los primeros en escribir una novela, aunque en realidad es una epopeya. Describe las hazañas de un héroe, un tal Gilgames, rey de Uruk. Se escribió alrededor del año 2500 a. C. y narra la búsqueda de la inmortalidad.

–Cuéntame algo de ella.

–Gilgames era poderoso, pero temía la muerte. Pensaba que toda la riqueza el poder y la gloria no eran nada si un día iba a morir y desaparecer. Entonces se enteró de que existía un hombre inmortal, llamado Utnapishtin, sobreviviente de un diluvio enviado por los dioses para destruir a la Humanidad. Viajó hasta la isla donde vivía ese hombre y le preguntó cómo podría él mismo ser inmortal. Utnapishtin le dijo que había una planta en el fondo del mar y que si era capaz de cortarla y comérsela nunca moriría.

–Pues sí que se lo puso difícil, porque en aquella época no había equipos de buceo ¿no? –dijo Julio con sorna.

–Eso parece, pero el caso es que Gilgames salió en busca de la planta. En su camino encontró a un cíclope, ya sabes, un gigante con un solo ojo que le cortaba el paso, llamado Humbaba; Gilgames lo cegó, consiguiendo pasar. Ya ves que esta historia aparece muchos siglos después en *La Odisea* protagonizada por Ulises.

–¡Es verdad! –exclamó Julio sorprendido–, hasta en eso fueron los primeros.

–Los dioses, irritados porque un humano quería ser inmortal como ellos y había cegado a Humbaba que era hijo de una diosa, fabricaron un ser horrible, una especie de gigante cubierto de pelo llamado Enkidu, el cual al principio vivió entre las fieras pero se enamoró de una mujer cuando la vio bañarse en un río. Fue perdiendo progresivamente su condición animalesca y se hizo más humano. Su misión era matar a Gilgames, pero después de luchar con él sin que ninguno de los dos venciera claramente, se hicieron amigos inseparables y juntos fueron en busca de la planta de la inmortalidad.

–Parece una «peli» de Hollywood tío.

–¿Verdad que sí? Aquí vemos el prototipo del monstruo que se va convirtiendo en hombre a medida que conoce al amor, la amistad y la lealtad. Es una idea que se ha copiado infinidad de veces en la literatura y el cine.

–¿Y qué pasó al final?

–Pues que Enkidu murió luchando por su amigo Gilgames y este encontró la planta. Pero cuando dormía, una serpiente se la robó. Desolado volvió a Uruk, aceptando su destino.

–¿Y ahí termina?

–Sí.

–Pues es un final muy «chungo»; en una «peli» habría conseguido la inmortalidad.

–Pero, en aquellos tiempos, el paradigma de las creencias religiosas sumerias era que los humanos tenían que ser totalmente sumisos al destino que los dioses les imponían, aceptando todas las desgracias, enfermedades y la muerte como algo inevitable.

–Bueno... más o menos como ahora.

—Sí, pero ahora, desde hace algunos siglos, hay hombres que se rebelan contra esa forma de entender la divinidad: o proponen que dios no existe, que no impone nada, o que somos un producto evolutivo dependiente únicamente de la naturaleza y de nuestro entorno. En fin... nos salimos del guión. El caso es que los sumerios escribieron la primera epopeya del planeta —al menos que se sepa hasta ahora—, y además sentaron las bases sobre las que luego se han escrito multitud de obras.

—¿Y dices que todavía no se sabe de dónde vinieron estos tipos tan estupendos?

—No. Las civilizaciones surgieron por todo el planeta, sin que hubiera demasiada transición entre el Neolítico y la escritura. Es como si se hubiera producido un estallido de inteligencia global.

—O que hubiera una civilización más antigua todavía cuyos supervivientes se dispersaran por todo el mundo fundando nuevos asentamientos.

—¡Volvemos al mito de la Atlántida! No niego que podría ser una posibilidad, pero te lo repito, no hay datos científicos que lo avalen, y, por lo tanto, esa hipótesis pertenece al reino de la especulación, de la pseudo-historia. Por lo pronto debemos ceñirnos a lo que podemos refrendar con los hallazgos arqueológicos y paleontológicos.

—Perdona, es que me vuela la imaginación.

—Es lógico Julio —intervino Clío—, a mí también me llamaron mucho la atención estos brotes casi simultáneos y brillantes en partes del planeta que ni siquiera podían estar en contacto, como la cultura de Caral en Perú... Pero así debemos aceptarlo mientras no surjan nuevas pruebas que demuestren un origen común y más antiguo. No se trata de negar absolutamente lo que proponen ciertos escritores, sino de acogernos a lo que hasta ahora sabemos que es algo irrefutable, aunque deje muchas lagunas.

–Gracias Clío. Entonces podemos dejar volar libre nuestra imaginación –contestó Julio trazando en el aire un gesto con la mano.

–Por supuesto. Nunca debemos poner trabas a la imaginación, a la creatividad, pero siempre que estemos dentro de los límites de la corriente principal de la Historia. Como en cualquier otra ciencia, tenemos que ceñirnos a lo que se puede corroborar con estudios científicos contrastados.

–Como pueden ser... –respondió Julio sin acabar la frase.

–Datación de fechas de restos encontrados gracias a los más modernos métodos, estilos artísticos en cerámicas, esculturas, pinturas y utensilios, técnicas arquitectónicas, comparación de documentos oficiales de la misma época, distintas versiones de escritores contemporáneos con los sucesos, e investigación, mucha labor de búsqueda en bibliotecas, archivos y museos.

Manuel, que contemplaba sonriente la intervención de Clío, hizo un gesto afirmativo con la cabeza.

–Por lo que me dices –dijo Julio–, la labor de un historiador requiere muchos más conocimientos que un simple estudio de los libros.

–Si quieres ser un investigador –confirmó el profesor–, desde luego. Tienes que recurrir a una colaboración multidisciplinar: Arqueología, Paleontología, Antropología, Ciencia Forense y expertos en Arte. Claro está, tratándose de Historia antigua; la contemporánea es otra cosa. Tenemos demasiadas fuentes de información que pueden inducir a la confusión. Piensa que cada persona que escribe sobre un acontecimiento político o militar tiene su propia perspectiva y está condicionada por su cultura y su país de origen. Las versiones de un mismo evento pueden ser contradictorias según quien las cuente.

–Entonces será muy difícil saber la verdad –comentó Julio entristecido.

Clío y Manuel se miraron sonriendo con complicidad.

–Nuestro joven Julio quiere saber la verdad, ¡nada menos! –dijo Manuel sacando otra vez la pipa del bolsillo.

–¿No cuenta la Historia la verdad de lo que ha sucedido? –se extrañó Julio por la actitud de ellos.

–Verás Julio –continuó Manuel–, los historiadores tratamos de aproximarnos lo más posible a la verdad de los acontecimientos que relatamos, lo cual no quiere decir que esa versión se ajuste totalmente a la realidad de lo acontecido... Pero al menos lo intentamos.

»Una cosa sí es cierta.

–¿Cuál? –preguntó Julio.

–Que los hechos que se relatan han ocurrido... y sus consecuencias. Lo más difícil es saber el porqué, cuáles han sido las causas y quiénes los promovieron, cuáles eran las ambiciones de estos y sus objetivos cuando pusieron en marcha sus planes. Eso es lo más difícil para un historiador, y por ello puedes encontrar varias versiones de un mismo suceso en los libros de Historia. Depende del autor y de su perspectiva.

–Ponme un ejemplo tío.

–Uno relativamente reciente. La entrada de Japón y Estados Unidos en la Segunda Guerra Mundial. Si lees a un historiador japonés y a uno americano, las conclusiones de por qué los japoneses atacaron por sorpresa y sin declaración de guerra la base naval de Pearl Harbor son distintas. El autor japonés tenderá a justificar el ataque debido a las sanciones económicas que los norteamericanos habían impuesto a Japón, mientras que el autor estadounidense opinará lo contrario, y que se podía haber negociado antes de atacar. Lo mismo puedes encontrar en toda la Historia del mundo.

Como expresa el dicho popular, «cada cual arrima el ascua a su sardina».

–¿Y cómo puedo conocer la versión más parecida a la realidad?

–Pues leyendo ambos lados, ambas versiones. Estudiando los acontecimientos anteriores y sacando tus propias conclusiones o procurando buscar autores de reconocido prestigio que sean neutrales, algo muy difícil, pues todo ser humano está condicionado desde la cuna por la educación que recibe y la cultura y el tiempo histórico en el que vive.

–¿Nadie puede ser imparcial? ¿Ni siquiera tú?

–Trato de serlo, te lo aseguro, y conozco varios autores de fiar. El problema reside en que cuando escribimos así no acaba de gustar a la mayoría, precisamente porque no nos escoramos hacia uno de los bandos y procuramos ser equidistantes.

–Por lo que me dices, la honradez no vende mucho.

–Ya lo irás aprendiendo con los años. Pero lo más importante es sentirte bien contigo mismo sin que te afecte la reacción de los demás. Si las películas de Hollywood fueran imparciales poca gente iría a verlas. Siempre el malo es malísimo y el bueno buenísimo; es muy fácil tomar partido. El problema es que en la vida las cosas no son tan sencillas.

Julio se quedó pensativo. Clío lo miró bondadosamente. Sentía que aquella noche Julio había dado un paso más en su camino hacia una mente adulta.

–Bueno –Manuel se levantó guardando la pipa que no había encendido–, es tarde, mañana continuamos con los sumerios.

–Vale tío. Hasta mañana, Buenas noches.

Todos se levantaron y subieron las escaleras. Clío se despidió en la puerta de la habitación con un suave «buenas noches» y una mirada comprensiva. Julio, con la cabeza todavía llena de ideas confusas, apenas le contestó con un «igualmente».

En la cama, las imágenes mentales iban y venían desvaneciéndose en un lago de dudas. Un refrán flotaba sobre las aguas: «Nada es verdad ni es mentira, todo es según el color del cristal a través del cual se mira». Rabioso, Julio golpeó la almohada con el puño. «¿Acaso no existe la Verdad con mayúsculas?» pensó, y empezó a reflexionar sobre el ambiguo mundo de los adultos al que pronto iba a llegar y que no le gustaba demasiado.

PRIMERAS CIVILIZACIONES

Por la mañana, Julio saltó de la cama como un rayo al oír llamar a la puerta de la habitación.

–¡Arriba perezoso! Te echo una carrera.

Era la voz de Clío. Había entrado vestida con un chándal y el pelo sujeto con una banda blanca. Julio apenas tuvo tiempo de entrar en el baño.

–Espera que me lave la cara y me despierte del todo – dijo desde dentro–; por lo menos dame tiempo de vestirme.

–No pasa nada –Clío se rió–, no me voy a asustar si te veo en paños menores, menos ropa llevas en la piscina.

–Ya, pero es la fuerza de la costumbre. No suelen despertarme chicas guapas entrando en mi dormitorio.

–Pues ya era hora de que lo hiciera alguna. Venga, apresúrate.

Julio salió del baño con un albornoz. Clío lo miraba divertida sentada en la cama.

–No te sienta mal ese albornoz, ¿es de tu tío?

–De acuerdo sí, es de mi tío y me está un poco ancho, pero no vale reírse de mi aspecto.

–Estás muy gracioso, pero simpático. Mira me vuelvo para que te cambies.

–No me importa que mires, pero vale.

Julio se quitó el albornoz y el pijama y se puso el chándal. No se dio cuenta de que Clío lo miraba sonriendo a través del espejo del armario.

–¡Ya estoy! Verás como te dejo atrás enseguida.

–Procura no hacer ruido. Tus tíos aún no se han levantado. Vamos a correr un poco y luego volvemos a desayunar.

Bajaron las escaleras con cuidado. La mañana apenas había empezado a clarear. Hacía un fresco muy agradable y el olor de los árboles y el monte lo impregnaba todo de aromas silvestres.

—¡Vamos gandul!

Clío echó a correr por el camino hacia el bosque de pinos. Julio la siguió apretando el paso hasta llegar a su altura.

—Ahora vas a saber lo que es bueno —dijo Julio con la respiración entrecortada.

—Pues cuando quieras.

Julio aceleró el ritmo despegándose de Clío que también corrió más deprisa tratando de alcanzarlo, pero sin conseguirlo. Llegó a la bifurcación del camino y esperó.

—¡Venga madrugadora, ya ves que he llegado primero!

—¡Cla... claro —dijo Clío respirando hondo—, pero no hemos terminado; ahora hay que volver a casa.

Antes de terminar de hablar Clío ya se había dado la vuelta y corría hacia la finca.

Julio, sorprendido, tardó unos segundos en reaccionar, pues se había sentado en una piedra para dar la impresión de que llevaba mucho tiempo esperando. Se levantó rápidamente y corrió detrás de ella.

Sorprendentemente, Clío ahora era más veloz que antes. No lograba alcanzarla por más que aceleraba el ritmo. Tampoco podía correr a tope porque se agotaría antes de llegar. Mantuvo el máximo ritmo posible teniendo en cuenta la distancia que quedaba hasta la puerta del chalé. Lentamente iba recuperando terreno, pero la figura esbelta y elástica de Clío permanecía delante. Julio se dio cuenta de que ella tenía una zancada felina; parecía deslizarse sin esfuerzo alguno.

«Maldita sea —pensó—, esos días de exámenes y mi falta de entrenamiento me están pasando factura».

Ya se veía la valla de la parcela. Julio aceleró y amplió su zancada. El corazón le latía rápidamente; calculó que al menos a 150 pulsaciones por minuto. Iba ganando terreno, pero no pudo alcanzarla hasta que ella tocó la puerta de hierro, apenas una fracción de segundo antes.

–¡Te he ganado! –exclamó Clío fatigosamente.

–Haciendo trampas.

–Aprende que en la vida hay que estar siempre alerta cuando se trata de competir.

–Pero no deja de ser una argucia tramposa. De todas formas, corres muy bien y aguantas mucho. Has llevado un buen ritmo.

–No te había dicho que correr es una de mis aficiones. Me encanta hacerlo para desentumecer mis piernas agarrotadas por el estudio.

–A mí también.

–¡Vamos a recuperar fuerzas!

Clío volvió a sorprenderlo corriendo hacia la casa. El olor a café y a pan tostado inundaba el porche.

–¡Buenos días! –Manuel y Cintia ya estaban sentados a la mesa delante de unas humeantes tazas.

–Buenos días –contestaron Clío y Julio casi al unísono, sentándose rápidamente.

–Por lo que veo –dijo Cintia– le habéis cogido gusto a correr por el bosque de pinos.

–Sí tía, y Clío me ha ganado, aunque con una pequeña trampa.

–Julio –intervino Manuel riéndose–, aprende a no fiarte nunca de las propuestas femeninas, siempre conllevan una trampa oculta.

–Eso es una exageración machista –dijo Cintia–, solo algunas veces necesitamos vulnerar ciertas reglas.

–Perdona cariño, era una broma –corrigió el profesor.

–De todas formas –dijo Julio–, la próxima vez estaré más atento, y sobre todo, no subestimaré a una mujer.

–Tómalo como una lección de Historia –dijo Clío–; es el viejo aforismo de que no hay enemigo pequeño.

–En eso tiene razón Clío –dijo Manuel entre dos sorbos de café–: muchas batallas, reinos e imperios se han perdido por considerar al adversario muy inferior y estar seguros de la victoria apenas sin esfuerzo.

–Esta noche es sábado –Clío se volvió hacia Julio–, ¿qué te parece si vamos al pueblo a oír música y a tomar una copa?

–Bue... bueno –Julio había sido cogido nuevamente por sorpresa–. Entonces esta noche no tendremos coloquio ¿verdad tío?

–No puedo. Cintia y yo hemos quedado a cenar con unos amigos. Salid a divertiros, pero cuidado con la bebida Julio. En tus manos le dejo Clío.

Ella iba a contestar pero Julio se adelantó con voz firme.

–No te preocupes tío, no me gusta beber. No soy asiduo a los botellones, creo que es una tontería. Apenas una coca-cola con un poco de ron en toda la noche, un cubata ligero, nada más.

–Creo que te preocupas demasiado Manuel –dijo Clío–. Julio es muy formal y no necesita vigilancia, ya casi es mayor de edad ¿no?

–Dentro de dos meses –dijo Julio orgulloso.

–Pues ya tienes que ir asumiendo tus responsabilidades –le dijo Manuel grave.

–Ya las tengo asumidas hace tiempo, pero también me gusta divertirme de vez en cuando.

–Es normal –dijo Manuel–, disculpa mis palabras; es que en realidad te conozco poco y tengo que responder de ti ante tu padre. Me alegro de que estés aquí este verano. Así nos conoceremos más.

–Gracias, no tiene importancia. Yo tampoco te conocía demasiado. Ahora veo que eres un tío estupendo, y no solo como pariente.

–Bueno, bueno, ahora a estudiar. Después de la siesta tendremos una charla sobre los sumerios y empezaremos con los egipcios, ¡grandes tipos!

Terminado el desayuno, Clío y Julio subieron a sus habitaciones.

–Espero que se te den bien estos temas Julio –dijo Clío tocándole el brazo suavemente.

–Gracias Clío; la verdad es que me está gustando la Historia, algo que nunca hubiera creído que pudiera ocurrir, al menos de la forma en que me la estáis haciendo ver.

–Yo hago poco. Es tu tío el que pone toda la carne en el asador. Pero ya sabes que estoy aquí para lo que quieras...

–Gracias otra vez. ¿Cómo llevas tu tesis?

–Bien. Algo atrasada, pero bien. Hasta luego Julio.

–Hasta luego Clío.

La mañana transcurrió lenta y calurosa. Las chicharras atronaban el aire con sus cantos monótonos y repetitivos. Después de comer, todos se retiraron a descansar. El aire parecía denso, casi se podía cortar. Les costaba moverse. Todos bebieron abundante líquido para contrarrestar la pérdida ocasionada por las altas temperaturas y se refugiaron en las frescas sábanas que les dieron unos momentos de alivio. Las horas pasaron mientras el calor fue aflojando su pesada mano.

Hacia las seis y media empezaron a salir de sus habitaciones camino de la piscina. Todavía el sol quemaba la piel con furia. Los cuatro se sumergieron placenteramente en las trasparentes aguas dejando que el maravilloso frescor penetrara en sus cuerpos.

–¡Qué alivio! –exclamó Cintia sacudiendo la cabeza.

—Hoy está apretando más que ningún día del verano; no sé hasta dónde vamos a llegar —dijo Manuel agarrando la escalera de acero inoxidable y manteniendo su cuerpo sumergido.

—Pero aquí se está de maravilla, ¿verdad Clío? —apuntó Julio tomando un buche de agua y soplándola con fuerza.

—Sí, es una gozada poderse bañar a estas horas; después de la tarde que ha hecho me he duchado tres veces.

—Bueno chicos, ya ha pasado. Os hecho una carrera hasta el otro lado —propuso Manuel lanzándose hacia adelante e impulsándose con los pies en la pared.

—¡Eso no vale! —dijo Julio—, ¡tenemos que salir al mismo tiempo!

—Ya te he dicho que tienes que estar siempre alerta —gritó Clío impulsándose con fuerza y lanzándose detrás de Manuel como un rayo. Cintia se reía divertida mirando la cara de sorpresa de Julio.

—No te puedes fiar ni de tu tío, ya ves.

Después del reparador baño, todos se fueron a sus habitaciones para cambiarse de ropa. Manuel y Julio fueron los primeros en bajar.

—Las mujeres necesitan más tiempo que nosotros para estar listas —dijo Manuel sonriendo y mirando hacia el piso superior—. Si quieres, mientras bajan podemos hablar un poco para terminar la historia de los sumerios.

—Me parece bien tío. Vamos al porche.

—Bien —dijo Manuel encendiendo la pipa con la ceremonia habitual y dando dos grandes bocanadas del aromático humo—, recapitulemos. Quedamos en que los sumerios aparecieron de no se sabe dónde y dieron forma a la primera gran civilización hacia el 3800 a. C., de la cual tenemos datos fehacientes. Sabemos que configuraron el primer calendario de doce meses, un calendario «solilunar», es decir que mezclaba las fases de la Luna con el periplo solar, que ya sabían que la Tierra es redonda y que gira alrededor del Sol junto con varios planetas. Que inventaron la escritura, la rueda, la administración del estado bicameral, las cartas de crédito, unas leyes que amparaban a los débiles, las escuelas, la Astronomía y la Astrología. Ellos dividieron el cielo en doce «casas» con sus constelaciones e hicieron los primeros horóscopos, los primeros tratados de Medicina, de Literatura, los impuestos para sostener el Estado y la primera unidad monetaria, el lingote de metal, de cobre, bronce, plata y oro, así como los primeros grandes hornos de fundición y el primer sistema matemático de base sexagesimal. Dividieron el círculo en 360 grados, medida que hoy seguimos usando. También conocían la llamada precesión de los equinoccios, un ciclo de 25920 años que el eje de la Tierra tarda en recorrer las doce casas del zodiaco. Extraordinario, ¿no?

—¿Y de dónde sacaron todos esos conocimientos?

—Ellos afirmaban que fue de los dioses, los Anunnakis, que bajaron del cielo. Los principales eran también doce, como después fueron doce los dioses olímpicos de Grecia, obviamente influenciados por la cultura sumeria, la cual impregnó a todas las demás civilizaciones que crecieron poco después en su entorno, como la egipcia, los babilonios, los asirios; incluso es posible que sus influencias llegaran hasta el valle del Indo, a las ciudades que nacieron allí, Harappa y Mohenjo-Daro entre otras.

—¡Los Anunnakis! No puedo dejar de pensar en ellos como seres venidos de otros planetas —dijo Julio soñador.

—Ya sabes que es imposible dar esa información como buena para la Historia. Solo podemos decir que la cosmogonía sumeria relataba que los dioses menores, cansados de trabajar para los doce principales, se amotinaron en huelga, y entonces aquellos crearon el hombre y lo llamaron «Lu Lu», que quiere decir «el mezclado».

−«Lu Lu», qué extraño nombre. Me recuerda una raza de perros.

−Eso es solo una coincidencia de fonemas. Lo llamaron «el mezclado» porque estaba hecho con la sangre de los dioses y con barro de la tierra. También viene de los sumerios la creencia, que ha perdurado durante siglos, por la cual los reyes eran descendientes, o al menos elegidos, de los dioses, y por lo tanto se les debía obediencia y fidelidad ciegas. Fíjate si esta creencia fue troquelada en la mente humana que ha durado hasta las revoluciones americana y francesa, a finales del siglo XVIII. Si echas cuentas, desde el 3800 a. C. hasta el 1779 d. C. son 5579 años.

−¿Tanto? Pues yo creo que los reyes son personas como otras cualquiera, solo que son descendientes de otros monarcas.

−Sí, pero hasta el siglo XVIII decir esas palabras te hubiera costado la vida, o al menos la cárcel durante muchos años, y no las modernas prisiones de hoy con calefacción y entretenimientos, sino lúgubres mazmorras húmedas y sucias cuando no te obligaban a trabajar en horrendas minas o a remar en galeras, y eso únicamente por dudar de la legitimidad divina del poder real.

−¿Y eso viene de los sumerios?

−Fueron los primeros que lo afirmaron, y ya ves, a los demás reyes del mundo les faltó tiempo para aprovechar aquella doctrina.

−¿Y cómo lo consiguieron?

−Pues sus tablillas escritas dicen que los dioses desataron una guerra entre ellos y que al final abandonaron la Tierra volviendo al cielo dejando aquí delegados para que gobernaran en su nombre. Todo el pueblo debía obedecerlos o las mayores desgracias se abatirían sobre sus cabezas. No fue muy difícil cuando los jefes de las tribus se convirtieron en reyes y los chamanes en sacerdotes. La alianza entre el trono y el altar les ha dado grandes resultados a ambos durante siglos. El pueblo, ignorante y lleno de miedos y supersticiones, obedecía sin rechistar, y si alguno elevaba la voz protestando, pues se lo eliminaba y en paz.

–Pues yo me hubiera rebelado –dijo Julio furioso.

–Porque te has educado en una democracia donde se enseña que todos los hombres somos iguales en derechos y obligaciones, pero si te hubieran educado en una cultura donde la primera y principal creencia fuera la sumisión a un rey todopoderoso y casi divino, lo aceptarías como algo normal.

–Claro, si no hubiera otras alternativas...

–Ese es el problema, que los seres humanos somos manejables, demasiado, cuando aquellos que controlan la educación se proponen que pienses y tengas actitudes de una determinada tendencia.

–Pero hoy con la televisión, el cine, Internet...

–Todo eso se puede manipular y censurar para que una determinada doctrina se imponga y deje de cuestionarse. Incluso se puede usar para hacer un «lavado» de cerebro e introducir en la mente ideas sin que apenas te des cuenta, es decir, subliminalmente.

–Entonces, ¿no existe la conciencia libre? –Julio se mostró triste.

–Para conseguir una conciencia libre tienes que leer mucho y no conformarte con una versión, con una sola perspectiva de los hechos y de las ideas, siempre que puedas o te lo permitan las autoridades y costumbres. Hay muchos países en los cuales el peso de las tradiciones es tal que apenas pueden avanzar. Ahí tienes la India, donde el sistema de castas está prohibido por la ley estatal, pero donde, sin embargo, si un hombre de una casta baja se casa con una mujer de casta superior corre peligro de que lo maten. Para las familias es un sacrilegio, una ofensa a la divinidad y a sus tradiciones más arraigadas. Los fanáticos y radicales musulmanes dicen que el Corán es el único libro necesario para el ser humano pues en él está toda la sabiduría del mundo. Por ello desprecian y destruyen si les es posible cualquier otra literatura, lo cual ha resultado en que prácticamente ninguno de los avances tecnológicos del mundo moderno ha sido descubierto en estos países.

–Ahora lo voy entendiendo tío.

–Bien. Prosigamos con la historia de Sumer. A pesar de haber sido los primeros en inteligencia e inventiva, no consiguieron mantenerse a salvo. Las ciudades eran tan independientes unas de otras que no llegaron a formar un estado fuerte y fue un acadio, Sargón, el que usurpó el poder en la ciudad de Kish hacia el año 2340 a. C., y luego conquistó el resto de ciudades sumerias, fundando el primer imperio conocido, el imperio acadio.

–¿Quiénes eran esos acadios? Otro nombre nuevo.

–Parece que eran un pueblo semita que habitaba en las fronteras de Sumer, al Norte. Los sumerios eran superiores en cultura y los acadios probablemente un pueblo más atrasado, más belicoso y seminómada que envidiaba el progreso y la riqueza sumeria. Es fácil que muchos de los acadios —como hoy sucede con los inmigrantes que llegan a Europa o Estados Unidos desde otros países más pobres—, entraran al principio en Sumer para realizar los trabajos menos apetecidos por los sumerios. Sargón parece que era jardinero o copero en el palacio real de Kish. Se ignora lo que pasó, pues ya verás que en la Historia los usurpadores tratan de borrar todo aquello que pueda recordar su pasado humilde, su traición o su ilegitimidad. El caso es que Sargón llegó a ser rey de la ciudad de Kish. Debía ser un tipo muy inteligente pues consiguió modernizar el Ejército, incorporando carros de guerra, tropas que avanzaban en formación con grandes escudos que se solapaban y lanzas en ristre. El caso es que derrotó a las tropas de otras ciudades y conquistó toda Sumeria, desde el golfo pérsico hasta el Mediterráneo.

—Dime una cosa tío, ¿qué es un imperio? Lo oigo constantemente en la Historia pero no entiendo demasiado este concepto.

—Imperio viene del latín «Imperium», que significa mando indiscutible; también es gobernar sobre varias naciones o pueblos. Emperador es el que tiene el mando. Este título lo adquirió por primera vez Julio César, tu tocayo, pero nunca formó una corte al estilo real. Luego su sucesor Octavio volvió a ostentar el título añadiéndole el de «Augusto». Ya a partir de él, todos los mandatarios romanos pasaron a denominarse emperadores. Lo veremos al llegar a la historia de Roma.

—Entonces... ¿no son reyes? —preguntó Julio intrigado.

—No en el sentido en el que pensamos que es un rey, aunque algunos reyes además fueron emperadores. Pero son dos títulos distintos. Napoleón, por ejemplo, no quiso proclamarse rey de Francia; probablemente no le hubieran dejado, pero sí que pudo ser emperador.

—Luego un emperador es una especie de dictador.

—Más o menos. Volvamos a los sumerios.

»Posteriormente, los descendientes de Sargón no pudieron mantener unido el imperio, acosados por nuevos invasores y disensiones internas. Aprovechando la debilidad de los acadios, los sumerios consiguieron sacudirse el yugo y volvieron a resurgir como ciudades-estado independientes, hasta que fueron absorbidos por un nuevo poder que despertaba muy cerca, Babilonia.

—¿Babilonia era la ciudad de los jardines colgantes?

—Así es. En su tiempo de esplendor fue la ciudad más grande y bella del mundo. Primero fue capital del imperio babilónico por dos veces, luego capital cultural y política del gran imperio persa y Alejandro Magno la designó capital de su gran imperio. En la actualidad es una ruina en medio de la nada en donde apenas destacan los pocos restos del gran templo dedicado a Marduk, su dios principal.

—Poca cosa parece después de tanto esplendor. Pero dime tío, ¿cómo es que siendo tan listos y avanzados, los sumerios fueron conquistados por los acadios y los babilonios?

—Buena pregunta Julio. Veo que eres perspicaz y que no te limitas a aceptar lo que te cuentan sin más.

—Es que me resulta extraño que un pueblo tan inteligente no fuera el que se impusiera a sus vecinos.

—Es algo que se repite en la Historia. Los sumerios eran muy listos, es verdad; fueron los precursores de muchas de las ideas políticas y religiosas, e incluso científicas, que manejamos hoy día. Pero tuvieron un «talón de Aquiles».

—¿Un talón de Aquiles? ¿Quién era ese Aquiles? ¿Un sumerio? Me suena a personaje de una peli.

—No Julio. Ya lo entenderás todo cuando lleguemos a los griegos. Pero te adelantaré algo... «un talón de Aquiles» es una frase hecha para destacar una debilidad de alguien, su punto vulnerable. Aquiles fue un personaje mitológico de *La Ilíada* al que solo se le podía matar hiriéndolo en un talón.

—¡Ah, vamos! que los sumerios tenían un fallo.

—Algo así. Los sumerios estaban establecidos en ciudades-estado, es decir, que cada ciudad era independiente de las demás, con su rey-sacerdote a la cabeza. Todas rivalizaban entre sí, y aunque algunos reyes intentaron conquistar y unificar ese rompecabezas, no lo consiguieron hasta que Sargón I, el acadio de inferior cultura, se infiltró entre ellos y con un golpe de estado consiguió el trono de Kirch. Debía ser un gran estratega, o recibió la ayuda de sus paisanos, pues en poco tiempo se apoderó de todas las ciudades formando un imperio, el primero conocido de la Historia.

–Pero no entiendo por qué todos los sumerios no se unieron y formaron un estado más grande para defenderse de sus posibles enemigos.

–Tenían demasiado orgullo para ceder sus privilegios. Los reyezuelos en sus pequeñas ciudades-estados eran los dueños de su destino, vivían en el lujo y la molicie, embriagados por el poder. De ninguna manera habrían renunciado a su posición en pro de un estado más fuerte; rivalizaban entre ellos, y claro, fueron barridos por un conquistador decidido. Es algo que se repite en la Historia, como te he dicho antes. Recuerda este lema: «divide y vencerás». Los grandes imperios se forjaron conquistando pequeñas naciones que no supieron unirse para afrontar al más grande. El imperio romano fue invencible hasta que se dividió en dos. Ahí empezó su declive.

–Pues entonces no eran tan listos los sumerios; prefirieron caer bajo el poder de Sargón, un extranjero, antes que elegir entre ellos un emperador.

–Es la borrachera del poder y la soberbia, la mayor droga de la Humanidad desde que el hombre es hombre. Ya te irás dando cuenta. Muchas veces odiamos a nuestros compatriotas más que a los extranjeros.

–¡Ya estamos aquí! –Se escuchó una voz femenina a sus espaldas.

Cintia apareció en el porche radiante. Iba maquillada y con un vestido color beige claro sujeto a la esbelta cintura con un cinturón marrón. Calzaba altos zapatos de tacón del mismo color que el cinturón y llevaba un pequeño bolso de piel a juego.

A su lado, Clío no deslucía con su joven belleza realzada por un ligero maquillaje, unas sombras sobre los grandes ojos y un suave carmín en sus labios. Vestía un suéter sin mangas blanco que destacaba sus brazos bronceados, y un pantalón vaquero elástico que se amoldaba a su cuerpo como un guante.

–Vaya –exclamó Manuel levantándose–, ha merecido la pena esperar un poco, ¿verdad Julio?

–Pues... sí claro, las dos estáis muy guapas –acertó a decir él con cierto balbuceo.

La verdad es que Julio solo tenía ojos para Clío, que estaba deslumbrante, aunque su tía Cintia «todavía quitaba el hipo también –pensó–, tiene mucha clase».

–Pues nosotros nos vamos –dijo Manuel cogiendo a Cintia de la mano–; que lo paséis bien esta noche. Si volvéis tarde procurad no hacer ruido.

–No te preocupes tío, seremos fantasmas.

Manuel tomó del brazo a Cintia y se marcharon hacia el garaje.

–Hacen una buena pareja –comentó Clío mirando como se alejaban–. Cintia está en su mejor momento, una mujer madura y bella aún.

–Sí, son muy majos los dos, y ella muy guapa, aunque tú estás preciosa.

–¿No me habías visto antes?

–No como ahora, con esos toques de maquillaje y esos tacones. No sé como no tienes novio.

–Gracias Julio por tu galantería. La verdad y sin falsa modestia es que he tenido algunos candidatos, pero ninguno me ha hecho tilín. Además están mis estudios; no tengo mucho tiempo libre.

»Ahora que te miro tú tampoco estás nada mal con tu camisa blanca, tus vaqueros desgastados y esas deportivas. Muchas chicas me van a envidiar esta noche.

–Vale Clío, no es para tanto; más bien los hombres me van a envidiar a mí por acompañar a un «pibón» como tú. Hasta el pueblo hay unos tres kilómetros; si salimos ya tardaremos unos cuarenta minutos en llegar andando sin muchas prisas.

—No hace falta; tu tía me ha dejado las llaves de su coche. ¿Vamos?

—Estupendo. Estoy impaciente por cumplir los dieciocho para tener el permiso de conducir.

—¿Te vas a comprar un coche?

—Un utilitario de segunda mano para empezar hasta tener más experiencia. No quiero comprar un buen coche nuevo y empezar a tener golpes y rayas en la carrocería.

—Es buena idea, yo hice lo mismo cuando tuve el permiso.

—¿Cuál fue tu primer coche?

—Un Opel Corsa.

—No está mal para empezar. ¿Tienes alguno ahora?

—No... ahora no tengo coche. Mis padres están esperando a que termine el doctorado para ayudarme a comprar uno como regalo de fin de carrera.

—Pues si tengo que esperar a terminar mi carrera estoy arreglado. Aun no sé lo que voy a estudiar.

—¡Ya lo sabrás! —replicó Clío sonriendo—. Anda, sube.

Habían llegado al garaje. Clío se puso al volante y abrió la puerta del copiloto.

—¿Dónde cenamos? —preguntó mientras giraba la llave del contacto poniendo en marcha el motor que ronroneó suavemente.

—Pues no conozco ningún sitio en el pueblo, pero supongo que preguntando encontraremos algo.

—Yo con una pizza o unas buenas hamburguesas y una ensalada me arreglo —afirmó Clío.

—Y yo... pero que sean buenas de verdad... ¡Vamos!

Clío abrió la puerta metálica con el mando a distancia y apretó el acelerador suavemente saliendo de la parcela en dirección al pueblo.

Las calles principales estaban animadas con el trasiego de veraneantes. Les costó encontrar un aparcamiento para el coche. Un policía local les indicó una cervecería donde tomar algo de buena calidad y a un precio inmejorable. Cenaron de tapeo con dos jarras de cerveza bien fría entre los codazos de los clientes que abarrotaban el local. Las conversaciones se hacían casi a gritos debido al ruido reinante, habitual en casi todos los bares de España, con la televisión a tope y las máquinas tragaperras tintineando sus melodías para recordar que estaban allí dispuestas a dar cuantiosos premios.

Preguntaron a un chico joven si conocía algún sitio de copas, tranquilo y con buen ambiente. Él les indicó uno a las afueras y se encaminaron hacia allí. Mientras andaban por una estrecha calle, Clío rozó con su mano la de Julio y enlazó uno de sus dedos a uno de los suyos.

–¿Te importa si caminamos así? –le preguntó.

–No claro, somos amigos y «compas» de estudio más o menos... ¿no? –respondió Julio algo azorado.

–Por supuesto Julio, estoy muy a gusto a tu lado. Mira, es allí, donde las luces de colores.

Al doblar una esquina vieron un local con unos letreros luminosos que parpadeaban. Delante del local había gente joven en la acera sosteniendo un vaso entre los dedos.

Entraron. El pub estaba iluminado tenuemente con luces indirectas y decorado al estilo ibicenco. En un rincón vieron unos asientos libres en un banco corrido cubierto de telas multicolores pegado a la pared. Se sentaron rápidamente y pidieron sendas copas. La música era suave e invitaba a la conversación. Julio se percató de que los hombres miraban a Clío y luego a él. Sintió la envidia que reflejaban sus ojos.

–No está mal para charlar un rato, ¿verdad Clío?

–Afortunadamente la música está a bajo volumen, y no como en otros sitios que te vuelve loco. ¿Cómo llevas la Historia?

–Pues hemos terminado con los sumerios y ahora creo que empezaremos con los egipcios.

–Es un tema muy interesante. A mí me fascina Egipto, sobre todo desde que fui allí y vi las pirámides y los templos; son algo espectacular.

–¿Estuviste en Egipto?

–Sí, cuando terminé el primer grado de carrera.

–Qué bien… yo he visto muchas pelis sobre esa civilización en la tele y reportajes sobre sus monumentos, pero me gustaría verlos personalmente.

–No te puedes hacer una idea de su grandiosidad sin estar allí. Y lo más impactante es que, al parecer, construyeron las mayores pirámides, con su complejidad arquitectónica, durante las primeras dinastías, cuando ni siquiera conocían la rueda ni el hierro. Luego, más adelante, fueron incapaces de reproducir tales monumentos, aunque edificaron templos magníficos que aún se pueden visitar, algunos en perfecto estado de conservación a pesar de haber transcurrido varios milenios.

–¿Y se sabe de dónde vinieron los egipcios o cómo llegaron a tener ese conocimiento?

–Pues al igual que los sumerios, tampoco se sabe mucho. En el valle del Nilo, en el Neolítico, vivían algunas tribus dispersas que no conocían los metales ni la escritura. De repente, un rey llamado Menes unificó todo el territorio y comenzó una explosión de inteligencia; surgió la escritura, la Medicina, las Matemáticas, la Filosofía, en fin, todo aquello que conforma una civilización refinada.

–Otra vez las incógnitas de la Historia. Veo que no hay nada seguro en cuanto a cómo se iniciaron estas culturas –dijo Julio.

–Bueno… los arqueólogos e historiadores dicen que fue una evolución natural de las tribus neolíticas, tal vez influenciadas por los sumerios que no estaban tan lejos, aunque yo no lo creo. Ambas culturas son muy diferentes.

–Pero es cambiar una incógnita por otra, porque nadie sabe de dónde surgieron los sumerios –argumentó Julio–. Para hacerlo más difícil todavía, mi libro dice que su idioma no tiene nada que ver con las lenguas de los pueblos fronterizos, ni con ninguna otra conocida de la antigüedad.

–Tienes razón Julio; veo que has estudiado. Ahora se están afianzando las propuestas del Sáhara, más concretamente de la región llamada «Tassili» en Argelia, es decir, de que una antigua cultura floreció en algunas zonas aledañas al desierto cuando este era todavía un territorio habitable, pues se han encontrado pinturas en esta región donde se representan animales como la jirafa y el hipopótamo al lado de árboles, lo que quiere decir que en una determinada época del pasado el desierto albergó seres humanos que pudieron emigrar a Egipto cuando el clima cambió y los ríos se secaron y dejó de llover.

–Según voy viendo, los cambios climáticos han sido el origen de muchos acontecimientos históricos.

–No te quepa duda. Los seres humanos luchan por sobrevivir, y si en su territorio el clima cambia impidiendo la vida o aparecen enemigos invencibles, tienen que buscar otros lugares donde empezar de nuevo. Es una realidad incuestionable. Un ejemplo lo tienes en la caída del imperio romano.

–Mi tío dice que se debilitó al dividirse en dos.

–Eso tuvo mucho que ver, pero lo más importante es que las tribus bárbaras de Europa oriental se vieron empujadas por otras tribus más agresivas que huían del hambre y de inviernos muy duros hacia Europa occidental, invadiendo inevitablemente los confines del imperio romano. Nada pudo contenerlos aunque se intentó negociar con ellos, y a veces los diplomáticos consiguieron que lucharan al lado de los romanos. Pero la ola migratoria fue imparable. Poco a poco los trabajos más duros y peligrosos, incluidas las filas del Ejército romano, fueron ocupados por los «bárbaros».

–¿Y por qué les llamaron bárbaros? ¿Eran tan bestias?

–No Julio. Los romanos llamaban bárbaros a todos aquellos que no vivían dentro de su imperio, pero más propiamente a los que habitaban las tierras del Norte y Este de Europa. Evidentemente no tenían la cultura refinada de los romanos, en parte heredada de los griegos. Eran naciones más que tribus, de muchos miles de personas. Gente ruda, acostumbrados a los rigores del clima en las llanuras europeas. Ellos admiraban a los romanos. La invasión no fue un ataque brutal y arrollador, sino una suave inundación que fue acaparando puestos de poder. Al mismo tiempo, el imperio romano de Occidente se fue debilitando, con emperadores cada vez más ineptos y la corrupción general de su administración que impedía la respuesta eficaz a la decadencia general y la autocomplacencia. Nadie pensaba que el gran imperio pudiera caer ante indisciplinados e ignorantes bárbaros despreciados por el ciudadano romano, al igual que hoy muchas personas de los países ricos de Occidente desprecian a los inmigrantes pobres que llegan a sus ciudades.

–Entonces... ¿hoy estamos viviendo algo parecido a lo que ocurrió hace tantos siglos?

–Hay quien dice que sí, que esta masa de inmigración irá creciendo más y más y que Europa ya no será la misma. Pero nadie tiene la clave del futuro, aunque la Historia nos enseña lo que ocurrió en el pasado para que podamos prever lo que puede ocurrir hoy o mañana. Eso es lo más interesante de la Historia.

–¿Tú crees que la Historia se repite Clío?

–Sí y no. Se repiten las ambiciones humanas. Los imperios nacen, crecen y se derrumban... y nace un nuevo imperio hegemónico. Así ha sido y así será mientras el ser humano no consiga otro nivel de conciencia.

—¿Qué quieres decir con otro nivel de conciencia? Me suena a chino.

—Todavía eres muy joven para entenderlo bien, pero lo irás descubriendo por ti mismo.

—Ya salió eso de que soy demasiado joven... Creo que merezco un poco de respeto; puedo razonar y entender si me lo explican. Creo que no entender algo depende del que lo enseña, no del que quiere aprender.

—¡Vaya! Parece que he herido tu orgullo. Tienes razón, trataré de explicártelo de forma sencilla.

—Adelante, soy todo orejas.

Clío bebió un sorbo de la copa y cerró los ojos pensando en cómo decirle a Julio la diferencia que existía entre distintas formas de ser y de actuar, de pensar y sentir. Julio la miraba expectante.

—Piensa en un hombre primario, primitivo.

—¿Uno de la Edad de Piedra?

—Puede servir, aunque hoy también hay hombres primitivos.

»Bien, tenemos a un hombre del Paleolítico inferior. ¿Cuál crees tú que serían sus pensamientos, su manera de vivir y actuar?

—Pues seguramente estaría preocupado por cazar para llevar comida a su familia, evitar a los depredadores y a los rivales.

—Y tal vez por fabricar herramientas para cazar y para uso doméstico; incluso pediría al sol o a las montañas que propiciaran su caza, y tal vez sintiera temor de los espíritus de los muertos.

—Más o menos.

—Es decir, que toda su vida, su jornada diaria, estaría ocupada en prepararse para la caza, comer, reproducirse y dormir, y en ocasiones luchar ¿no?

—Sí, claro.

—Ahora pensemos en un filósofo griego, por ejemplo Platón.

—¡Menuda diferencia!

—¿Te das cuenta? Existe una gran distancia entre la conciencia autorreflexiva del hombre del Paleolítico, que seguramente nunca se preguntó por el sentido de la vida humana, y la conciencia autorreflexiva de Platón, que fue el padre de la filosofía occidental; niveles distintos de conciencia, como si fueran seres de dos planetas diferentes.

—Lo entiendo perfectamente, pero es que Platón vivía en otro tipo de mundo, en una cultura mucho más avanzada.

—Exacto. Esa es la diferencia, pero no toda la diferencia, pues muchos contemporáneos de Platón apenas superaban la conciencia del Paleolítico, solo que en vez de cazar se tenían que preocupar por conseguir dinero para comprar comida en el mercado.

—¿Quieres decir que además de la cultura recibida también debe hacerse un esfuerzo para subir el nivel de conciencia?

—Por supuesto. El ser humano depende de su ambiente para su crecimiento intelectual y espiritual, pero también de su esfuerzo, su interés, su inquietud por saber quiénes somos, de dónde venimos y hacia dónde vamos. Hay personas que nacen en familias que tienen capacidad de darles estudios superiores pero que se niegan a aprovechar la oportunidad de adquirir ese conocimiento y prefieren quedarse en niveles inferiores por comodidad, por hastío, por dependencia de sustancias psicoactivas o por cualquier otra razón. Y, al contrario, existen personas que desde un origen modesto y sin posibilidades luchan y logran alcanzar buenos objetivos de educación y conocimiento, aunque claro, estos lo tienen material y teóricamente mucho más fácil.

—Entonces... ¿tener estudios superiores nos hace crecer en conciencia?

—No siempre, desgraciadamente, aunque ayuda. Te hace crecer en conocimientos, en erudición, pero puede que te quedes ahí, sin que eso afecte a tu conciencia de ser humano primario, por no decir «primitivo».

—¿Y cuál es ese nuevo nivel de conciencia que el ser humano debe alcanzar para que la Historia no se repita?

—El contemplar a los demás como tus iguales, con los mismos derechos y obligaciones. El respetar las diferencias de creencias y culturas, el fijarse como paradigma la tolerancia y la solidaridad. El rechazar la discriminación por causas raciales, de género, de ideas, el pensar que hay que emplear el diálogo y la negociación antes que la violencia y la fuerza, el tratar de reducir la diferencia entre ricos y pobres, el dar las mismas oportunidades a todos, el denunciar sin miedo las leyes injustas, la tiranía o la manipulación; ese es otro nivel de conciencia.

—Vaya, me has dejado sin habla. Pero, ¿te das cuenta?, lo he entendido perfectamente Clío.

—Pues esto que parece tan fácil, en realidad es muy difícil porque todos tenemos un ego que no nos deja ponernos en el lugar del otro, un ego que se ofende enseguida por cualquier tontería. Y ese ego también existe en las naciones, en sus gobernantes, en sus tradiciones y en su Historia. Y todo ello nos condiciona a obrar y pensar de determinada manera; a no ser que razonemos por nuestra cuenta y seamos totalmente libres.

—Estoy de acuerdo contigo, aunque es difícil ser totalmente libre.

—Claro, la sociedad solo quiere borregos que sigan sus designios.

–¡Pues no me gusta ser un borrego! –exclamó julio.

–Eso está bien, pero para poder ser libre tienes que saber, y para saber tienes que leer mucho, estudiar y tener buenos profesores y personas que te orienten.

–¿Y qué me aconsejas tú que estudie? Bueno, imagino que Historia claro.

–No es que te lo diga yo porque me apasione, es que en la Historia cabe todo: el Arte, la Cultura, la Religión, la Política, la Geografía, la Ciencia. Todo lo que afecta la vida del ser humano es Historia.

–¿Incluso el cine y los juegos virtuales?

–Incluso el cine y los juegos, porque también son cultura y afectan a la vida de las personas y modifican de alguna manera las actitudes de la gente ante el devenir de la sociedad.

–Pues me lo voy a pensar. ¿Pedimos otra copa?

–Sí, pero esta vez sin alcohol porque tengo que conducir.

La música cambió de repente a otra más movida y subió de volumen. Poco a poco el local se había llenado de jóvenes, y algunas parejas habían salido a bailar a un pequeño espacio del local con un vaso en la mano.

–¿Te apetece bailar? –preguntó Clío señalando la improvisada pista en medio de las mesas.

–Pues... la verdad es que no sé mucho, he ido poco a la discotecas.

–No te preocupes, tú sigue mis movimientos... ¡Vamos!

Clío sacó de la mano a Julio al centro del local, empujando levemente a otras parejas que ya bailaban moviendo sus cuerpos al compás de la música.

–¿Ves?, es muy fácil.

–Sí, no está mal; es fácil seguir la melodía moviendo el cuerpo. Cuando me hago un lío es cuando hay que dar unos pasos concretos a derecha o izquierda.

–Eso es para bailar «agarrado»; pero con esta música «tecno» no hace falta, solo hay que moverse, aunque con cierta gracia... Tú no lo haces mal; al menos tienes sentido del ritmo.

–Hago lo que puedo.

Al cabo de un tiempo el local estaba abarrotado; apenas podían moverse ni hablar debido al ruido que generaban las conversaciones a gritos y la música a todo volumen.

–¡¡¿Qué te parece si nos vamos?!! –gritó Clío casi al oído de Julio para hacerse entender.

–¡¡Por mí vale; esto se está poniendo inaguantable!!

Salieron del local empujando con los codos. Incluso fuera, en la calle, todo estaba lleno de gente con vasos en la mano, hablando animadamente, riendo y fumando sin cesar.

–Parece que medio Madrid se ha trasladado a este pueblo –dijo Clío agarrando a Julio de la mano.

–Solo son dos meses; al final de agosto se va casi todo el mundo. Nosotros también –apostilló Julio triste.

Julio apretó la mano de Clío. Su contacto era suave y cálido. Ella lo miró con una sonrisa.

–Aún nos quedan muchos días por delante. ¿Te apena pensar que se acaben las vacaciones? Aunque en realidad esto no lo son propiamente.

–Lo que verdaderamente me apena es pensar que ya no volveré a verte.

Julio se arrepintió de inmediato de lo que acababa de decir. Se sintió nervioso por lo que pudiera pensar Clío de él. En realidad no sabía por qué había dicho aquello, aunque lo sentía por dentro. Simplemente era una expresión de su deseo inconsciente de estar con ella.

Clío no le soltó la mano como él esperaba.

–¿De verdad estás a gusto conmigo? Pensé que te molestaba mi presencia en casa de tu tío –dijo en tono cariñoso.

—¡Qué va! —acertó a decir nervioso—, me gusta hablar contigo; sabes tantas cosas que yo ignoro... Y eres muy simpática. Cuando mis tíos me dijeron que ibas a venir, me imaginé una chica con gafas gruesas, pelo grasiento, gorda y fea, empollona y antipática... Pero me llevé una gran sorpresa.

—Pues me alegro de ello. Tú también eres un chico simpático y agradable.

Clío tiró de la mano de Julio y le dio un beso suave.

—Eres un chico muy dulce.

Julio sintió un escalofrío por todo el cuerpo. Sin decir nada la abrazó.

—Está bien Julio. Creo que debemos dejarlo aquí, lo siento si te he provocado.

—No pasa nada. Es que he sentido un impulso, perdona.

—No tiene importancia... Y ahora, ¿vamos a casa? Ya es muy tarde.

—Sí claro, vámonos.

Clío volvió a coger la mano de Julio y ambos se encaminaron hacia donde estaba aparcado el coche de Cintia. A Julio el corazón le latía desbocadamente en el pecho.

Llegaron a la casa y subieron sigilosamente las escaleras pues el coche de Manuel ya estaba en el garaje.

Al llegar frente a las puertas de las habitaciones se miraron. Julio susurró un «hasta mañana» y Clío le contestó con un «que duermas bien» y una sonrisa.

Aquella noche Julio dio vueltas en la cama con el pensamiento colmado de sensaciones. Estaba desconcertado hasta cierto punto pues le parecía estar empezando a gustarle a ella. Pero no era posible, si acaso era solo un juego, un entretenimiento de una mujer adulta con un jovenzuelo inexperto. Su cabeza parecía estallar y la imagen de Clío acercándose para besarlo se repetía una y otra vez en su mente hasta que se durmió vencido por el cansancio.

EL ALBA DE LOS IMPERIOS

El penetrante olor a café recién hecho le despertó totalmente en pocos segundos. Como siempre, había dejado entreabierta la puerta de su habitación y por ella se colaba el aroma vivificante.

Saltó de la cama, se lavó la cara y las manos y de vistió con rapidez saliendo al pasillo. La puerta de Clío estaba abierta y vio la cama revuelta. Bajó al salón. Los tres estaban sentados tomando café con leche y untando pan tostado con mantequilla y mermelada.

–¡¡Buenos días!! –le dijo Manuel que estaba de frente y lo vio primero.

–Por fin se despertó el bello durmiente –exclamó Cintia volviendo la cabeza un poco.

–Ya era hora de que te despertaras –agregó Clío riendo mientras sostenía una rebanada de pan tostado a la altura de la boca.

–Es que anoche no puse el despertador.

–¿Volvisteis muy tarde? –preguntó Cintia.

–No, solo estuvimos bailando un rato, o al menos lo intentamos –contestó Clío por los dos.

–Es que hay pocos locales donde los jóvenes pueden ir, y como hay tantos veraneantes... –aclaró Cintia.

–Al principio estaba bien; luego parecíamos sardinas en lata –dijo Julio–, pero lo pasamos guay.

–Me alegro chicos –terció Manuel–. Espero que esta mañana le deis un repaso a los libros. Después de la siesta atenderé tus consultas Clío y cuando terminemos seguiré con Julio. ¿De acuerdo?

Ambos asintieron con un gesto; tenían la boca llena.

—¿Podemos empezar con Egipto? —preguntó Julio cuando se tragó el bocado de pan con aceite, miel y sésamo tostado.

—Exactamente. Es la civilización que suele estudiarse después de la sumeria —contestó el profesor.

—Clío me dijo anoche que no se sabe con certeza de dónde llegaron los egipcios.

—Hay varias teorías. Unas dicen que pudieron ser habitantes de la zona situada al Este del mar Rojo, otras que vinieron del Tassili, una región antaño fértil que después devino en semi-desierto, y los nostálgicos de la Atlántida, que eran supervivientes de esa civilización perdida.

—¿Otra vez la Atlántida?

—Sí Julio, la encontraremos siempre que se quieran explicar orígenes desconocidos. Los propios sacerdotes egipcios, según Herodoto, el famoso historiador griego llamado el «padre de la Historia», relataban que los egipcios eran oriundos de una isla que estaba situada al Oeste de las columnas de Hércules, como entonces se llamaba al estrecho de Gibraltar. Claro que no existen pruebas que lo confirmen.

—¿Entonces?

—Se han encontrado poblados del Neolítico a orillas del Nilo y útiles de piedra, así como tumbas, pero lo inexplicable es cómo, casi de repente, surgió toda una moderna cultura perfectamente organizada que pudo administrar un país y un imperio, dejando tras de sí un cúmulo de monumentos asombrosos.

—¿Y cómo empezó todo?

—Hacia el año 3100 a. C. se inicia el reinado del primer faraón de la historia de Egipto del que tenemos datos bastante veraces. Se llamaba Menes o Narmer, pues los faraones solían tener dos nombres, uno político y familiar, y otro religioso. Lo cierto es que este individuo logró unir el país, el alto y el bajo Egipto (Norte y Sur), derrotando a los que se le oponían y haciendo una escabechina. La paleta que lo representa y que se conserva en el museo de El Cairo muestra un montón de cadáveres decapitados ante su presencia. Ya entonces los reyes gustaban de ser representados con sus enemigos muertos o pidiendo clemencia mientras ellos los mataban.

–Pues vaya comienzo de civilización menos civilizado.

–Ya irás comprobando que todas las culturas se edifican sobre los cadáveres de los que se oponen a ellas. Así ha sido siempre desde que el ser humano bajó de los árboles.

–Pues no me gusta nada –torció el gesto Julio.

–Bueno –dijo Manuel levantándose–, tenemos que marcharnos. Que tengáis un buen día de estudio.

–No sé si darte las gracias tío, pero si he de ser sincero, me gustaría más estar en la playa con mis amigos.

Todos rieron la ocurrencia de Julio. Manuel y Cintia salieron rumbo al garaje y Clío subió las escaleras camino de su habitación.

–Hoy necesito concentrarme. Le diré a la asistenta que me suba algo de comer a la habitación. Hasta la tarde Julio.

–Vale Clío; hoy me toca comer solo –dijo con un mohín de fastidio.

–Lo siento chico, hasta luego.

Clío desapareció y Julio se acercó a la cocina donde la asistenta fregaba unos cacharros.

–Pilar, hoy comeré yo solo aquí abajo. Clío quiere tomar algo ligero en su habitación si no es molestia.

–Está bien, luego subo a preguntarle. ¿A qué hora quiere comer usted? –dijo la asistenta secándose las manos.

–Como siempre, de dos a dos y media.

–Vale.

Julio subió también las escaleras. Clío había cerrado la puerta de su dormitorio completamente. «Bueno –pensó–, parece que hoy no quiere ver a nadie; tendrá algo importante que hacer».

Se dirigió a su cuarto y cerró también la puerta. Se sentó frente al libro y lo abrió sin muchas ganas.

El día transcurrió lentamente, pesado, caluroso en extremo. Julio se echó en la cama después de comer solo recibiendo la fresca caricia del ventilador. Era imposible estudiar inmediatamente después de la comida; se sentía lleno, torpe, las letras se diluían ante sus ojos. Un ligero sueño de veinte minutos lo dejó a punto para continuar. Se duchó y reemprendió la lectura.

Pasó el tiempo. Escuchó abrirse la puerta de Clío y sus pasos por el pasillo alejándose. Manuel y Cintia ya habían regresado. Esperó mirando por la ventana el cuadro azul de la piscina enmarcado por el impecable verde césped. No supo cuánto tiempo pasó en aquella postura con la mente perdida hasta que oyó los golpecitos en su puerta.

–¿Julio? Soy Clío, ya he terminado con tu tío; te espera en su despacho –dijo ella a través de la madera.

–Gracias, ahora bajo.

Cerró el libro que permaneció abierto sobre la mesa de estudio y salió al pasillo con el bloc y el bolígrafo habitual de apuntes. Clío estaba allí plantada con su perfume alrededor, mirándole sonriente.

–¿Qué tal, has aprovechado el tiempo?

–A la fuerza… al final he tenido que asomarme a la ventana a tomar el aire porque ya me dolía la cabeza.

–Es natural, no hay que abusar del estudio. En cuanto te notes un poco «espeso» lo tienes que dejar y retomarlo luego; de lo contrario no se te quedará nada por mucho que te esfuerces.

–Gracias Clío, ahora me toca lo mejor, escuchar a mi tío.

–Tienes mucha suerte Julio, es un profesor como hay pocos; con él aprendes cosas que ni te imaginas.

—Nos vemos a cenar entonces...

—Vale, hasta luego.

Clío acompañó la frase poniendo su mano sobre el hombro de Julio y mostrándole una de sus mejores sonrisas. El chico se sintió desfallecer. Apretó los dientes y bajó las escaleras.

El despacho de Manuel ocupaba un extremo de la planta baja del chalé. Estaba colmado de libros; solo la ventana dejaba entrar algo la luz del atardecer. Las estanterías repletas ocupaban todas las paredes. Un pequeño aire acondicionado lo mantenía deliciosamente fresco.

—Pasa Julio siéntate, aquí estaremos tranquilos y no pasaremos calor; hoy hace un día bochornoso.

—Tienes razón, es insoportable. Con lo bien que se está en la playa, a la brisa del mar...

—He hablado con tu padre. El próximo puente puedes ir a reunirte con ellos en la costa; te vas el viernes y vuelves el martes. ¿Te parece bien?

El rostro de Julio se iluminó de repente.

—¿De verdad?

—Claro hombre, ya le he dicho a mi hermano que estás estudiando de firme y que te mereces un par de días de vacaciones. Pero luego los recuperas ¿eh?

—Por supuesto tío, confía en mí.

—Y ahora prosigamos con Egipto.

»Verás, al período de los primeros faraones se le llama Tinita o *período arcaico*, porque habían nacido en una ciudad llamada Tinis; apunta estos datos.

»La historia de Egipto se divide en dinastías. La primera duró desde el 3100 hasta el 2850 a. C. y durante la segunda dinastía y hasta el año 2600 a. C., se afianzó la unión de las dos regiones, el delta del Nilo al Norte y la parte sur hasta Nubia.

−¡El Nilo! He visto muchas películas en donde salía este río.

−Es que Egipto es el país del Nilo. No se puede concebir sin él, ya que si este gran río, que mide más de 6.000 km, no existiera todo sería un árido desierto donde no se podría vivir. Discurre de Sur a Norte durante miles de kilómetros y es navegable hasta la primera catarata, es decir, el río es una enorme autopista ya construida que encima te lleva gratis. Solo te dejas llevar a merced de la corriente y puedes recorrer distancias enormes sin esfuerzo. Para remontar el río basta con largar una vela, pues casi siempre sopla un viento de Norte a Sur, al contrario de la suave corriente.

−Vaya suerte que tuvieron los egipcios.

−Sí, por eso vivieron y se expandieron por todo el medio Oriente; gracias a los excedentes de agricultura y ganadería que aseguraba el río pudieron formar la más brillante y rica civilización de la antigüedad. Ten en cuenta que el Nilo se desbordaba todos los años debido a las lluvias que caían en el comienzo de su periplo, allá por el lago Victoria. Al desbordarse, las tierras aledañas quedaban cubiertas de agua, pero al retirarse la crecida, dejaban un grueso limo muy fértil. Los egipcios se limitaban a echar las semillas y luego dejaban pasar al ganado que con sus patas las enterraban. Al poco tiempo ya tenían la cosecha lista para recoger. La tierra era tan feraz y el clima tan benigno que daba dos o tres cosechas al año. En tiempos de los romanos, Egipto era su principal proveedor de trigo y la llegada de los barcos cargados al puerto de Ostia salvó muchas veces a los emperadores de una revuelta popular.

−¿Y vivían solo de la agricultura?

−Y de la ganadería. Para criar ganado tienes que conseguir comida para los animales y en Egipto esta abundaba. Estos excedentes de alimentos propiciaron que pudieran dedicarse a otras tareas más intelectuales, a estudiar el cielo, a la Medicina, las Matemáticas, la escritura, y eso les permitió comerciar para conseguir oro, maderas preciosas y todo aquello que no tenían en sus tierras. Por otra parte, el río les proporcionaba abundante carne de aves que cazaban entre los cañaverales de sus riberas. Abundaban los hipopótamos y los cocodrilos, así como los toros salvajes. Todos ellos eran cazados por los hábiles egipcios.

—¿Cuánto duró el imperio egipcio?

—Mucho tiempo, más que cualquier otro imperio del mundo que se haya formado a lo largo de la Historia hasta nuestros días. Se extendió desde el año 3100 a. C. hasta el año 30 a. C. en que fue incorporado por Octavio Augusto como provincia de Roma. Es decir unos, 3000 años, aunque es verdad que tuvo períodos de decadencia cuando fue invadido y conquistado por los asirios, los persas y por Alejandro Magno, aunque este último fue recibido más como libertador que como conquistador pues los liberó del yugo persa.

»Después de Alejandro, que se proclamó faraón, se instauró la dinastía de los Ptolomeos, que ya no eran puramente egipcios cuando se instauraron, sino griegos, y perduraron hasta Cleopatra, la famosa reina de cuya vida se ha escrito tanto y se han hecho tantas películas en Hollywood. Cuando murió Cleopatra ya no hubo más faraones. El otrora poderoso imperio egipcio desapareció.

—¡Qué lástima!

—Es el destino de todos los imperios. Nacimiento, auge y declive, como la vida humana. Ya irás observando, cuando sigamos avanzando en la Historia, cuántos imperios se han forjado y han desaparecido.

—¿Y desaparecerán los actuales? —preguntó Julio intrigado.

—Actualmente no existen imperios como los de antes, cuando un emperador gobernaba diferentes naciones con mano de hierro, aunque podemos decir que los Estados Unidos son un imperio económico y cultural, pues su potencia financiera y militar influye en la política y en la economía del mundo entero y lleva las guerras más allá de sus fronteras. Pero ya hablaremos de este «imperio» más adelante.

–Sigue hablándome de Egipto.

–Está bien.

»Con la tercera dinastía, empieza lo que se denomina Imperio Antiguo, hacia el 2700 a. C., que dura hasta la sexta dinastía. El faraón más destacado de la tercera dinastía se llamaba Zoser o Deyser; ya sabes que todos los faraones tenían dos nombres o incluso tres.

–Sí, me lo has dicho y lo he leído en el libro de texto.

–Reinó unos diecinueve años y ha pasado a la Historia como el impulsor de la primera gran construcción que ha llegado hasta nuestros días, la pirámide escalonada de Saqqara y su conjunto arquitectónico.

–¡Saqqara! ¿Es verdad que es la primera pirámide que se construyó?

–Eso dice la Arqueología oficial. Anteriormente los reyes egipcios eran enterrados en unas construcciones rectangulares de techo plano y paredes inclinadas llamadas «mastabas». Según dicen, un genio de la arquitectura de aquella época llamado Imhotep concibió un edificio construido de manera que una mastaba se superponía sobre otra cada vez más pequeña hasta configurar una pirámide escalonada. Pero Saqqara es más que eso; es un conjunto monumental con un enorme patio delante de la pirámide y un laberinto de pasadizos subterráneos construidos a una profundidad de unos treinta metros de la superficie, todo ello cerrado por un imponente muro. En este patio se celebraba la ceremonia del Heb-Sed.

–Aclárame qué era esa ceremonia.

—Pues se trataba de que el faraón, cuando llevaba muchos años reinando, tenía que demostrar que se encontraba en perfecto estado físico corriendo con un toro.

—Caramba, parecen los sanfermines —comentó jocoso Julio. Manuel rió con ganas la ocurrencia.

—Existe un bajorrelieve en donde un faraón con su corona corre al lado de un toro o buey; tal vez el buey Apis que era considerado un dios.

—¿Y por qué tenía que demostrar una buena forma física?

—Porque el faraón era el intermediario entre el pueblo y los dioses, era el depositario de la armonía celestial que él trasladaba a la tierra de Egipto para que hubiera prosperidad y salud. Si no lograba desarrollar esta misión por estar demasiado débil, podían suceder tremendas plagas y catástrofes y tenía que ser sustituido rápidamente.

—¿Ocurrió alguna vez?

—Pues parece que no. Naturalmente existían muchos trucos para que el faraón superara la prueba, por la cuenta que les traía a los sacerdotes. Un faraón enfadado podía condenar a muerte a muchos de ellos acusándolos de traidores.

—Pues estarían interesados en que todo saliera bien.

—Sí. Incluso cuando el faraón fue una mujer no se tienen noticias de que fallara su ceremonia del Heb-Sed.

»Prosigamos. En el 2630 a. C. empieza la cuarta dinastía con el faraón Seneferu o Snefru, el cual mandó construir nada menos que tres pirámides.

—¿Tres? ¿Y para qué quería tres tumbas?

—Este es el «quid» de la cuestión. Todos los egiptólogos y arqueólogos e historiadores postulan que las pirámides son tumbas, aunque nunca se ha encontrado una momia dentro de ellas, ni siquiera restos. La construcción de nada menos que tres pirámides por Snefru rompe todos los esquemas, pues con una sola le hubiera bastado si hubieran sido tumbas.

–¿Cuáles son esas tres pirámides?

–La «medium», con un cuerpo central cuadrado que se conserva, todo lo demás son ruinas; la «acodada» o de dos ángulos en sus paredes, y la llamada «roja» que es por fin una pirámide «normal», aunque no conserva las medidas proporcionales a la Gran Pirámide.

–La Gran Pirámide... ¿por qué tenía que ser proporcional a ella?

–Pues porque todos los especialistas coinciden en señalar que esta pirámide es la más perfecta en cuanto a proporciones, las cuales producen ciertos efectos físicos sorprendentes.

–Algo he oído sobre esta pirámide, cosas asombrosas.

–A Herodoto, que estuvo en Egipto allá por el 450 a. C. y la vio en todo su esplendor, los sacerdotes le dijeron que había sido mandada construir por el faraón Jufu (conocido por su nombre en griego, Keops). También dijo que habían tardado veinte años en construirlas y que en ellas trabajaron más de cien mil hombres. Figúrate el tamaño que tiene que, hasta la construcción de la Torre Eiffel en el siglo XIX, fue el edificio más alto del mundo con 140 metros de altura. Está formada por unos dos millones y medio de bloques de roca caliza y sus pasadizos y salas interiores están forrados de granito pulido. Sin embargo, las cuentas no cuadran.

–Hay quien dice que es mucho más antigua; que fue la primera pirámide en construirse y que todas las demás trataron de imitarla sin conseguirlo. Hay muchos libros que lo explican.

–Pero no son de autores reconocidos como expertos arqueólogos o egiptólogos. Muchos de ellos son investigadores impulsados por el afán de misterio... Pero estas conclusiones no están aceptados por la comunidad de historiadores de la corriente principal. No obstante, te diré en primer lugar que el faraón no vivió veinte años desde el comienzo de su reinado, por lo que no estuvo terminada a su muerte. Por otro lado, si divides 2.500.000 bloques de dos toneladas entre veinte años, descubrirás que tendrían que haber colocado una piedrecita de esas cada dos minutos durante las veinticuatro horas del día, algo imposible a todas luces para gente que no conocía la rueda ni el hierro, ni, por lo tanto, las poleas o las grúas. Eso sin hablar de los gigantescos bloques de granito que forran la cámara del rey. Todo está colocado a la décima de milímetro. Y lo que poca gente sabe es que la pirámide tiene ocho lados, no cuatro.

—¿Ocho lados? Pero si todas tienen cuatro; lo he visto en multitud de fotos y reportajes.

—La Gran Pirámide tiene cada uno de sus grandes cuatro lados divididos en dos desde la cúspide hasta la base, es decir, que existe una diferencia de inclinación hacia adentro en las paredes de sus cuatro caras, formando una leve y casi invisible figura octogonal, de tal manera que solo en los solsticios de verano, al amanecer y al anochecer, el sol produce una sombra en la mitad de las paredes que dan al Norte y al Sur. Ten en cuenta que la pirámide no era como la ves ahora, sino que estaba toda forrada de bloques de mármol blanco perfectamente lisos y pulidos, en una obra de ingeniería que hoy solo sería posible con la más avanzadas técnicas de arquitectura y usando instrumentos de precisión.

—¿Y cuáles son esos efectos físicos que produce? —Julio prestaba toda su atención.

—Pues un visitante llamado Antoine Bovis, de profesión radioestesista, descubrió que dentro de la pirámide unos ratones muertos no se descomponían. Repitió el experimento en su casa con una pirámide a escala, colocando dentro carne fresca. Lo más sorprendente es que la carne no se descompuso, sino que se momificó, es decir se deshidrató totalmente conservando todas sus propiedades alimenticias, mientras que otro trozo de carne colocado fuera en un plato se pudrió en pocos días.

–¿Y cómo sabían los egipcios ese fenómeno de la pirámide?

–Es un misterio... Lo desconocemos casi todo, ni siquiera para qué la construyeron, puesto que no se ha encontrado dentro ningún símbolo o escritura que dijera algo acerca de su origen o destino, nada en absoluto, cuando lo más normal es que estuviera el nombre del faraón que la había construido, aunque solo fuera por ego y afán de notoriedad, algo que habitualmente ocurre con el resto de los monumentos egipcios, que están «firmados» por sus promotores.

–¿Entonces, cómo se sabe que es de la época de Jufu?

–Por dos causas. Primero porque lo dijo Herodoto, quien a su vez lo oyó de los sacerdotes egipcios (al menos así lo contó), y la segunda porque un coronel británico aficionado a la Arqueología, llamado Richard Howard Vyse, encontró en una recóndita cámara del techo de la sala del rey una pintura con el nombre de Jufu, aunque este punto es controvertido pues días antes habían revisado esa cámara y no se había encontrado nada y él volvió a entrar después una noche solo con su socio cuando hizo el «descubrimiento». Algunos, entre ellos el ya mencionado escritor y experto en lenguas antiguas de Oriente Medio, Zecharia Sitchin, afirman que Vyse falsificó la prueba para hacerse famoso como el descubridor del faraón que mandó construir la Gran Pirámide.

–¿Y cuál es la verdad de todo esto?

–No lo sabemos, aunque algunos expertos señalan que el nombre de Jufu está mal escrito. El caso es que hasta hoy la Gran Pirámide se sitúa en la Historia como mandada hacer por el faraón Jufu de la cuarta dinastía.

»A este faraón lo sucedió su hijo Dyedefra, el cual edificó una pirámide que se derrumbó antes de que la terminaran, algo muy sospechoso pues se supone que los constructores aún contarían con los conocimientos arquitectónicos de su padre.

»El siguiente faraón que pasó a la Historia fue Jafra (Kefrén) que construyó la segunda pirámide junto a la de Jufu, aunque más pequeña y con menos pasadizos internos. A este lo sucedió Menkaura (Micerinos) que construyó la más pequeña de las tres pirámides. Su hijo Shepseskaf ya no mandó construir otra pirámide, sino que fue enterrado en una mastaba.

–Es extraño que después de la mayor y mejor construida se fueran haciendo cada vez más pequeñas y al final se abandonaran los proyectos –razonó Julio.

–Efectivamente, parece como si la tecnología necesaria para realizar aquellos maravillosos monumentos se perdiera de alguna manera; la Gran Piramida ya nunca más pudo ser emulada ni en los años de esplendor de Ramsés II, el más famoso de los faraones, quien fue enterrado en un «hipogeo», una tumba subterránea excavada en la roca del suelo del Valle de los Reyes.

–Entonces... ¿las pirámides puede que no sean tumbas? Sería un bombazo; en todas partes se dice lo contrario.

–No hay evidencias irrebatibles de que sean realmente tumbas; los egiptólogos tendrán que empezar a cambiar sus proposiciones a la vista de que nunca se han encontrado enterramientos en ellas, incluso cuando se han abierto pirámides hasta este momento invioladas.

–Pues para algo debían servir; no creo que se molestaran tanto para nada.

–Claro. Algunos arqueólogos ya se están atreviendo a decir que las pirámides servían para algo más que como tumbas. Probablemente se usaban para ceremonias de iniciación en misterios religiosos. Otros escritores, que no son egiptólogos reconocidos, dicen que la Gran Pirámide fue construida hace más de 10000 años por lo descendientes de la Atlántida y que los egipcios posteriormente trataron de imitarla, aunque nunca llegaron a hacerlo correctamente y al final desistieron, aunque todo esto no tiene base científica alguna y es verdad que sobre esta pirámide se han escrito miles de libros sobre sus características especiales y a veces increíbles y misteriosas.

—¿No encontraron nada escrito dentro de las pirámides?

—No hay nada escrito en las de Guiza, pero en el complejo de Saqqara se encontró una pequeña pirámide derruida que mandó construir el faraón Unas, el último de la quinta dinastía, que vivió hacia el año 2350 a. C. En esta pirámide se encontraron unos textos escritos en las paredes interiores de lo que parece ser la cámara funeraria o de las ceremonias, entre ellos el famoso «Texto Caníbal».

—¿Has dicho caníbal? ¿Es que los egipcios comían carne humana?

—No se tienen referencias de ello, pero en estos textos se habla de que el faraón se comía las entrañas de sus enemigos para apoderarse de su magia. Puede ser algo simbólico. También en ellos el faraón se convierte en un dios, algo que nunca antes se habían atrevido a decir en Sumer, donde el ser humano, incluidos los reyes, estaban sometidos al poder de los dioses. Los egipcios pensaban que el faraón era una especie de dios viviente y podía subir a las estrellas donde moraban los dioses para ser uno más entre ellos.

—Pues mira qué bien. ¿Y los mortales de a pie?

—Según la escatología egipcia, todas las personas al morir se presentaban ante el tribunal de Osiris, dios hijo de Ra (el sol), el cual juzgaba sus obras pesando el corazón del difunto en una balanza. Según el resultado del pesaje, el espíritu o «bá» del fallecido podía entrar en los Campos Elíseos donde moraría eternamente junto a los dioses o era devorado por un monstruo mezcla de cocodrilo, hipopótamo y león. Como puedes observar es un antecedente del juicio final que según la Iglesia Católica se hará a todos los difuntos inmediatamente después de su muerte, señalando a continuación su destino: cielo, infierno o purgatorio.

—Dime algo más de la religión egipcia.

—Como casi todos los pueblos antiguos, los egipcios vivían por y para la religión. Creían en la otra vida y se afanaban por complacer a los dioses. Existían cientos de ellos, pero los más importantes y antiguos eran Ra, Ptaht, y Min. Ra tuvo dos hijos y dos hijas, Osiris, Seth e Isis y Neftis. A Osiris, que se había casado con Isis...

—Pero eran hermanos, ¿no?

—Eso entre dioses no tenía importancia. Además, según la Biblia, los hijos de Adán y Eva debieron casarse con sus hermanas para multiplicar la especie humana.

—Es verdad, no me había dado cuenta de ese detalle.

—Claro, porque se oculta adecuadamente para no escandalizar.

»Sigamos con Osiris. A este dios se le dio el gobierno de Egipto y Seth, envidioso, lo mató. Pero Isis consiguió resucitarlo con conjuros mágicos. De nuevo Seth mató a su hermano, pero esta vez, para que Isis no pudiera resucitarlo, lo despedazó y repartió los trozos por Egipto.

—Pues se lo puso difícil a Isis.

—Pero ella no se dio por vencida y, buscando los trozos, fue coleccionándolos hasta reunirlos todos menos... el pene que se habían comido los peces.

—¡Vaya casualidad! —exclamó Julio divertido.

—Entonces Isis hizo uno de oro y, con la ayuda de Toht, el dios de la escritura y de la magia, consiguió tener un hijo de Osiris al que llamó Horus, el dios halcón. Horus creció rápidamente y luchó contra su tío Seth, derrotándolo, aunque perdió un ojo en la batalla. De esta manera vengó a su padre. Como premio a sus sufrimientos, Ra nombró a Osiris el dios del juicio a los muertos con el poder de decidir quien era merecedor de vivir eternamente en felicidad o de ser destruido. Isis se convirtió en la diosa de la sabiduría y el misterio.

—¿Y qué pasó con Seth?

—Fue desterrado de Egipto y se convirtió en el dios del mal, la traición, el asesinato y la guerra. El pueblo lo aborrecía y apenas existen representaciones de este dios en todo Egipto.

—Pues parece un guión de película.

—Así eran las leyendas de los dioses; simplemente reflejaban las pasiones de los seres humanos. Los egipcios era muy supersticiosos y usaban multitud de talismanes de la suerte contra la magia y el mal de ojo. Cualquier acontecimiento doloso se consideraba un castigo o enfado de los dioses, o un hechizo malévolo. Para administrar toda estas creencias estaban los sacerdotes, una casta social privilegiada. A su cabeza se situaba el sumo sacerdote, que con el tiempo usurpó el trono de los faraones.

—La eterna lucha por el poder. ¿Ha sido así siempre en toda la Historia?

—Por desgracia sí. El poder es la droga más potente que existe. Para conseguirlo se han cometido horribles asesinatos, guerras, matanzas, y genocidios, todo envuelto en bellas palabras de libertad, patriotismo, independencia, salvación, defensa de la auténtica fe, destino manifiesto, voluntad de Dios, supremacía cultural, promesas de una vida mejor... y otras muchas. Pero sigamos con los egipcios.

—Háblame del *Libro de los Muertos*; hasta el nombre da miedo.

—En realidad no se llamaba así. Su verdadero título era el *Libro de los que van hacia la luz*.

—Ese me gusta más. ¿Entonces por qué le pusieron ese título tan macabro que aparece en muchos libros, incluso en el mío de texto?

—Porque, cuando lo encontraron, estaba dentro de los sarcófagos de las momias. Suena mucho más tétrico y llamativo, ¿no? Los egipcios creían que, al morir, el espíritu del difunto tenía que recorrer un largo viaje rodeado de peligros en el «más allá» antes de poder presentarse ante Osiris para ser juzgado. Al menos eso era lo que decían los sacerdotes que se encargaban de escribir y vender este libro, indispensable, según ellos, para llegar sin problemas ante el dios Osiris. De no seguir sus enseñanzas y conjuros, el difunto podía ser devorado por algún monstruo o perderse en las tinieblas para siempre. Según este libro, el alma del difunto tenía que sobrepasar veintiún pilares y atravesar quince puertas y siete salas antes de llegar al tribunal de Osiris y sus cuarenta y dos jueces.

—¡Qué cara más dura! Me parece que los sacerdotes egipcios tenían un buen negocio.

—Y tanto, como que todos tarde o temprano se compraban ese librito, que en realidad era un rollo de papiro.

—¿Papiro?

—Sí, una de las grandes aportaciones de los egipcios a la Humanidad fue el papiro, una especie de papel hecho con los tallos de una planta del mismo nombre que se cría en abundancia en Egipto. Era tan importante que el Estado tenía el monopolio de su fabricación y venta. Por aquel entonces no existían los libros tal y como se conocen ahora, sino que se escribía en tiras de papiro pegadas unas a otras, en rollos de unos diez metros para los libros extensos. Se iban escribiendo con tinta hecha con hollín y goma arábiga y se utilizaba una especie de pincel. El sistema era mucho más liviano, práctico y avanzado que las rudas tabletas de arcilla sumerias. El papiro era menos costoso que el pergamino hecho con piel; solo el papel lo ha podido sustituir. Pero tiene un inconveniente: que es combustible. Por desgracia, las grandes bibliotecas suelen arder cuando hay luchas de poder. La de Alejandría, que era la mayor del mundo en su época, fue quemada dos veces y así desaparecieron obras irremplazables.

—Y... ¿cómo eran los dioses egipcios?

—Fueron cambiando un poco con el transcurso de los siglos, aunque tampoco fueron homogéneos en sus orígenes. Por ejemplo, en un principio tenían dos teologías: la menfita, que era llamada así por haber surgido en la ciudad de Menfis, capital del Imperio Antiguo. Postulaba que el dios supremo, el primero que se creó a sí mismo y al Universo, era Ptah. Sin embargo, la teología de Heliópolis, ciudad sagrada, proponía a Ra-Atúm como el dios creador.

—¿Y no se pusieron de acuerdo? Menudo lío tendrían los pobres egipcios.

—No, los cleros de cada dios se mantuvieron en sus posiciones. Pero los egipcios eran muy tolerantes, y así más tarde el dios Amón se hizo con el poder religioso cuando la capital se localizó en Tebas, todos los atributos de los grandes dioses fundadores se focalizaron en este nuevo dios.

—¡Amón! Me suena ese nombre...

—Puede ser; ha sido el dios más famoso de los egipcios, y los griegos lo identificaron como una advocación de Zeus en versión egipcia. Incluso Alejandro Magno fue a rendirle pleitesía cuando entró en Egipto y los sacerdotes lo declararon oportunamente hijo del dios para legitimar su derecho al trono.

—¿Cuáles fueron sus orígenes?

—Amón era un oscuro y pequeño dios olvidado, un dios del viento que era adorado en un humilde templo de Tebas, cuando esta ciudad era poco más que un villorrio.

—Pues no entiendo cómo pudo convertirse en el principal dios de los egipcios.

–Todo ocurrió cuando la capital se trasladó a Tebas. Los faraones empezaron a otorgar prebendas y altos cargos a los sacerdotes de este dios y el prestigio y las riquezas de Amón fueron creciendo. En un momento determinado sus sacerdotes tuvieron una idea genial y proclamaron que Amón era una advocación (otra identidad) del dios ancestral supremo Ra. A partir de ese momento nada se opuso a su glorificación. Con el tiempo, los templos de Amón y sus sacerdotes acumularon tal prestigio y riqueza que llegaron a competir con el poder del faraón; incluso estos incorporaron a su nombre una referencia al dios: Amenhotep, el nombre de varios faraones, significa «Amón está satisfecho». El templo de Amón en Karnak llegó a reunir en propiedad más de 400.000 cabezas de ganado y 80.000 empleados, unos 15.000 km cuadrados de tierras, 86 talleres de manufacturas y ochenta barcos para el transporte.

–¡Qué bárbaro! Pero no entiendo muy bien qué es eso de la «advocación».

–Pues es muy fácil. Piensa en los diversos «cristos» o «vírgenes» que hay en España. Todos son el mismo Cristo o la misma Virgen ¿no?

–Sí, claro.

–Sin embargo, la Macarena no tiene nada que ver con la Virgen del Rocío o con la Almudena o la de Montserrat; cada una tiene una representación distinta y fieles que son devotos a una de ellas pero no a las demás.

–Ahora lo entiendo; es como si Ra se hubiera transformado en Amón al llegar a Tebas.

–Eso es. Son el mismo dios pero con apariencias, sacerdotes y templos distintos. En cuestiones religiosas los egipcios lo admitían casi todo; incluso tenían una idea de la composición del ser humano mucho más complicada que el cristianismo.

–A ver, a ver explícamelo. Según el cristianismo tenemos cuerpo y alma, ¿no?

–Pues los egipcios identificaban nada menos que siete componentes del ser humano: el *Chat* o cuerpo físico, el *Ank* o fuerza vital, el *Ka* o doble etéreo, el *Hati* o alma animal, el *Ba* o alma racional, el *Cheyby* o alma espiritual, y el *Kou* o espíritu divino.

–Pues parece bastante complicado.

–Y tanto. Claro que estos componentes no eran del dominio público, sino solo de las élites intelectuales y los sacerdotes. El pueblo llano solo tenía noción del *Ka* y el *Ba*, aparte, naturalmente, del cuerpo. Pero fíjate si eran avanzados los egipcios, que su interpretación del ser humano inspiró la definición esotérica de la Cábala judía y de los *chakras* hindúes, pues cada componente corresponde a una de esas ruedas de energía interna.

–Bueno, pero eso ya no es Historia, ¿o sí? –preguntó alarmado Julio.

–Nada del quehacer humano es ajeno a la Historia, aunque no creo que te exijan saber eso en este curso. Solo te lo comento para que veas las aportaciones de la civilización egipcia al acervo humano.

–De todas formas, me gustaría que me explicaras un poco todo ese conglomerado de cuerpos y almas esotéricos. Por cierto, esa palabra... «esotérico», quiere decir que es algo misterioso, oculto, mágico ¿no?

–Esotérico quiere decir que algo está velado, no oculto totalmente, pero sí que se necesita un esfuerzo, una iniciación para descubrirlo. *Exotérico* tiene que ver con lo exterior, lo que cualquiera puede ver o interpretar al contemplar o leer algo. *Esotérico* es lo que no todo el mundo puede ver a la primera de cambio, sino que se deben interpretar ciertas señales y leves indicaciones para acceder a su significado auténtico. Pero no tiene nada de magia ni de misterio ni de ocultismo si sabes como tienes que mirar e interpretar.

—Vamos, que tienes que conocer las claves que te dan acceso a lo que hay detrás de la apariencia.

—Lo has captado muy bien. Y ahora trataré de explicarte el significado de cada elemento del concepto septenario del ser humano...

»En primer lugar tenemos el cuerpo físico. Creo que no hace falta que te lo defina.

—Claro tío, es fácil, es lo que vemos, tocamos y sentimos.

—Bien, pasemos al segundo componente, el *Ank*, la fuerza vital.

—Eso ya me cuesta un poco más imaginarlo.

—Pues un símil bastante fácil es la electricidad. Imagina un robot con forma de hombre, un androide. Si no tiene carga eléctrica, batería, es solo un montón de cables, procesadores, metal y plástico, que no puede moverse. En cambio si le suministramos corriente eléctrica, todo se anima. Es como tu teléfono móvil: sin batería no sirve para nada, está muerto, pero si le cargas la batería, se ilumina la pantalla y puedes acceder a todas sus aplicaciones y llamadas. Eso es la fuerza vital, vitalidad o energía vital. Vamos, que si desaparece la fuerza vital te mueres.

—Lo entiendo.

—Pasemos al *Ka*. Esta es un poco más difícil de explicar y entender. El *Ka* es el doble etéreo, lo que se llama ahora el «doble astral» en ambientes espiritualistas, una especie de cuerpo sutil que puede separarse del cuerpo físico en ciertas circunstancias, sin necesidad de morir. Es una réplica de nosotros que puede volar y atravesar muros como si fuera un fantasma.

—Me suena a eso que dicen de ciertas experiencias cercanas a la muerte.

—Puede ser. Los egipcios pensaban que el *Ka* se quedaba en la tumba teniendo el cuerpo como morada; por eso lo momificaban para que no desapareciera con el tiempo y le dejaban alimentos.

»El *Hati* es nuestra parte animal, la herencia de nuestros ancestros primates, nuestro cerebro primitivo más profundo.

—Hasta ahora creo que lo voy entendiendo.

—Estupendo. El *Ba* es el equivalente al alma cristiana. Los egipcios lo identificaban con un pájaro con cabeza humana que salía volando de la tumba. El *Ba* es lo que juzgaba Osiris.

—Continúa.

—El *Cheyby* es el alma superior. Y ahora viene lo más interesante, lo que se reencarna en sucesivas vidas. Mientras el *Ba* es el alma de cada reencarnación, el *Cheyby* conserva el recuerdo de todas las existencias.

—¿Los egipcios creían en la reencarnación?

—Pues sí, pensaban que un alma superior humana podía volver a reencarnar para purgar sus pecados o para terminar su evolución.

—O sea, que tenían dos almas... qué complicado.

—Y sofisticado para una época tan antigua. Pero ahora viene el último componente, que es una concepción revolucionaria.

—¿Cuál?

—El *Kou*, la presencia divina.

—No lo entiendo bien.

—Los egipcios creían que todos los seres humanos teníamos algo de dioses, una «chispa» divina que estaba asociada a nuestro ser mediante la cual podíamos elevarnos algún día hasta el mismo dios para unirnos a su esencia. Esta chispa divina en el ser humano aparece luego en la mística hindú y en la cábala judía, incluso en los misterios de Eleusis griegos y en las religiones mistéricas. Pero ya llegaremos a eso cuando corresponda.

—¿Y cuándo ocurrió el cambio de Ra por Amón?

—Pues fue en la XII dinastía, que abarca del 2000 hasta el 1788 a. C., hace cuatro mil años nada menos, cuando se instaló la capital en Tebas. El faraón Sesostris I trasladó la capital y extendió el país hacia el Sur conquistando Nubia, de donde se extraían importantes cantidades de oro. Hacia el 1730 a. C., Egipto sufrió la primera gran invasión de su historia, la de los hicsos, llamados «reyes pastores», los cuales usaban carros de guerra tirados por caballos, una novedad que derrotó a la infantería egipcia. Ya te he dicho que la rueda era desconocida hasta entonces en Egipto.

—¿Cómo es posible, construyendo tales monumentos, que no pensaran en la rueda?

—Pues porque en Egipto no hacía falta.

—Eso es impensable, el transporte...

—La mayoría del transporte se hacía por barco, surcando el Nilo. Luego, al llegar a tierra, se utilizaban trineos de madera que soportaban las cargas. Ten en cuenta que cuando ocurría la crecida periódica del río, todo se enfangaba. En ese terreno blando, la rueda es ineficaz, se atasca. Funciona mucho mejor una plataforma diseñada como un trineo, es decir, con la parte delantera levantada. También sobre la arena el trineo funciona mejor que una rueda si además mojas el suelo para que se deslice con facilidad. Para cargas pequeñas se usaban porteadores, bueyes o asnos. Parece que el caballo no era muy utilizado en Egipto hasta que lo llevaron los invasores hicsos. El Ejército del faraón estaba constituido exclusivamente por Infantería armada con lanzas, arcos, flechas y espadas de cobre. Se protegían con un gran escudo rectangular de piel sobre armazón de madera.

—Creo que nada podrían hacer contra los carros si los cogían por sorpresa.

–Efectivamente. La movilidad y la velocidad de los carros de guerra venció a la Infantería. Los hicsos entraron en Egipto por el delta del Nilo, ya que el país está protegido de forma natural por el desierto, menos por el delta que forma la desembocadura del famoso río, que lo comunica con la franja del Próximo Oriente que hoy llamamos franja de Gaza, y con Palestina, y desde allí con toda Mesopotamia y Eurasia. Y precisamente por esa franja es por donde llegaron las invasiones que conquistaron Egipto durante su historia. Por este motivo, los faraones se esforzaban en ocupar este territorio tan disputado, o al menos tener como fieles aliados a los reyes de estos territorios y usarlos como un colchón contra los posibles enemigos.

–Entonces, ¿los hicsos gobernaron Egipto? –preguntó Julio entristecido.

–Así fue durante muchos años, aunque siempre hubo un reducto de resistencia en el Sur. Por fin, cuando los hicsos dieron muestras de debilidad, el faraón en el exilio, Ahmosis, consiguió expulsarlos del país, comenzando con él la XVIII dinastía, famosa por ser la del faraón Tuthankamon...

–El faraón adolescente cuya tumba fue encontrada intacta llena de oro –concluyó Julio.

–¿Ves como sabes algo de Historia? Luego hablaremos de ese faraón tan enigmático.

–Es que ese faraón es muy famoso; sale en muchos reportajes de la tele.

–Antes de Tuthankamon estudiaremos a Hatsepsut, la única mujer, hasta Cleopatra, que gobernó Egipto, aunque para ello tenía que ponerse barba postiza en los actos oficiales.

–No sabía que una mujer había sido faraón.

–Este título estaba reservado a los hombres, pero ocurrió que el padre de Hatsepsut, Tutmosis II, murió sin hijos varones, solo con una hija y un nieto, un niño que no podía ser nombrado faraón y que corría peligro de ser asesinado por las intrigas de la Corte. Entonces, esta mujer, que era bastante decidida, ocupó la regencia con el pretexto de esperar a que su hijo pudiera ocupar el trono, aunque se mantuvo en el poder a pesar de que el niño creció con el tiempo y ya tenía edad para ser coronado. Fue una buena gobernante que construyó templos y organizó una famosa expedición por mar al país de Punt. Su hijo no debió de estar muy contento con el comportamiento de la madre que postergó cuanto pudo su acceso al trono, pues cuando ella murió y él fue nombrado faraón ordenó borrar toda memoria de su progenitora como venganza. Otro ejemplo de la droga del poder.

—¿Y quién era ese hijo que tan poco quería a su madre?

—Se llamaba Tutmosis III y podemos decir que históricamente fue el faraón más eficiente que tuvo Egipto. Murió en el 1450 a. C., siendo recordado por su pueblo con gran admiración.

—¿Pues qué hizo? Yo creía que el mejor fue Ramsés II.

—Llevar las fronteras del país hasta el río Éufrates, derrotando al reino de Mitanni que ocupaba las puertas de Mesopotamia y empezaba a ser un peligro para los intereses egipcios. Conquistó las ciudades de Megiddo y Tiro consiguiendo buenos puertos en el Mediterráneo. Pero no solo fue un buen general que modernizó el Ejército y derrotó a sus enemigos, sino que con una gran visión de futuro enviaba a educarse en Egipto a los jóvenes príncipes herederos de los reyes destronados y vencidos, y luego los devolvía a sus países para que ocuparan los respectivos tronos.

—¡Qué listo el tío! —Julio no pudo evitar la exclamación que hizo sonreír al profesor.

—De esta manera se aseguraba reyes amigos criados en la cultura egipcia que se negarían a traicionar al faraón, formando asi un cinturón protector, una especie de estados-tapón que impedían las aspiraciones de los nuevos imperios que iban surgiendo en las llanuras y montañas de Eurasia. En aquellos tiempos empezaba a emerger un poder amenazador, los hititas, pueblo guerrero asentado en Anatolia. También surgió la nueva amenaza de los asirios, aunque por aquel entonces todavía era lejana.

–Hititas, asirios, Mitanni... el Oriente Próximo era una fuente inagotable de pueblos e imperios.

–Así es, durante miles de años fue la tierra donde se desarrolló lo más interesante de la Historia mundial, mientras en Europa apenas empezábamos a usar el metal y Roma ni siquiera existía.

»Pero prosigamos con el relato de los acontecimientos.

»El reino de Mitanni estaba situado entre los hititas y los egipcios, y como pasa con todos los estados, tarde o temprano empezó a entrar en decadencia mientras los hititas se iban haciendo cada vez más poderosos y amenazadores. Así es que Mitanni buscó alianza con sus antiguos enemigos, los faraones de Egipto. El rey hitita Subiluliuma aprovechó la debilidad de Mitanni para invadirla, pero el rey de este país pidió ayuda a su aliado, que entonces era el faraón Amenofis III, quien envió tropas que hicieron retroceder a los hititas. Estos todavía no eran tan fuertes como para enfrentarse directamente al imperio egipcio, el más poderoso de su época.

–Por lo que veo era normal aprovecharse de la debilidad de los otros países para invadirlos –comentó Julio.

–Desgraciadamente así era y así ha sido a lo largo de toda la Historia. La guerra ganada contra el débil proporcionaba botín, gloria, dominio del comercio, influencia, respeto y fama. Un imperio imponía su comercio y recaudaba impuestos a los países situados bajo su influencia para garantizarles seguridad y protección, o al menos para que evitaran ser invadidos por sus propios «protectores» y sus ciudades destruidas.

–Más o menos como un chantaje de la mafia.

—Algo así. Ahora viene lo interesante. A la muerte de Amenofis III lo sucedió Amenofis IV, cuyo reinado terminó en el 1354 a. C. Este faraón protagonizó un episodio único en la Historia, pues fue el primer soberano que proclamó el monoteísmo.

—Te refieres que había un solo dios. ¿Pero eso no fue obra de los hebreos? La Biblia...

—No, amigo mío —Manuel lo interrumpió—, Amenofis IV, que tomó el nombre de Akhenatón, proclamó al mundo de entonces que Atón (el dios Sol, antiguo Atúm-Ra) era el único y verdadero dios del Universo y que todos los demás dioses eran falsos.

—Pues no lo sabía.

—Declaró falso al dios Amón desafiando a su poderoso clero, que era el amo de medio Egipto. Prohibió el culto a todos los dioses, excepto a su dios único Atón.

—¿Y cómo era ese dios?

—Lo personificaba con el disco solar, que derrama su luz y calor sobre todas las cosas. Sus templos eran abiertos, sin techo ni estatuas; solo tenían un disco solar grabado en una piedra. Tampoco había sacerdotes; todos podían entrar en el templo y rezar al dios. Su doctrina era el amor, la compasión, el respeto por la naturaleza y la no violencia. Como puedes ver, se adelantó al mensaje de Jesucristo más de mil años.

—Me dejas sorprendido tío.

—Y no solo eso, envió cartas a todos los estados de su entorno revelando la verdad del dios Atón y ofreciendo su amistad y ayuda si era necesario. Les pidió que renunciaran a la guerra como estrategia política y perdonó los tributos a los países fedatarios. Ni que decir tiene que los demás estados tomaron esas cartas como una muestra de debilidad. Los antiguos aliados se inquietaron, los países sometidos empezaron a conspirar para sacudirse el yugo y los enemigos se aprestaron a comprar lealtades y a prepararse para atacar y obtener ventajas. El faraón era un iluminado, un místico, un poeta. Cuando empezaron las rebeliones en la franja de Gaza y en Palestina, no envió a las tropas a restaurar el orden, sino que mandaba nuevas cartas pidiendo comprensión y amor.

—Los que recibieron aquellas cartas se debieron reír mucho.

—Ya vas entendiendo el alma humana. Y se debieron asombrar también. Por desgracia, la Humanidad no estaba preparada para aceptar esa doctrina de tolerancia, amor y comprensión... ni parece que ahora tampoco.

»En el interior, en el estado egipcio, las cosas empezaron a empeorar rápidamente. El clero de Amón, otrora poderoso, conspiraba contra el faraón propagando entre el pueblo que estaba loco. La falta de tributos empezó a hacerse notar con la escasez de ciertos productos de alimentación básicos, como el trigo y la cebada, y llegaban noticias de rebeliones y algaradas en las ciudades y territorios ocupados. La inquietud empezó a surgir en el corazón de los egipcios que veían derrumbarse el poderoso y seguro imperio fundado por Tutmosis III. Entonces surgió la figura de Horemheb, un general que había ascendido desde una humilde cuna por méritos de guerra, un hombre decidido, valiente e inteligente, buen estratega. Con ayuda del antiguo sumo sacerdote de Amón, llamado Ay, ahora convenientemente «convertido» al culto de Atón y nombrado primer ministro —aunque seguía siendo fiel a Amón en secreto—, convencieron al abrumado faraón acerca de la necesidad de emprender acciones preventivas para evitar una catástrofe.

—Parece el guión de una película de acción e intriga política.

—Es más que eso. Mira Julio, por mucho que los guionistas quieran escribir un argumento intrigante, los hechos históricos son más interesantes, y lo mejor de todo, son de verdad. Horemheb reunió las tropas, las arengó y marchó a la franja de Gaza donde pudo frenar algunas rebeliones, aunque no consiguió evitar que los hititas, aprovechando el vacío de poder, se apoderaran de amplias extensiones de terreno arrebatando a los egipcios su influencia sobre Palestina. Luego Horemheb puso orden en el propio Egipto, donde el pueblo se había levantado en armas a favor del retorno del culto de Amón, azuzado por los sacerdotes y las malas cosechas.

—Las cosas se pusieron mal para Akhenatón.

—El faraón murió pronto. Ya de por sí era un tipo enfermizo, con visiones espirituales llenas de misticismo que plasmaba en bellos poemas al dios Atón. Posiblemente padecía de epilepsia.

»A su muerte lo sucedió Semenkare, por aquel entonces casi un niño y enfermo. Pero en realidad era Horemheb quien gobernaba con mano de hierro controlando el Ejército. Semenkare murió enseguida, tal vez ayudado a reunirse con sus ancestros pues se empeñó en seguir adorando al dios Atón. Entonces fue nombrado faraón el famoso Tuthankamón, que al principio se llamó Tuthankatón, pero pronto le convencieron de que era mejor resucitar el antiguo culto de Amón y cambiar de nombre. Este faraón era muy joven; murió con unos dieciocho años, por lo que su reinado fue muy breve. El hallazgo de su tumba intacta lo catapultó a la fama en el siglo XIX, pues era la primera tumba inviolada de un faraón que se había encontrado. Estaba llena de hermosos tesoros, como su maravillosa máscara de oro puro, y de objetos de arte únicos en el mundo que hoy se pueden admirar en el museo de El Cairo. La tumba era pequeña y los objetos estaban amontonados, como si hubiera sido enterrado deprisa o hubiera muerto inesperadamente. Algunas hipótesis sobre su muerte apuntan a que fue asesinado de un golpe en la cabeza.

—Parece que ser faraón no era garantía de vivir tranquilo.

—Ya verás, Julio, que estos métodos de «acelerar» los acontecimientos en tiempos de crisis son bastante corrientes en toda la Historia de la Humanidad. El que espera acceder al poder tiene prisa. Lo sospechoso es que a la muerte de Tuthankamon el primer ministro Ay ocupara el trono pues era su suegro y no había descendencia por parte del joven faraón fallecido. Pudo ocurrir que hubiera una conspiración entre Ay y Horemheb. El primer ministro era ya anciano, y el general, como buen estratega, supo esperar a que muriera para sucederlo casándose con una princesa de sangre real legitimando así su ascenso al trono. Nadie le disputó el cargo pues su fama de buen general y salvador de Egipto era demoledora. A Horemheb le daba igual Atón que Amón; lo que realmente quería era pacificar definitivamente el país y conseguir el mando supremo.

—Vaya, un militar que se apodera del poder gracias a su fuerza, fama e intrigas, y se «cambia de chaqueta» cuando le interesa —dijo Julio.

—Es algo muy corriente a lo largo de la Historia; el mismo Napoleón era un oficial de artillería prestigioso y llegó a ser emperador de media Europa, aunque al principio sirviera a la república.

—¿Y por qué suele ocurrir con tanta frecuencia?

—Cuando los que detentan el poder, más o menos legítimo, entran en decadencia, abandonan sus funciones, son débiles, se dejan manipular o estallan desórdenes que ponen en peligro el estatus establecido que beneficia a los poderes fácticos, suele ser el Ejército, con uno de sus generales más populares al frente, el que empuña la bandera del orden y la ley. Lo que ocurre casi siempre es que una vez que los militares controlan el poder le toman el gusto y no suelen abandonarlo si no es por la fuerza o por causas naturales como la muerte. Napoleón fundó una nueva dinastía con su persona; Franco no se atrevió a tanto, aunque no faltaron personas que se lo sugirieron. Pero ya llegaremos a estos protagonistas de la Historia.

—¿Entonces con Horemheb se acabó el imperio egipcio?

—No Julio, ni mucho menos. Horemheb restauró el orden antiguo, puso fin a las rebeliones y volvió a exigir tributos a los países vecinos más débiles afianzando la hegemonía egipcia frente a los hititas. Y no tardó en aparecer un faraón al que se le tiene por ser el más importante del devenir de ese país: Ramsés II; al menos es el más famoso.

—¡Ah claro! Es el que sale en la peli de *Los Diez Mandamientos*.

—El cine es un gran divulgador de la Historia, aunque por desgracia la manipula y falsea. No existen pruebas objetivas que permitan asegurar la esclavitud de los hebreos en tiempos de Ramsés II, ni siquiera si esa supuesta esclavitud existió, con excepción de lo que cuenta la Biblia, pero en ella siempre se refieren al faraón como precisamente eso: el faraón, nunca mencionan su nombre. Por otra parte, también dice que en el cruce del Mar Rojo perecieron él y todo su Ejército. Sin embargo, Ramsés II murió a una avanzada edad y su momia está en el museo de El Cairo. Luego no murió en el mar Rojo, sino en su cama.

—¿Y entonces por qué dicen que fue Ramsés II el que padeció las plagas?

—Pienso que puede ser porque es el faraón que ha trascendido como el más guerrero y constructor de grandes templos que hasta hoy día nos asombran por su monumentalidad. Además, venciendo al faraón más famoso de Egipto, los hebreos glorificaron su salida del país y la intervención divina a favor del pueblo elegido. Tiene más valor vencer a un enemigo fuerte que a uno débil. Proporciona mucho más prestigio.

—Vale tío, sigue, cuéntame qué pasó.

—Verás qué interesante... Recuerda que Horemheb, un general de humilde cuna, se convirtió en faraón de Egipto.

—Sí, ya comentamos como, en tiempos revueltos, los generales prestigiosos pueden alcanzar el poder.

—Exacto. Horemheb no tuvo hijos varones que le pudieran suceder, pero como era por encima de todo un buen militar, buscó entre los suyos alguien capaz para confiarle el trono de Egipto, una nación amenazada entonces por sus propias crisis internas y las rebeliones de sus antiguos estados fedatarios animados por los hititas, enemigos declarados de los egipcios y que les disputaban la influencia en Oriente Próximo.

—Parece que existía una gran rivalidad entre ellos.

—Efectivamente, los hititas sabían que Egipto estaba pasando una grave crisis política y religiosa. Era el momento de aprovechar la ocasión y movieron sus fichas presionando a los reyezuelos que limitaban con el país del Nilo.

—¿Y qué pasó?

—Pues que Horemheb se fijó en un joven procedente de una antigua y prestigiosa familia de militares. Era inteligente y disciplinado y había prestado buenos servicios en el Ejército. Por eso lo llamó a su lado y le nombró gran visir y sucesor, reinando más tarde con el nombre de Ramsés I. Con este faraón se inicia la dinastía XIX del Imperio Nuevo, aunque el pobre solo gobernó unos dieciséis meses.

—¡Pues sí que duró poco! —exclamó Julio asombrado.

—La vida entonces era muy dura y la medicina no estaba tan avanzada como hoy. El caso es que Ramsés I sí que tenía hijos, y quien le sucedió fue Seti I, que se había criado junto a su padre en las campañas militares. Este nuevo faraón continuó la pacificación del país y arremetió contra los anteriores aliados que ahora se alineaban con los hititas, consiguiendo recuperar gran parte de la influencia egipcia en los territorios de Canaán, más o menos lo que hoy es Israel, Palestina,

Siria y el Líbano. Murió en torno a los cuarenta años, sin poder ver terminados muchos de sus proyectos. Los hititas lo respetaron por sus dotes militares, y mientras vivió se mantuvieron tranquilos evitando el choque frontal. Entonces ascendió al trono Ramsés II, su hijo; los enemigos de Egipto creyeron que solo era un joven sin la experiencia del padre.

—¿Y atacaron entonces?

—Algo así. Al morir Seti I los hititas se frotaron las manos. El joven heredero no podía ser tan inteligente y decidido como su padre. Además, tenían noticias por sus espías de que estaba más interesado en las mujeres que en las campañas militares.

—¿Y era verdad?

—No del todo. Ramsés II había acompañado a su padre en todas las guerras que libró por toda la periferia de Egipto. Era cierto que le gustaban mucho las mujeres; llegó a tener docenas de esposas y más de cien hijos, pero también fue un militar incansable y dispuesto a no dejar que el país fuera invadido. Reinó durante largos años y murió octogenario. Su momia se conserva en el museo de El Cairo y se puede ver en su rostro que era un hombre enérgico y de elevada estatura, muy por encima de la media de aquella época, lo cual debía impresionar a sus coetáneos.

—¿Después de más de dos mil años todavía se le conserva la cara?

—Gracias a la momificación y al clima de Egipto que es muy seco. Naturalmente solo quedan la piel y los huesos, pero se puede ver su fisonomía perfectamente.

—Pues debe dar algo de «canguelo» ¿no?

—Impresiona un poco, es verdad. Los egipcios eran maestros en el arte de momificar los cuerpos y la sequedad del clima hacía el resto.

»Bien, sigamos con la historia de Ramsés II. Los hititas creyeron que había llegado la hora de librarse de una vez de los egipcios y afianzar su imperio, por lo que se lanzaron abiertamente a conquistar los territorios de influencia egipcia. Ramsés II no lo dudó y partió con su Ejército a detenerlos. No podía permitir que los hititas llegaran hasta sus fronteras; tenía que dar la batalla lejos de Egipto para reafirmar su poder y evitar que sus estados vasallos se rebelaran de nuevo.

–¡Qué decidido! ¿Pero... quiénes eran esos hititas?

–Eran tribus de origen indoeuropeo que ocuparon la región de Anatolia al Este de Turquía. Fueron los primeros que introdujeron en Oriente Medio el caballo, el carro de guerra y el hierro. Tuvieron su época de esplendor entre los siglos XIV y XIII a. C., llegando a ocupar toda Mesopotamia y amenazando a la franja de Gaza.

–Pues apenas brillaron un siglo.

–Sí, un tiempo bastante corto en términos históricos, pero es que se enfrentaron con el imperio egipcio que entonces era una gran potencia. Los ejércitos antagonistas se encontraron al Norte de Siria, cerca de una ciudad llamada Kadesh. Ramsés II era impetuoso y, desoyendo los consejos de sus generales, se lanzó como un rayo contra el enemigo... Estuvo a punto de perecer, ya que sus tropas flaquearon. Ahí se forjó la leyenda, pues aunque los historiadores están de acuerdo en que la batalla terminó en empate, Ramsés II divulgó a bombo y platillo que había sido una victoria completa, mandando edificar templos grabando en piedra sus hazañas. No tuvo que ser demasiado malo el resultado para Egipto. Los hititas frenaron su avance y pocos años después firmaron el llamado «Tratado de Kadesh», en el cual se establecían los términos de una nueva relación «amistosa» entre ambos imperios. A ello también contribuyó la crisis interna que vivió la dinastía hitita debido a las luchas intestinas entre los aspirantes al trono. El caso es que se firmó la paz y

Egipto vivió su mejor época de esplendor económico y cultural.

—¿Tuvo buen sucesor? —preguntó Julio.

—A medias. Su hijo Ramsés III consolidó la recuperación económica gracias a los tributos que llegaban del Oriente Próximo, y, durante su reinado, el imperio hitita sucumbió ante el empuje de los llamados «pueblos del mar».

—¿Solo «pueblos del mar»? Pero esas gentes vendrían de algún sitio ¿no?

—No se sabe con certeza. Puede que fueran una confederación de piratas. Lo cierto es que escuadras de barcos procedentes del Mediterráneo cargadas de feroces guerreros atacaron las costas de los hititas y los derrotaron. El imperio creado durante años fue borrado de la Historia. Se piensa que aquellos navegantes eran gente originaria de varias regiones del Mediterráneo oriental, concretamente del mar Egeo. Los egipcios los llamaron así, «pueblos del mar», o gentes de las islas, y parece que eran muchos, hábiles navegantes y fieros guerreros, pues Ramsés III tuvo que llamar a las armas a todos los hombres capaces de usarlas y retiró los soldados de los dominios egipcios en Canaán para hacerles frente.

—Resulta increíble que siendo capaces de destruir un imperio y amenazar a Egipto, no hayan dejado huella en la Historia con su propio nombre.

—Tienes razón. Probablemente eran una mezcla de pueblos navegantes de las islas y costas griegas, Creta, Chipre, incluso de Cerdeña y de los filisteos, pero debían de constituir una amenaza cuando Ramsés III recurrió a todas sus fuerzas para frenar su invasión.

—¿Y lo consiguió?

—Sí, pero a costa de perder la hegemonía en Oriente Próximo. La lucha se produjo en el delta del Nilo y pudo rechazarlos, pero después de este faraón Egipto entró en decadencia y fue invadida más tarde por los asirios.

–¡Los asirios! He leído que eran muy crueles.

–Efectivamente; fueron los primeros en aplicar el terror y la deportación masiva como arma estratégica de guerra.

–Por favor, explícamelo tío.

–Los asirios ocupaban una zona al Norte de Mesopotamia. Su capital inicial era Assur, una ciudad que se denominaba igual que su dios principal, dios del Sol y de la guerra. Posteriormente, cuando el imperio creció, trasladaron la capital a Nínive, ciudad consagrada a la diosa Isthar. Esta ciudad fue la capital religiosa e intelectual, mientras que Assur era la político-militar. Hacia el 2000 a. C. estuvieron bajo el dominio de los sumerios, pero alrededor del 1000 a. C. tuvieron un resurgir. Alcanzaron el máximo poder hacia el 800 a. C. logrando construir un gran imperio que llegaba hasta el mismo Egipto, que ocuparon casi en su totalidad.

–Pero, ¿cómo lo lograron?

–Mediante la guerra y la crueldad. Primero forjaron un potente Ejército e incorporaron la caballería, los carros con arqueros y una Infantería bien armada y entrenada. En campo abierto eran invencibles, por lo que muchos reyezuelos se refugiaban detrás de las murallas de sus ciudades. Pero los asirios tenían buenas máquinas de asedio, arietes y torres de asalto y sus arqueros eran los mejores. Primero ofrecían a los sitiados rendirse y pagar tributos al imperio. Si estos se negaban, iniciaban el asalto. Una vez ocupada la ciudad, mataban a todos los hombres empalándolos en las afueras.

–¿Empalándolos? No lo entiendo bien, ¿les daban palizas a palos?

–No, querido sobrino, mucho peor, plantaban estacas en el suelo con la punta afilada y... bueno, es algo muy desagradable, los clavaban en ellas de manera que permanecieran expuestos.

–¡Qué barbaridad! ¡Es horrible!

–También solían cortarles las manos y los pies... Como puedes comprender era un espectáculo horrendo pues dejaban los cadáveres en las estacas hasta que se descomponían, y además arrasaban los campos cercanos para que nunca se volvieran a poblar. Tenían la precaución de dejar a algunos habitantes con vida, que se encargaban de difundir el horror por las ciudades y pueblos cercanos.

–¿Y las mujeres, los niños y los ancianos?

–Las mujeres eran violadas y las hacían esclavas. A los ancianos los mataban pues no les servían para nada. Los niños eran entrenados para que fueran fieros soldados al llegar a la edad adecuada; todos menos los hijos del rey vencido que eran asesinados para que se extinguiera la estirpe y nadie pudiera reclamar el trono.

–¡Qué animales!

–Peor, los animales solo matan para defenderse o para comer; ellos mataban para conquistar y aterrorizar.

–No me extraña que muchos se rindieran sin condiciones.

–Eso era lo que pretendían, igual que los terroristas de hoy, ganar mediante el miedo y con el mínimo esfuerzo. La fama de crueldad de los asirios les permitió conquistar todo el Medio Oriente y llegar hasta el Mediterráneo. Uno de sus reyes, Sargón II, conquistó el pequeño reino de Israel, cuya capital era Samaria, venciendo al rey Oseas y deportando a más de treinta mil israelitas

–¿También usaban la deportación?

–Sí, expulsaban de sus territorios a los vencidos y los trasladaban a otras regiones más despobladas, mientras súbditos asirios ocupaban de inmediato los nuevos espacios conquistados. Fueron los primeros en usar la «ingeniería social» desarraigando pueblos enteros. Los judíos que resistieron en el reino de Judá despreciaban a sus vecinos samaritanos porque consideraron, a partir de aquella deportación de la mayoría de sus habitantes, que ya no eran verdaderos israelitas.

—Los judíos... ¿aparecieron en la Historia por aquel entonces?

—Si ignoramos lo que dice la Biblia de sus orígenes y nos ceñimos únicamente a los hechos históricos contrastados, los hebreos (los judíos propiamente dichos eran los habitantes del reino de Judá) aparecieron en la Historia cuando unas tribus semitas nómadas llegaron a Canaán hacia el año 1800 a. C. y empezaron a establecerse en esa tierra. No se sabe nada de ellos hasta el siglo IX a. C. cuando un tal Omri fue coronado rey de Israel, y después, en el 722 a. C., los asirios conquistaron Israel como ya te he dicho. Más tarde, en el 586 a. C., los babilonios invadieron el reino de Judá destruyendo Jerusalén. Todo lo demás es lo que cuenta la Biblia, pero no hay evidencias históricas fehacientes que nos digan que todo lo que dice es verdad.

—Entonces Moisés, Sansón, David, Salomón...

—Son figuras más míticas que reales. Por ejemplo, la figura de Moisés ya se considera por los historiadores como una mera invención de los redactores de la Biblia que quisieron engrandecer el origen del pueblo israelita. Por lo pronto es imposible que escribiera el *Pentateuco*, los cinco primeros libros de la Biblia, pues entre ellos hay disparidad de estilos y algunas contradicciones. Por otra parte, el mito del niño abandonado en un río dentro de una cesta de mimbre que fue encontrado por una princesa y se convirtió en un líder ya había sido instrumentalizado antes por los sumerios y por los acadios, pues el rey Sargón de Acad, forjador del primer imperio, también fue abandonado (según la leyenda) en una cestilla en el río Éufrates y encontrado por una princesa, solo que esto ocurrió varios siglos antes de que se escribiera la Biblia.

—¡Pero si se han hecho montones de películas sobre Moisés y la liberación de los hebreos! Se habla de ellos como si fueran personajes totalmente reales —protestó Julio sorprendido.

—Eso te da una idea de como los mitos sociales muy introducidos pueden llegar a ser considerados como veraces. Solo la ciencia, la investigación y la objetividad pueden indicarnos si algo es verdadero. No digo que todo sea falso, pero carecemos de elementos de contraste para afirmar que todo es verdad.

—Entonces... ¿no existieron David o Salomón?

—La tradición judía dice que sí, pero no hay referencias a ellos en los pueblos de alrededor, ni en Egipto, que tuvo esas tierras bajo su influencia durante siglos. Pero la Historia en este caso lo que hace es seguir el relato bíblico calculando que David pudo reinar hacia el año 1000 a. C. reunificando los dos reinos hebreos, pues parece que al asentarse en Canaán las tribus se dividieron por rencillas recíprocas y constituyeron dos reinos, al Norte Israel y al Sur Judá, con capitales en Samaria y Jerusalén respectivamente.

—¿David mató a Goliat?

—Eso también está por demostrar, pero así lo dice la Biblia. Siguiendo el relato bíblico, entonces reinaba Saúl y David era un pastor muy hábil con la honda. Goliat era un «gigante»; mediría más de dos metros de altura lo que para aquella época constituía una estatura considerable y rara. Su enorme corpulencia le hacía invencible en la lucha cuerpo a cuerpo, pero David le lanzó una piedra con la honda que lo derribó al golpearlo en la frente. Mientras estaba conmocionado le quitó la espada y lo decapitó.

—Pues no fue una lucha muy leal que digamos; mató a un hombre indefenso.

—Así lo dice el libro sagrado para los cristianos y judíos. Gracias a esa muerte, los filisteos, enemigos de los israelitas, abandonaron el campo de batalla y David adquirió tal fama que, a la muerte de Saúl, fue proclamado rey.

—¿Y Salomón?

—Se ha calculado que de existir sería hacia el 967 a. C. El trono no le correspondía a él, sino a su hermano mayor Adonias, pero su padre prefirió nombrar a Salomón porque le vio más capaz. Según la Biblia, construyó el primer templo de Jerusalén. A su muerte, el reino se dividió de nuevo en dos estados hasta que los asirios ocuparon el de Israel. Judá permaneció libre hasta el 586 a. C. cuando Nabucodonosor, rey de Babilonia, destruyó la ciudad de Jerusalén y se llevó cautiva a la población. Los judíos llaman a esta época el «exilio de Babilonia».

—¿Y cuándo empieza la verdadera historia conocida de los judíos?

—Precisamente cuando Ciro, emperador persa, conquistó Babilonia, los liberó y les permitió volver y reconstruir Jerusalén. Pero de eso hablaremos más adelante, ahora tenemos que retroceder en el tiempo para seguir con los asirios.

—¡Ah claro! Se me habían olvidado.

—Como te he dicho, Sargón II el asirio conquistó Israel y deportó a sus habitantes. Este rey también conquistó Babilonia, Anatolia (el antiguo reino hitita) y toda Mesopotamia. En el 705 a. C. el rey Senaquerib introdujo el cultivo del algodón e impuso el pago de tributos a Ezequías, rey de Jerusalén. Un poco más tarde, en el 671 a. C., Ashardón invadió el debilitado Egipto y conquistó la ciudad de Menfis, la antigua capital. Su sucesor Asurbanipal llegó hasta Tebas en el 660 a. C. y continuó hasta Asuán en el Alto Egipto. Esta conquista no fue demasiado cruenta pues nombró gobernador del país a un egipcio, Psamético, quien más tarde, cuando los asirios se debilitaron, reconquistó el país e inició la XXVI dinastía. Con Asurbanipal el imperio asirio llegó a su máxima extensión y poder. A su muerte se inició la decadencia, hasta que

Nínive fue conquistada y destruida en el 612 a. C. por una alianza entre los medos y los babilonios. Después de casi seis siglos de esplendor, el imperio asirio desapareció como si nunca hubiera existido. La ciudad fue completamente arrasada y nunca volvió a habitarse.

—¡Cómo se las gastaban entonces!

—Los asirios habían acumulado mucho odio entre sus vecinos debido a su crueldad.

—Háblame de Babilonia. ¿Era tan bella?

—Así lo dijeron los historiadores antiguos. Para empezar, tenemos que ir muy atrás en el tiempo. Hacia 1900 a. C. los reinos y la cultura sumeria empezaron a decaer debido al empuje de la influencia semítica. Babilonia estaba situada a orillas del Éufrates, cerca de la ciudad sumeria de Kish de la que era feudataria. En el 1890 a. C., unos reyes amorritas la impulsaron a su primer esplendor como ciudad, y en 1728 a. C. ascendió al trono un tal Hammurabi, quien conquistó toda Mesopotamia constituyendo el primer imperio babilónico.

—Hammurabi... ¿no era el del código? Como ves me he aplicado un poco —dijo Julio orgulloso.

—Vaya, me sorprendes, ya veo que estás estudiando. Pues sí, es el autor del primer código de leyes que se conoce. Fue encontrado en la ciudad de Susa y tiene 280 artículos, algunos bastante innovadores. Todos están basados en la ley del talión.

—Ojo por ojo, diente por diente... —se apresuró a decir Julio.

—Muy bien, así es más o menos.

»Posteriormente, el primer imperio babilónico decayó, llegando a ser conquistada la ciudad por los asirios. Pero una alianza de Babilonia con los medos, vecinos de los persas, aprovechó la debilidad asiria para sitiar y destruir Nínive, su capital. A partir de ese momento comenzó el segundo imperio babilónico bajo el reinado de Nabucodonosor hacia el 650 a. C. quien, como ya sabes, destruyó Jerusalén en el 598 a. C. Antes de arrasar la ciudad intentó llegar a un acuerdo instalando en Judá a un rey adepto, el judío Sedecías, pero este lo traicionó buscando alianza con Egipto. Entonces Nabucodonosor se irritó sobremanera y marchó sobre Jerusalén destruyendo la ciudad, el famoso templo y saqueando todas sus riquezas. No contento con deportar a la población, dejó ciego a Sedecías y degolló a todos sus hijos.

—Pobrecillos —se lamentó Julio—, ellos no tenían la culpa de lo que hiciera su padre.

—Ya te he dicho que en aquella época se eliminaba a toda la familia, sobre todo a los herederos de los vencidos para que no pudieran reclamar el trono perdido.

»Bien, no creas que Babilonia escapó de su destino. Como todas las capitales de los imperios también fue conquistada, esta vez por Ciro de Persia, nación que emergía en el contexto de Oriente Próximo, y en el año 539 a. C. Ciro entró en la ciudad entre aclamaciones. Los babilonios ya estaban hartos de su rey, un inepto descendiente del gran Nabucodonosor, y ofrecieron a Ciro ser la capital de su naciente imperio, a lo cual él aceptó.

—Hay que ver como cambia de chaqueta la gente.

—Ya lo irás viendo a lo largo de la Historia. Los pueblos gustan de los grandes triunfadores, gloriosos líderes que ganen guerras y honores. Cuando los gobernantes que soportan son débiles, corruptos e inútiles, prefieren subirse al carro del vencedor. Napoleón dijo una frase muy acertada cuando perdió la batalla de Waterloo: «La victoria tiene muchos padres, pero la derrota es huérfana» aludiendo a que todos le abandonaron cuando fue derrotado y recordando los días de triunfo y gloria en los que era alabado. Los artistas, poetas y músicos cantaban sus hazañas, y los personajes importantes del país le ofrecían lealtades y adhesiones «inquebrantables».

–Eso también ocurre ahora en el fútbol. Cuando un equipo gana, todo son parabienes para los jugadores y el entrenador, pero cuando empieza a perder, aquellos que eran estupendos se convierten en inútiles; incluso son insultados por los mismos que antes los aplaudían y ensalzaban.

–Así es Julio, esa es la primera lección que tienes que aprender de la Historia: nada es permanente, todo cambia y lo que hoy está arriba, mañana puede estar abajo.

»Y ahora vamos a por las chicas y disfrutemos de esta noche de verano paseando un poco a la luz de la luna después de cenar.

–Me parece una buena idea.

Ambos salieron del fresco despacho. La realidad del verano los golpeó al traspasar la puerta con una bofetada de aire caliente.

–¡Buf! –exclamó Julio al sentirla–, menuda diferencia de temperatura.

–Es que tenía el aire acondicionado un poco fuerte y no nos hemos dado cuenta con la conversación. Vamos fuera un poco que ya va refrescando.

El sol ya se había escondido detrás de los montes vecinos y corría una ligera brisa menos cálida que horas antes. Cintia los recibió en el porche.

–¡Hola chicos! He pensado que podríamos cenar aquí. Dentro hace demasiado calor.

Buena idea, te ayudaremos a traer cosas –dijo Manuel.

–Estupendo, la asistenta ya se ha marchado pero ha dejado la mesa puesta; solo tenemos que traer la cena de la cocina.

–Pues vamos allá Julio –Manuel se dirigió a la cocina seguido de su sobrino.

Clío bajaba las escaleras en ese momento y se unió a la expedición entrando en la cocina y llevando los postres hasta el porche, donde una mesa cubierta con un inmaculado mantel de hilo blanco los aguardaba con los platos, cubiertos, servilletas y copas perfectamente colocadas.

–Esperad un momento... se me ocurre algo –dijo Cintia entrando de nuevo en la casa antes de sentarse a la mesa.

Al poco apareció con dos candelabros de tres brazos metálicos plateados y sendas velas.

–Creo que estaremos mejor a la luz de estos candelabros que con luz artificial, ¿no?

Encendió las velas y apagó la luz del techo. La mesa quedó bellamente iluminada por las pequeñas bujías, dando a la escena un toque cálido y entrañable.

–¡Buena idea Cintia! –exclamó Manuel abriendo una botella de vino blanco muy fría.

–Perfecto –dijo Clío–, tienes unos detalles preciosos.

–Vale tía, nunca he cenado a la luz de las velas y es *guay*.

–Me alegro de que os guste. Ahora vamos a hacer los honores a la cena que ha preparado Pilar.

Los tres empezaron a cenar elogiando la labor de la asistenta mientras disfrutaban del vino frío, afrutado y ligero con un ligero toque a uva moscatel.

–Tú Julio solo un poquito que aún no tienes edad. –Manuel escanció media copa a su sobrino.

–Vale pero solo me faltan dos meses ¿eh?... ¡Hum! ¡Qué bueno está! ¿Cómo se llama?

–Marina Alta, un vino de uva moscatel de Alicante. ¿Os gusta? –preguntó a Clío y Cintia.

–Estupendo –contestó Clío saboreándolo.

–Fantástico –añadió Cintia–, ¿dónde lo has conseguido?

–Lo venden en el súper, me lo recomendó un amigo que estuvo en Alicante y se comió un arroz a banda con este vino; dijo que había sido toda una experiencia.

–La verdad es que así –dijo Cintia–, fresquito y con este gusto que deja en la boca es ideal para acompañar este marisco y el pescado.

–Exactamente cariño, es un vino para deleitarse comiendo un buen marisco. Disfrútalo –remató el profesor levantando la copa.

Continuaron la cena en silencio. Julio apenas podía desviar sus ojos de Clío. Vestía una camisa blanca con el cuello abierto que dejaba ver el comienzo de sus senos, llevaba el pelo recogido en un moño, e iba ligeramente maquillada con una sombra en los párpados y un suave toque de lápiz de labios en la boca. Su perfume le llegaba perfectamente con la brisa que soplaba en su dirección. Clío levantó los ojos y ambos se quedaron mirándose el uno al otro por unos segundos. Julio fue el primero en apartar la vista mientras sentía un vuelco en el corazón. Se estaba enamorando de ella. Lo sentía muy dentro de sí aunque le costaba reconocerlo.

«No seas idiota –se dijo–, es demasiado mayor, no te ilusiones» pero su corazón decía lo contrario.

–La semana que viene Julio se marcha a Gandía a ver a sus padres y a descansar un poco –comentó Manuel sin dejar de pelar gambas–, solo un par de días.

–Qué bien Julio –dijo Clío–, es bueno despejarse un poco de vez en cuando de tanto estudio; luego se coge con más gana.

–Claro, así veré a mis colegas.

–Pero quiero que te lleves el libro –apuntó Manuel–, y repases por lo menos un tema; hay tiempo para todo si uno quiere.

–Vale tío, solo un tema. Quiero salir por lo menos una noche con mis colegas.

–Ánimo Julio –intervino Cintia–, te quedan por delante muchos veranos, pero este tienes que aprovecharlo para dar el salto a la universidad.

–Ya lo sé, es que hace tanto calor... Pero lo conseguiré con vuestra ayuda. –Julio terminó la frase mirando a Manuel y a Clío alternativamente.

Al terminar la cena todos contribuyeron a retirar los platos y meterlos en el lavavajillas. Luego salieron a pasear por los alrededores de la finca. Brillaba una luna llena espectacular que hacía innecesario el poco alumbrado. Manuel y Cintia iban delante cogidos de la mano. Detrás, a unos pasos, Clío y Julio.

–¿Así es que te vas a la playa la semana que viene? –preguntó Clío con un tono entre serio y divertido.

–Sí, mi tío ha hablado con mi padre y están de acuerdo. Además, Manuel tiene que hacer algunas cosas urgentes y no podrá ayudarme.

–Esto será muy aburrido sin ti.

–¿De veras? –Julio sintió que algo se agitaba en su pecho y le recorría todo el cuerpo–. Lo dices solo por educación.

–No Julio, de verdad, me lo paso bien contigo, corremos, nadamos, comentamos cosas... mucho mejor que la perspectiva de estar sola con tus tíos. No me malinterpretes, son estupendos pero contigo es distinto. Estoy contenta de que estés aquí y te echaré de menos cuando suba corriendo por el camino.

–Bueno... –Julio sintió un nudo en la garganta–, me alegro de que pienses así. Creí que era un plasta y que te aburrías conmigo.

–¡Nada de eso! –protestó Clío–, no digas tonterías. Soy sincera cuando hablo, no me gustan las mentiras, ni siquiera las piadosas.

–Pues mañana te reto a una carrera, pero sin trampas.

—Vale, quedamos a las siete.

—Vale.

El resto del paseo hablaron de cosas intrascendentes hasta que llegaron de nuevo a la casa. Clío se despidió en la puerta de la habitación tocando levemente la cara de Julio.

—Hasta mañana y descansa que puedo ganarte y no quiero excusas.

—No las necesito para correr más que tú —contestó Julio herido en su amor propio.

Clío sonrió socarrona.

—Ha sido solo una pequeña broma. Pero con cierto fondo de verdad. ¡Que duermas bien!

—Pero no valen trampas, ¿eh?

—Está bien, sin trampas. Buenas noches. Nos vemos a las siete.

—Buenas noches.

Clío entró en su dormitorio y dejó la puerta abierta. Encendió la luz y empezó a quitarse el suéter blanco. Julio atisbó a ver su espalda cruzada por el sujetador antes de entrar en su habitación.

«Quien fuera sujetador» pensó mientras encendía la luz y ponía en marcha el ventilador del techo. Estaba sofocado. Las palabras de Clío sonaban en su cabeza todavía. «Me echa de menos, eso es algo, pero tal vez era una manera de ser educada y amable conmigo, nada más».

Sacudió la cabeza alejando los pensamientos y se metió en la ducha abriendo a tope el grifo del agua fría. El agua fresca recorrió su cuerpo relajando su tensión. Después de secarse se echó en la cama bajo las aspas del ventilador. La sonrisa de Clío persistió en su mente hasta que se durmió profundamente.

LA GRECIA ANTIGUA Y EL MUNDO

Cuando Julio bajó, Clío ya estaba esperándolo calentando los músculos de las piernas con pequeñas carreras en el porche.

–Vamos dormilón, ya estoy lista.

–Espera un poco, tengo que calentar también o me dará un calambre y me puedo lesionar.

–Calienta lo que quieras –contestó Clío riendo– pero yo voy a salir ahora mismo.

Dicho y hecho; Clío empezó a correr hacia la puerta peatonal de la parcela.

–Eso no vale, no es jugar limpio –exclamó Julio sorprendido–, quedamos en que no valían trampas.

–Y no son trampas, simplemente te has retrasado. Pasan cinco minutos de las siete, me voy.

–La madre que te... –dijo Julio entre dientes.

Clío abrió la puerta y salió corriendo. Julio, que había empezado a calentar, se precipitó tras ella que arteramente había cerrado la hoja tras de sí para dificultar su salida.

Cuando logró abrir la puerta y salir al camino, Clío ya estaba bastante lejos y corría con fuerza y estilo. Julio apretó los dientes y se lanzó en su persecución maldiciendo su retraso. Poco a poco iba reduciendo la distancia que lo separaba de ella y entonces sintió un pinchazo en el costado. Había respirado mal y ahora estaba pagando las consecuencias. Cambió de ritmo y de respiración hasta lograr que el dolor despareciera, pero a costa de no alcanzarla. Pensó en mantener la distancia y realizar un *sprint* final cuando quedara poco para volver a la finca.

Luego fue alargando la zancada y reduciendo de nuevo la diferencia. Clío volvió la cabeza para ver la ventaja que llevaba y apretó el paso al observar que se iba acercando.

«Cómo corre la maldita –pensó Julio al verla despegarse nuevamente–, como siga así me va a ganar». Se esforzó al máximo. Ya quedaban pocos metros para llegar a la puerta. El dolor del costado apareció de nuevo pero lo ignoró hasta que llegó a la altura de Clío justo cuando ella tocaba la hoja de la puerta.

–¡Puf! –sopló ella respirando con dificultad–, ¡ha sido un empate!

Julio intentó hablar pero no pudo; el dolor y la falta de aire le impedían articular palabra. Se apretó el costado haciendo un gesto de dolor.

–¿Te pasa algo Julio?

–No es nada, he respirado mal y me duele un poco –acertó a decir entre resoplidos.

–Eso suele pasar cuando empiezas mal y no coordinas la respiración con la zancada, lo siento.

–Ya pasará, es cuestión de un minuto, pero has hecho trampa.

–Eso lo tendremos que discutir en el desayuno. Vamos a bañarnos antes de pasar a la cocina.

Clío abrió la puerta y ya estaba quitándose el chándal y luciendo su famoso bikini negro. Julio recuperó la respiración y la siguió hipnotizado por aquellas caderas cruzadas por un fino cordón que contrastaba con la suave piel. Dos maravillosos hoyuelos (así le parecían a Julio) marcaban el final de la espalda sobre el comienzo de los glúteos redondos y perfectos. Pensó que merecía la pena madrugar y casi perder el aliento con tal de contemplar aquel cuerpo de mujer en plena sazón.

Nadaron varios minutos en las frescas aguas de la piscina mientras el sol empezaba a subir la temperatura demasiado aprisa. Fueron a las habitaciones para quitarse el bañador húmedo y bajar a desayunar. Manuel y Cintia ya salían de su dormitorio y bajaban las escaleras. Un olor embriagador a café recién hecho inundó la casa despertando los sentidos.

Cuando Clío bajó al salón, Julio ya estaba sentado a la mesa junto con sus tíos y empezaba a verter negro y humeante café en la taza.

–¡Buenos días a todos familia! –La voz de Clío sonó limpia, fuerte, llena de energía y vitalidad e iba acompañada de una franca y deslumbrante sonrisa.

Manuel y Cintia contestaron con sendos buenos días mientras Julio se quedó inmóvil por unos instantes con la cafetera en la mano. Clío estaba deslumbrante con un suéter blanco ajustadísimo que resaltaba su figura y un pantalón beige que marcaba poderosamente sus caderas y sus nalgas. El perfume de mujer llegó hasta Julio en oleadas turbadoras.

–¡Cuidado Julio! –advirtió su tío divertido dándose cuenta de la actitud del chico–, el café va a rebosar.

–¡Oh! Es verdad, gracias, estaba un poco ausente –contestó Julio levantando la cafetera.

–Ya lo veo –insistió Manuel–, debe ser por los estudios ¿no?

–Claro, claro, es que vamos a entrar en una etapa bastante complicada –se excusó Julio dirigiendo una mirada furtiva a Clío que se mostraba artificialmente distraída.

–¿Cuál? –preguntó Cintia.

–Los persas, los griegos y las famosas Guerras Médicas tía. Solo Grecia ya es un tema muy largo y difícil.

–¡Grecia! –intervino Clío untando de mantequilla una tostada–, la cuna de nuestra civilización. Es interesantísimo ver como todo nuestro acervo cultural, el modelo de vida occidental, nació en la Grecia antigua.

–¿Qué quieres decir con «acervo cultural y modelo de vida»? –le preguntó Julio intrigado.

–Perdona Julio, pero no quiero chafarle la clase a tu tío; él te lo explicará mejor que yo.

–No, por favor Clío –dijo Manuel–, creo que tú también puedes hacerlo muy bien, adelante.

–Pues mira Julio, tú sabes que Occidente, lo que ahora es Europa, América y Australia, tienen algo en común, una forma de vivir y de sentir la vida distinta de los africanos y asiáticos, aunque hoy día todas las culturas se están pareciendo bastante en algunos aspectos debido a la globalización.

–Sí claro, tienen otra forma de vestir, otras religiones, otra forma de comer, aunque parece que todos quieren imitar la forma de vida occidental –dijo Julio con cierta suficiencia.

–Lo cual es una verdadera lástima porque limita la diversidad cultural que enriquece este planeta –continuó Clío–. Pues bien... todo lo que significa el pensamiento dominante occidental actual nació hace ya más de dos mil años en la pequeña Grecia, en sus costumbres, instituciones, mitos y leyes.

–¿Y cómo fue?

–Gracias a sus pensadores, filósofos como Sócrates, Platón, y Aristóteles, legisladores como Licurgo, Solón y Pericles, conquistadores como Alejandro, científicos como Pitágoras, Arquímedes, Tales de Mileto, médicos como Hipócrates, artistas como Fidias y Lisipo, escritores como Eurípides, Esquilo y Homero, poetisas como Safo. Todos ellos y muchos más, son personajes que han quedado grabados a fuego en nuestra Historia.

–Parece interesante Clío, me pondré a estudiar esta misma mañana.

–Muy bien Julio –Manuel terminó de desayunar y se retiró de la mesa–, nos vemos esta tarde después de la siesta para hablar de todo lo que Clío te ha adelantado. Ha sido un pequeño aperitivo de lo que te espera.

–Por favor tío, no me asustes –contestó Julio con una exagerada cara de terror.

Todos rieron a gusto la salida de Julio y se dirigieron respectivamente a sus quehaceres.

–Que tengas buen estudio –le dijo Clío antes de entrar en su dormitorio.

–Lo mismo te digo… hasta la hora de comer.

El libro de Historia esperaba encima de la mesa. Julio lo abrió por donde estaba el bolígrafo y empezó a leer con un gran suspiro… los griegos y los persas lo esperaban entre las páginas con sugerentes ilustraciones de guerreros revestidos de corazas y empenachados cascos.

–¿Qué tal va todo? –la dulce voz de Clío lo sacó de su concentración.

–¿Eh?… ¡Ah sí!, eres tú, me has sobresaltado, estaba tan metido en estas Guerras Médicas… Por cierto ¿por qué se llaman «médicas»?

–Es una simple coincidencia del idioma español que no tiene nada que ver con la medicina.

–Pues me gustaría que me lo aclararas.

–Tenemos diez minutos antes de que nos llamen para la comida. Verás, Media es una región que está al Oeste de Persia y al Este de Turquía, y era la tierra de los medos. Recuerda que ayudaron a los babilonios en la toma de Nínive y en la destrucción del imperio asirio.

–Sí claro, pero apenas son mencionados en los libros de Historia. Por cierto, en *El Señor de los Anillos* hay una «Tierra Media».

–Sí, su autor, el señor Tolkien, tal vez se inspiró en esta zona. Bueno, contesto a tu pregunta de por qué apenas se los menciona; es que enseguida fueron asimilados por los persas, sus vecinos, pero los griegos, que tenían lazos comerciales con Media, siguieron llamando a los persas «medos», y sus escritores denominaron a estos conflictos «Guerras Médicas». Y ese nombre ha permanecido hasta hoy.

–Entonces en realidad eran conflictos greco-persas.

–Efectivamente. Ya veo que te estás ilustrando bastante.

–A la fuerza. O estudio o pierdo el año y doy un disgusto a mi familia. Y por supuesto a mis tíos.

–Sé que no lo vas a perder Julio –Clío puso una mano sobre el hombro del chico mirándole fijamente con sus profundos ojos–, yo confío en ti plenamente.

Julio se sintió desfallecer por un segundo al sentirla tan cerca, pero se rehízo. No quería que ella adivinara sus sentimientos.

–Gracias Clío. Lo intentaré con todas mis fuerzas –dijo sobreponiéndose a la emoción.

–Vamos a comer, Julio.

Durante la comida todos mantuvieron una animada conversación sobre los acontecimientos internacionales que la prensa y los noticiarios televisados vertían diariamente. Julio permanecía callado la mayor parte de las veces, pues desconocía muchos de los términos y no entendía los comentarios de su tío y de Clío, que aludían constantemente a la Historia como base de los acontecimientos que se estaban desarrollando en el mundo.

Cintia tampoco intervenía mucho, aunque escuchaba con atención y de vez en cuando pedía una aclaración de las conclusiones a las que llegaban su marido y Clío.

–No te preocupes Julio –dijo Manuel–, si no entiendes algo. Eres muy joven y te faltan conocimientos históricos, pero ya los irás adquiriendo y comprenderás muchas de las cosas que pasan en el mundo.

–Lo que no acabo de entender es por qué existe esa rivalidad entre las naciones, por ejemplo Rusia y los Estados

Unidos; nunca se ponen de acuerdo. Lo entendía cuando la URSS era comunista, y por lo tanto anticapitalista, pero ahora...

–Las naciones muchas veces se comportan como si fueran vecinos mal avenidos, desconfiados y celosos de sus derechos. Pero, si te das cuenta, existen muchos países que nunca aparecen en los noticieros.

–Es verdad, siempre salen los mismos.

–Porque son los que tienen conflictos sin resolver, como Israel y el Oriente Próximo, o la India y Pakistán, o Rusia y Ucrania. Sin embargo, Uruguay, Costa Rica o Suiza nunca aparecen; ni siquiera sabemos los nombres de sus presidentes. Son naciones pequeñas, sin ambiciones y no tienen vecinos grandes y codiciosos que quieran apoderarse de su territorio. Tampoco tienen grandes flujos comerciales que puedan molestar a los demás o robarles cuota de mercado.

–Ya, el caso es pasar desapercibido.

–Más o menos. El problema es que si eres pequeño y tienes muchas materias primas de primer orden como el petróleo, entonces las grandes potencias tratarán de incluirte en su área de influencia y de obtener tus productos estratégicos al menor costo posible.

–Claro, el pez grande se come al chico.

–Lo has resumido muy bien, solo que hay muchas maneras de «comerse al pequeño» o más bien exprimirlo. Recuerda que ya Egipto exprimía a los pequeños reinos del Oriente Próximo e intervenía en sus asuntos de estado procurando gobiernos amigos y dóciles a sus políticas exteriores. Por eso se llaman «imperios», porque imperan sobre los que son más débiles que ellos.

–Tienes razón, siempre ha sido igual.

–Será mejor que lo dejéis para la tarde –advirtió Cintia–, la siesta nos espera y no quiero perdérmela por nada del mundo.

–Habló la voz de la experiencia –dijo Manuel–; con este calor y la comida en el estómago es la mejor de las opciones. Nos vemos a las cinco y media.

–Que descanséis bien –añadió Clío levantándose de la mesa.

–Gracias.

Todos subieron a los dormitorios. El calor era sofocante incluso dentro del bien aislado chalé y las piernas pesaban; costaba moverse con el estómago lleno y unas copas de buen vino.

Clío entró en su dormitorio y entornó la puerta dejando una pequeña abertura. Julio se retrasó todo lo que pudo en la escalera para echar una mirada antes de entrar en su habitación. Vio a Clío por la abertura, que ya se había desnudado. Llevaba puestas unas pequeñas braguitas blancas que resaltaban sus caderas y sus musculosos muslos. Apenas vio sus pechos un segundo, erguidos y tersos mientras pasaba por el ángulo de visión que dejaba la puerta entornada camino de la cama. Sintió un estremecimiento por todo el cuerpo, entró en su habitación y no cerró la puerta del todo. Conectó el ventilador y desnudándose del todo se tendió en la cama con la imagen de aquellos senos en su mente. Cerró los ojos y se dejó invadir por la laxitud de la calurosa tarde y el rechinar de las cigarras.

–¡Arriba dormilón que ya son las cinco! ¡Oh, perdón!

Oyó la voz de Clío entre sueños y de pronto recordó que estaba desnudo sobre la cama. De un salto recogió la sábana y se cubrió. Clío estaba de espaldas.

–Perdona chico, debía haber llamado antes de pasar.

–No... no te preocupes Clío, enseguida me visto.

Ella salió de la habitación cerrando la puerta detrás de sí sin volver la cabeza, con una sonrisa maliciosa en el rostro.

Julio, totalmente turbado, se metió en la ducha para quitarse el pegajoso sudor que le cubría. Se vistió apresuradamente y bajó al salón. Clío ya le había preparado un café para ayudarle a despejar la mente, abotargada por la siesta y el enorme calor.

–Toma Julio, he pensado que te vendrá bien un café con hielo. Refresca y te despertará del todo para la tarde que te espera con tu tío.

–Muchas gracias, es un detalle. Y la próxima vez llama a la puerta antes de entrar –contestó Julio, aunque en realidad no sentía lo que estaba diciendo.

–Lo sé, perdona, pero no tiene tanta importancia; no soy una niña que se asusta por ver a un chico desnudo durmiendo –dijo ella con un gesto pícaro.

–Lo imagino, tienes razón.

–De todas formas prometo que llamaré antes de entrar –dijo Clío con fingida vergüenza.

–Es un detalle por tu parte, no me gustaría que me pillaras en una situación embarazosa.

–Descuida. Pero diré a mi favor que tenías la puerta entornada. Si hubiera estado cerrada sería otra cosa.

–Es verdad, y hacía tanto calor... me dormí sin darme cuenta.

–Te entiendo, yo también duermo desnuda cuando no puedo soportarlo.

–¿Ya estás preparado? –Manuel había salido del despacho con un libro en la mano y la pipa apagada en la otra–, vamos, el tema de hoy es bastante largo y muy importante.

–Está bien tío, acabo este café y voy. –El profesor se retiró al despacho y Julio se dirigió a Clío poniendo cara de galán de cine duro e interesante–. Si vuelves a sorprenderme desnudo, muñeca, te impondré un castigo.

–¿Sí, cuál? –contestó ella divertida.

–Te sorprenderé. Si te lo digo ya estarás prevenida...

Julio la miró intensamente a los ojos y entró al despacho de Manuel. Clío le sostuvo la mirada sin dejar de mostrar aquella sonrisa de superioridad y divertimento que a Julio le hacía sentir un jovenzuelo al lado de una mujer adulta.

—Buena suerte —le susurró ella.

Manuel ya estaba sentado detrás de la gran mesa llena de libros y carpetas. El despacho estaba deliciosamente fresco gracias al aparato acondicionador que funcionaba a toda marcha.

—¿Tienes el bloc preparado?

—Sí tío. Cuando quieras podemos empezar. Pero antes me gustaría saber quiénes eran esos griegos tan importantes en nuestra cultura.

—Interesante pregunta. Se piensa que eran tribus indoeuropeas que llegaron en diferentes oleadas a lo que hoy es Grecia. Los primeros fueron los aqueos hacia el 1600 a. C. que se instalaron en la península del Peloponeso fundando la ciudad de Micenas a unos 90 km de lo que hoy es Atenas. El período que va desde el 1600 al 1100 a. C. se denomina «período micénico». Su rey más famoso, si es que realmente existió, fue Agamenón, personaje citado por el poeta Homero como jefe de la coalición de los aqueos, que atacaron y destruyeron la famosa ciudad de Troya. La flota de Micenas dominaba el comercio en el mar Egeo. Entre el 1400 y el 1150 a. C. tuvieron la época de mayor esplendor. Fundaron colonias en Mileto, Rodas, Chipre y la costa de Siria.

—¡Troya! ¡Qué gran película! Me encantó.

—Sí, no está mal hecha, ahora gracias a la informática se hacen cosas inimaginables hace una década. Aunque tengo que decirte que la película se basa en una epopeya que se atribuye a Homero titulada *La Ilíada*.

—Sí, ocurre cuando el príncipe Paris se lleva a la mujer de Agamenón, Helena.

—Eso es lo que relata la epopeya, pero no sabemos si en realidad fue así. De hecho, ni siquiera los historiadores estaban seguros de que Troya hubieran existido alguna vez, hasta que un hombre llamado Heinrich Schliemann la descubrió.

—Parece un nombre alemán.

—Efectivamente, era alemán y a los catorce años, seducido por la lectura de la epopeya *La Ilíada* le prometió a su padre que él encontraría Troya. Cuando heredó el negocio paterno, empleó su fortuna en localizar la ciudad, aunque muchos lo tacharon de loco.

—¿A los catorce años? Pues sí que tenía fe en encontrarla algún día.

—No hay obstáculos insalvables para una persona decidida. El caso es que, tras excavar en Turquía, en la colina de Hissarlik, encontró no una sino siete ciudades superpuestas, aunque posteriores y más modernas excavaciones han descubierto que en total eran diez.

—¿Cómo es posible?

—Se piensa que Troya estuvo ya habitada hacia el 3000 a. C. y que terremotos guerras e incendios la destruyeron varias veces, siendo edificada de nuevo sobre las ruinas.

—¿Y cómo encontró el lugar?

—Leyendo las características del paraje que se explicaban en *La Ilíada*, ríos, colinas, vistas desde la ciudad. Homero debía conocer el lugar de primera mano, pues dio toda clase de detalles.

—¿Y a nadie se le había ocurrido buscarla de esa manera?

–Todos pensaban que era una ficción, pero estaban equivocados. Schliemann concluyó que los detalles paisajísticos eran muy concretos y que no podían ser inventados... ¡Y tenía razón! En 1870 descubrió al mundo la ciudad de Troya que se describía en la epopeya. En realidad se trataba de una de las troyas, un estrato que presentaba restos de haber sido quemada y donde incluso se encontraron esqueletos junto con armas.

–¡Es fantástico!

–No contento con este hallazgo, Schliemann prosiguió inspirándose en *La Ilíada* y descubrió la ciudad de Micenas, incluso una tumba a la que llamó la tumba de Agamenón, aunque existen serias dudas de que realmente sea la tumba de aquel legendario rey. Aun así los hallazgos fueron espectaculares y nos muestran hasta donde puede llegar la fe de una persona cuando tiene una idea en su mente. Troya fue destruida entre 1193 y 1184 a. C.

–En la peli Brad Pitt hacía de Aquiles y era invencible salvo por el talón.

–Sí, el famoso «talón de Aquiles». Según la mitología griega, su madre lo sumergió recién nacido en un agua milagrosa que volvía invulnerables a los que en ella se bañaban. Pero no se percató de que lo sujetaba por el talón y que esa parte quedó sin recibir el maravilloso líquido. Aquiles llegó a ser el mejor guerrero de todos los griegos, algo lógico pues nadie podía matarlo sin conocer su secreto. Pero el príncipe Paris de Troya, advertido por una diosa ofendida, le disparó una flecha en el vulnerable talón acabando con la vida del héroe. Esta historia se enmarca dentro de la mitología, un compendio de bellos relatos sobre los dioses, semidioses y héroes que abordaremos más adelante.

–¡Los dioses griegos! He visto muchas películas de Hércules, los Titanes, Teseo...

—¡Vaya con el cine! La verdad es que la mitología griega tiene argumentos para hacer cientos de películas que te asombrarían. Todos estos mitos fueron introducidos por la cultura de Micenas, los aqueos y después por los jonios. Fíjate si Troya era importante para los antiguos (una fama a la que contribuyó enormemente Homero con *La Ilíada*), que los propios romanos quisieron ser descendientes de Eneas, un príncipe troyano que pudo escapar de la destrucción y viajar por el Mediterráneo hasta llegar a Fenicia y luego a Italia donde fundó Roma.

—¿Es eso verdad?

—Claro que no. Es una historia que escribió Virgilio, un poeta romano bajo el encargo del emperador Octavio con el fin de engrandecer el origen de la ciudad, haciéndola fundar por un príncipe troyano en lugar de por unos pobres aldeanos, pura mitología para sublimar el orgullo de los romanos que dominaban todo el mundo que rodea el mar Mediterráneo.

—No entiendo cómo Troya fue tan importante; ni siquiera tenía un imperio.

—Estaba estratégicamente situada junto al estrecho de los Dardanelos, controlaba la entrada y salida al mar Negro, y, por lo tanto, el comercio que discurría por ese estrecho. Las corrientes y los vientos que predominan en este paraje obligaban a las naves a recalar en el puerto de Troya para esperar las condiciones favorables y la ciudad cobraba pingües beneficios por albergar y abastecer a los barcos y marineros. Sin embargo, de no haber sido por el poema épico escrito por Homero, hubiera pasado desapercibida para siempre y seguiría enterrada. Recuerda Julio que los poetas y los escritores pueden hacer grandioso algo casi insignificante, tal es su fuerza. Sin *La Ilíada*, Troya permanecería ignorada bajo toneladas de tierra.

–Y al final... no me has dicho cuál es la ciudad que fue destruida por el «caballo de Troya».

–Ya veo que has estudiado... Bien, hay algunas dudas pero parece que es la llamada, en lenguaje arqueológico, estrato «VII-A», por las huellas de un gran incendio y las armas y proyectiles encontrados, por lo que se deduce que estaban bajo asedio y fue destruida violentamente.

–El caballo de Troya... ¡Buena idea! ¡Cómo mola!

–Ya sabes que puede que no fuera realmente lo que ocurrió, que solo es una narración obra de un poeta, aunque también podría ser un relato auténtico en gran parte. Homero escribió que los aqueos fingieron una retirada embarcando sus tropas y dejando un enorme caballo de madera como ofrenda a los dioses.

–¿Y a quién se le ocurrió la genial idea?

–A Ulises, el protagonista de *La Odisea*, otra epopeya de Homero que es la continuación de la Ilíada y que también ha dado origen a muchas pelis como tú dices. Ulises es descrito como un personaje sagaz y astuto. En realidad, los griegos en general en la antigüedad tenían fama de ser muy listos y de saber mentir en su provecho con facilidad, lo que les hacía ser gente de poco fiar entre sus coetáneos, aunque muy hábiles para el comercio.

–Lo que no entiendo es por qué la epopeya se llama «La Ilíada» si se trata de la conquista de Troya.

–Es que Troya en griego se llamaba «Ilión», de ahí el título. Es como si se titulara «La Troyada».

–¡Ah bueno! Ahora me lo explico.

–Sigamos con la epopeya.

»El caballo de madera estaba hueco y dentro se escondieron los mejores soldados griegos. Los troyanos, alborozados por la retirada de sus enemigos, salieron de la ciudad y pretendieron arrastrar el caballo hasta el templo de Apolo como ofrenda, pero era tan grande que no pasaba por las puertas de Troya, por lo que derribaron parte de la muralla para introducirlo en la ciudad. Eufóricos por la victoria, celebraron una gran fiesta que se prolongó hasta la noche, momento en el que los griegos salieron del caballo y atacaron a los desprevenidos troyanos que debían estar medio borrachos.

—Los cogieron desprevenidos, pero serían pocos para toda una ciudad —argumentó Julio.

—Mientras, la flota aquea había regresado sigilosamente a la playa y desembarcaron las tropas coincidiendo con el anochecer. Los aqueos corrieron hacia Troya entrando por el boquete practicado en el muro por los propios troyanos. Según cuenta *La Ilíada*, fue una masacre y la ciudad quedó reducida a escombros, pero las excavaciones nos dicen que fue reconstruida de nuevo y quedó bajo el dominio de los griegos, más tarde de los persas, otra vez los griegos, los romanos y al final del imperio bizantino hasta que desapareció de la Historia.

—¿Y cómo puede desaparecer una ciudad entera?

—Avatares de la vida. Tal vez por una epidemia, un terremoto, un gran incendio, una guerra, un cambio en las rutas comerciales o el agotamiento del agua. El caso es que las gentes empiezan a marcharse poco a poco y el lugar queda desierto. Entonces la naturaleza reclama su territorio y las lluvias, el polvo, las plantas y los animales convierten las ruinas en pequeños montículos.

—Entonces... ¿pueden quedar todavía ciudades sin descubrir?

—Con toda seguridad en algún lugar del mundo existen ciudades antiguas enterradas debajo de capas de tierra o de cenizas volcánicas.

—Me gustaría que me contestases a una pregunta.

—Claro Julio, dime.

–Ya has nombrado dos o tres veces a las tribus indoeuropeas, pero no me has aclarado quiénes eran esas gentes. ¿Cómo pueden ser europeas y al mismo tiempo de la India?

Manuel se repantigó en su sillón mirando al techo con una ligera sonrisa masticando la apagada pipa. Le alegraba que su sobrino le hiciera aquella pregunta que pocos alumnos de bachiller formulaban.

–Se llaman tribus indoeuropeas a las gentes que vivían en las llanuras del Sureste de Europa hacia el 4000 a. C.; concretamente se les asigna su origen en las llanuras de la actual Ucrania al Oeste de los Urales. Eran tribus que se extendieron por todo el continente gracias a que domesticaron el caballo, cultivaban los cereales y descubrieron la metalurgia, la rueda y el carro. Gracias a estos adelantos pudieron llegar hasta el Oeste de Turquía, la meseta iraní, las estepas de Asia central y la India. Los hititas, por ejemplo, eran de origen indoeuropeo y fueron los primeros en usar el hierro en las armas.

–¿Y cómo se sabe que se extendieron por toda Europa y parte de Asia?

–Por las similitudes de los idiomas. Los pueblos pueden cambiar su forma de vivir, sus manifestaciones artísticas, su mitología, incluso en parte su aspecto físico, pero la lengua hablada siempre conservará ciertas características comunes como la estructura y el parecido de ciertas palabras importantes. No te extrañes si te digo que el sánscrito que se hablaba en la India antigua y el inglés de hoy tienen un origen común.

–Caramba, pues parece mentira.

–Todos los idiomas europeos, menos los de algunas regiones que se mantuvieron firmes en la defensa de su cultura y aisladas, como el vasco, tienen un mismo origen, por eso se les llama lenguas indoeuropeas, porque la franja de expansión de esta lengua primigenia llega desde el Oeste de Europa hasta la India.

–Nunca lo hubiera imaginado... Entonces los aqueos fueron los primero griegos...

–Realmente no. Pensamos que antes de llegar estas tribus ya habría otros habitantes en Grecia, pero nada sabemos de ellos; tal vez fueran pequeñas tribus que vivían en el Neolítico. Los aqueos estaban mucho más avanzados tecnológicamente en cuanto a armas y transporte; simplemente los asimilaron o los exterminaron e impusieron su cultura.

–Parece que siempre ocurre lo mismo; los fuertes expulsan a los débiles.

–Es una lección de la Historia; las culturas superiores siempre acaban por desplazar a las inferiores, aunque a veces estas dejan influencias perennes en sus conquistadores cuando la supremacía se fundamenta principalmente en la agresividad y la superioridad militar pero no así en las artes y las ciencias. Eso es precisamente lo que ocurrió con Grecia y Roma. Los romanos conquistaron a los griegos pero adoptaron su cultura, tanto que los mejores maestros y preceptores que solicitaban las clases altas romanas eran griegos, y si no hablabas griego y leías sus obras literarias se te consideraba poco menos que un ignorante.

–Pues sigamos con los griegos.

–Otras tribus entraron en Grecia casi al mismo tiempo que los aqueos; los jonios, por ejemplo, y luego los dorios. Todos ellos fundaron ciudades y tenían una cultura común indoeuropea. Los aqueos, los jonios y los dorios ocuparon toda la península y las islas del Egeo; incluso tuvieron colonias en las costas de Asia menor (hoy Turquía). Llegaron hasta Chipre, Creta, Rodas y la costa de Siria, y comerciaron con Sicilia e Italia pues eran hábiles navegantes en sus largas naves cóncavas movidas por una gran vela cuadrada y filas de remeros recorrieron todo el Mediterráneo llegando hasta España.

—¿Cómo podían navegar en mar abierto?

—La mayoría de las veces no hacían grandes travesías, solo iban costeando a poca distancia de tierra firme. Las distancias entre islas no son muy grandes y se guiaban por las estrellas. Alrededor del 1200 a. C. los dorios invadieron Grecia y destruyeron la ciudad de Micenas. En esta época, hacia el 1100 a. C., comienza la llamada «Edad Oscura», un período del que nada sabemos durante unos cuatrocientos años. Los dorios ya usaban armas de hierro, superior al bronce que tenían los aqueos y jonios.

—¿Y cómo terminó esa «Edad Oscura»?

—Hacia el 900 a. C. se fundó la ciudad de Esparta y en el 770 a. C. sabemos que todo el Mediterráneo oriental estaba dominado por las «polis» (ciudades) griegas. Sobre esa época adoptaron el alfabeto fenicio que modificaron un poco para hacerlo compatible con su idioma.

—¡El alfabeto! Magnifica invención; cuéntame cómo lo hicieron.

—En realidad el moderno alfabeto es obra de los fenicios, un pueblo dedicado al comercio y la navegación por todo el Mediterráneo desde al menos el 1200 a. C. Habitaban la costa suroriental de este mar, lo que hoy es Siria, Líbano e Israel, llamado entonces Canaán. Sus ciudades principales fueron Biblos, Tiro y Sidón. Cambiaban utensilios, cerámica, vidrio y púrpura por metales estratégicos de entonces que eran el oro, la plata, el estaño y el cobre.

—Algunas veces he oído que a personas muy comerciantes les llaman fenicios.

—Así es. Vivían del comercio casi exclusivamente, por eso necesitaban un instrumento que les permitiera llevar el control de sus transacciones comerciales con cierta facilidad, algo que no permitían los alfabetos conocidos entonces como el cuneiforme o el egipcio, que tenía miles de signos y saber usarlos costaba muchos años de duro aprendizaje. Los fenicios eran gente práctica, de manera que inventaron un alfabeto sencillo donde cada signo correspondía a una letra, un alfabeto fonético de veintidós signos consonantes. Sobre esta base se construyeron los alfabetos árabe, hebreo, latino, griego y cirílico.

—Entonces el alfabeto actual se lo debemos a los fenicios.

—Exactamente. Los griegos, que también eran muy comerciantes y astutos, reconocieron la utilidad del invento fenicio y lo mejoraron, pues añadieron las vocales, lo que facilitaba mucho más la lectura e interpretación de los escritos.

—¿Y qué alfabeto tenían antes los griegos?

—Uno llamado «escritura lineal» a base de signos pictográficos, que era muy difícil de escribir y leer. Verdaderamente el alfabeto ha ayudado al ser humano a prosperar; es un instrumento sencillo, fácil de aprender y manejar.

—Sin embargo los fenicios no han dejado mucha huella en la historia de la Humanidad —reconoció Julio—, salvo su fama de comerciantes.

—Solo con el alfabeto contribuyeron de manera extraordinaria. Pero no eran un pueblo muy numeroso ni especialmente guerrero. Fueron conquistados por los persas en el 539 a. C. y solo Cartago, una ciudad que habían fundado en la costa de Túnez hacia el 800 a. C., permaneció libre, aunque tuvo la desgracia de tener como enemiga mortal a Roma. Ya llegaremos a este enfrentamiento y a sus causas. Cartago fue arrasada y los fenicios desaparecieron del mapa histórico, aunque ya no se les llamaba fenicios, sino cartagineses o púnicos.

—¿Preferían comerciar a guerrear? —preguntó Julio.

—Eso parece. Llegaron con sus barcos hasta Gran Bretaña en busca de estaño, indispensable para fabricar bronce.

En España fundaron colonias pues abundaban los metales que ellos buscaban.

—¿Cartagena?

—Cartago Nova, donde hoy está Cartagena, fue fundada por los cartagineses debido a que tiene un puerto natural estratégico. Pero ya llegaremos a eso, ahora toca la Grecia antigua.

—Claro, perdona, es que me voy de una cosa a otra.

—Sí, es una época muy interesante que cimentó el carácter de Occidente.

»Prosigamos. Antes de entrar de lleno en la Grecia clásica tenemos que hablar de Creta, la isla más grande de la actual Grecia.

—¿Es importante?

—Allí nació una civilización llamada «minoica» que dominó el Mediterráneo oriental desde el 3900 al 900 a. C. ¡Tres mil años! Entró en decadencia debido al expansionismo de las ciudades griegas, principalmente de Atenas. El nombre de su cultura se debe al rey Minos y su famoso laberinto.

—¿Un laberinto? —preguntó Julio extrañado.

—Bueno, es parte de la mitología griega que te recomiendo leer cuando puedas pues es algo extraordinario por su inventiva, su belleza literaria y sus aventuras. Según esta mitología, en Creta, y concretamente en un laberinto subterráneo situado bajo el palacio de Minos, vivía un monstruo llamado Minotauro, mitad hombre mitad toro, al que los atenienses tenían que enviar todos los años siete doncellas y siete muchachos como ofrenda, mientras el monstruo los iba devorando.

—¡Qué bestia! Creo recordar alguna película...

—Siempre el cine... Bien, resulta que cansados de enviar a sus más hermosas doncellas y chicos a la muerte, los griegos encargaron a un héroe llamado Teseo que los librara de ese sangriento tributo. Teseo entró en el laberinto con una cuerda que ató a la entrada y cuando encontró al monstruo lo mató con su espada. Luego salió siguiendo la cuerda. La leyenda dice que al morir el Minotauro la civilización minoica entró en decadencia mientras la ateniense se hizo cada vez más fuerte.

—Es una historia estupenda —dijo Julio entusiasmado.

—Recuerda que solo es un mito. Lo que realmente pudo ocurrir, y así lo atestiguan las evidencias, es que hubo una erupción volcánica gigantesca en la isla de Tera, hoy Santorini, que originó un enorme tsunami que arrasó el Mediterráneo oriental. La flota micénica fue destruida y también lo fueron el puerto y gran parte de la ciudad. Ya nunca recuperó su esplendor. En el año 63 a. C. los romanos conquistaron la isla para su imperio.

—Parece que los romanos lo conquistaron todo.

—Casi todo lo que estaba a su alcance. Pero ya llegaremos a eso. Sigamos con Grecia.

»En el año 776 a. C. ocurrió algo que ahora celebramos todavía... los primeros Juegos Olímpicos.

Julio abrió mucho los ojos saltando nervioso en la silla; el bloc casi se le cayó de la mano.

—¡Los Juegos Olímpicos! ¿Son tan antiguos?

—Empezaron hace casi tres mil años, aunque no se han celebrado siempre sin interrupción. Durante muchos siglos fueron olvidados. La llegada del cristianismo los borró del mapa hasta el siglo XIX. Fueron prohibidas por el emperador bizantino Teodosio I en el año 394.

—Entonces... ¿el cristianismo fue la causa de la desaparición de las olimpiadas? ¿Por qué se llaman así?

—Pues porque se celebraban en la ciudad de Olimpia en honor de Zeus, dios supremo del panteón griego y de todos los dioses que vivían con él en el monte Olimpo. Todos estos dioses y diosas eran llamados los «dioses olímpicos». Por eso el emperador de Bizancio, que ya era cristiano, ordenó su clausura.

–Es decir, que eran juegos religiosos.

–Más o menos. Se realizaban cada cuatro años, y aunque las ciudades griegas eran mini-estados que casi siempre estaban luchando entre ellos, durante el tiempo de los juegos se promulgaba una «paz olímpica» que nadie podía romper bajo riesgo de incurrir en pecado de sacrilegio y de sufrir la ira de los dioses. Los griegos eran muy supersticiosos y creían firmemente en las desgracias que podría acarrearles el incumplimiento de esta tregua.

–¿Cuáles eran los deportes que practicaban?

–Principalmente las carreras, el lanzamiento de disco, de jabalina, la lucha y el boxeo; naturalmente no había baloncesto, natación, fútbol o tenis.

–Vamos tío, no me tomes el pelo, me lo imagino.

–Los atletas ganadores recibían una corona de laureles y eran reconocidos en toda Grecia. Algunas ciudades incluso premiaban con dinero a sus ciudadanos vencedores. Los Juegos Olímpicos son otra herencia que hemos recibido de los griegos antiguos.

–Sabía que eran de origen griego, pero no que se celebraban en honor a sus dioses.

–Así es, era algo parecido a las fiestas patronales de nuestra España.

»Apunta estos datos que te voy a dar a modo de resumen: la *edad oscura* va aproximadamente desde el 1100 al 750 a. C.; la *época arcaica* griega desde el 750 al 500 a. C.; el *período clásico* desde el 500 al 323 a. C. y el helenístico desde el 323 hasta el 146 a. C. Este período empieza con la muerte de Alejandro Magno y termina con la conquista de Grecia por los romanos después de la batalla de Corinto.

–Esto de las fechas es lo más difícil de la Historia; recordarlas es un verdadero lío.

–Solo tienes que apuntarte las más importantes, pero debes tener una idea del desarrollo de los acontecimientos a través del tiempo. No puedes mezclar Troya con Alejandro Magno; los separan siglos.

–Lo intentaré tío, lo prometo.

–No creo que en el examen salgan muchas fechas, pero sí puede que una o dos muy significativas; apréndete al menos las que creas importantes.

–Vale.

–Atenas, hoy capital del país, se fundó en la región del Ática, en el centro de Grecia. La mitología dice que fue Teseo, el héroe que mató al Minotauro, quien la fundó. Como puedes ver siempre se pretende un comienzo glorioso aun a costa de urdir una historia falsa. Es muy importante que nos detengamos en esta ciudad-estado, pues entre los siglos VII y V a. C. gobernaron reyes, pero en el 621 a. C. y después de varias revueltas de los ciudadanos en contra del gobierno despótico de los reyes, un magistrado llamado Dracón formuló el primer código de leyes eliminando la monarquía. De ahí proviene la palabra «draconiano», que se refiere a los códigos o normas muy estrictas

–Había oído y leído esa palabra pero no suponía que se refería a una persona.

–Muchísimas palabras que usamos a diario provienen directa o indirectamente del griego, ya te irás dando cuenta, sobre todo en ciencia y medicina.

»A pesar del nuevo código, los problemas sociales continuaron existiendo. Más tarde Solón lo reformó dividiendo a los ciudadanos en cuatro categorías según sus riquezas o posesiones.

–Pues eso no parece muy democrático.

–Ten en cuenta que por aquel entonces no existía el Ejército profesional. Eran los propios ciudadanos los que tenían que pagar las armas para ir a la guerra y defender sus intereses. Los más ricos tenían que aportar caballos y armaduras, los más pobres apenas una espada o una honda. En el 510 a. C. Clístenes realizó la reforma definitiva dando origen a un nuevo tipo de gobierno que era desconocido hasta entonces llamado «democracia», que significa gobierno del pueblo. No creas que era como la conocemos hoy; el voto no era universal, sino que solo los ciudadanos masculinos libres podían votar; no los esclavos, ni los extranjeros, aunque vivieran en Atenas durante muchos años, ni las mujeres.

—Explícame eso.

—En el siglo V a. C. Atenas tenía unos 250.000 habitantes, pero solo aproximadamente un 2% eran ciudadanos de pleno derecho, el resto eran «metecos» (extranjeros) o esclavos; estos eran unos 150.000 y realizaban los trabajos más pesados e incómodos, entre ellos el de «pedagogo»

—¿Pedagogo? Pero si eso es una carrera universitaria.

—Entonces los pedagogos eran los esclavos que acompañaban a la escuela a los hijos de los atenienses ricos y los ayudaban a llevar los utensilios para escribir y los rollos de lectura. A los dieciocho años a los jóvenes se les enseñaba instrucción militar. Solo podían ser ciudadanos atenienses los hijos de familias oriundas de la ciudad. Los «metecos» eran extranjeros que vivían en Atenas o habían nacido en ella de padres foráneos. Tenían protección jurídica pero no podían asistir ni votar en la asamblea popular. Los esclavos, por supuesto no tenían derecho alguno, como las mujeres.

—Pues no podrían tener un Ejército muy grande.

—Resulta que los «metecos» sí que podían ingresar en el Ejército, aunque los oficiales y jefes siempre eran atenienses. Entonces las tropas solo se formaban cuando había una guerra o se emprendía una campaña militar, pero no en tiempos de paz, que desafortunadamente eran los menos. Generalmente se combatía en verano después de recoger las cosechas y en invierno se detenían las campañas.

–Pero al menos el servicio militar sería voluntario ¿no?

–Nada de eso. Estaba muy mal visto que un hombre joven, fuerte y sano no participara en una campaña militar o en la defensa de la ciudad; podía ser tachado de cobarde o traidor y expulsado de la comunidad o, peor aún, condenado a muerte. Las cosas no eran tan sencillas.

–¿Y dices que inventaron la democracia? Pues no parece tal cosa.

–Fue la primera manifestación en el mundo de un estado en donde los ciudadanos tuvieron derecho al voto y a decidir con él la marcha de los asuntos políticos y comerciales. A pesar de ello no faltaron golpes de estado y dictaduras más o menos encubiertas.

–Háblame de ellos.

–Los griegos atenientes instituyeron la *«ekklesia»* que era una asamblea popular donde todos los ciudadanos mayores de veinte años y con propiedades podían votar.

–Un momento, ¿has dicho *«ekklesia»*? Eso me suena a iglesia.

–Es lo mismo. La palabra original sirvió de modelo a la española, «iglesia».

–¿Pero una iglesia no es donde se celebra la misa, o la misma institución?

–Así se usa ahora el término, pero su origen verdadero viene de asamblea popular en griego.

–Pues la iglesia debería cambiar su nombre porque el pueblo tiene poco que decir en ella, todo lo hacen los religiosos.

–Veo que eres bastante perspicaz Julio. Pero eso es una cuestión que no vamos a tocar ahora; ya llegará el momento cuando abordemos la historia de la Iglesia. Ahora seguiremos con los griegos. Ten en cuenta que hay muchas palabras griegas que se usan en la religión cristiana, como obispo, eucaristía, epifanía, y muchas más.

—Nos hemos quedado en los golpes de estado de Atenas.

—Exactamente. Al morir Solón el legislador, un primo suyo llamado Pisistrato se hizo con el poder en el 541 a. C.; fue llamado «el tirano» de Atenas.

—Sería bastante déspota y cruel.

—No creas. El título de tirano no significaba entonces lo mismo que hoy, sino «el que había logrado el poder por la fuerza». En realidad era bastante popular y por eso consiguió gobernar sin necesidad de consultar a la asamblea de ciudadanos, que siguió existiendo para guardar las apariencias, aunque ya no servía para nada.

—Eso no lo entiendo, ¿acaso no votaban en contra de los deseos del tirano cuando no les gustaban sus órdenes?

—No se atrevían. Pisistrato era demasiado popular entre las gentes de la ciudad; fomentó el comercio y el dinero corría con facilidad. El pueblo consiente la dictadura cuando se guarda el orden, prospera el comercio y tienen bonanza económica; otra cosa es cuando llegan las vacas flacas.

—¿Y llegaron?

—Pues a la muerte de Pisistrato heredaron el poder sus hijos, Hípias e Hiparco, pero al poco tiempo Hiparco fue asesinado por motivos oscuros. Parece que hubo una disputa por un joven bien parecido.

—¿Era homosexual?

—En aquella época, en la cultura griega la homosexualidad estaba considerada como algo natural y hasta socialmente loable en los hombres maduros e incluso ya casi ancianos, los cuales podían «presumir» de tener como amantes a jóvenes muchachos.

—Vaya, me dejas de una pieza.

—Esto es algo que no lo vas a ver en los libros de Historia de bachiller, pero era una costumbre muy arraigada. Un hombre podía estar casado y con hijos y ser un gran soldado, y político, y al mismo tiempo tener un «novio» joven con el que mostrarse en público.

—¿Y que decían las mujeres?

—Las pobrecillas no tenían nada que decir. Se limitaban a permanecer en casa cuidando de los hijos y tejiendo telas para vestirse. Las mujeres no tenían derecho alguno salvo obedecer primero al padre y luego al marido.

—Pues eran bastante machistas esos griegos... ¡Vaya una democracia!

—Bastante machistas... vistos desde nuestra perspectiva. Figúrate que las mujeres ni siquiera podían ir al mercado a comprar; era el marido quien lo hacía. En las casas ellas tenían una habitación exclusiva llamada «gineceo» y los hombres otra llamada «andrón». Cuando los amigos visitaban al marido, las mujeres se ocultaban en sus habitaciones y los hombres celebraban sus encuentros solos. Únicamente las mujeres públicas llamadas «hetairas», especie de «geishas» a la griega, podían salir a la calle, acudir al teatro o a las fiestas y alternar con los hombres.

—Pues no lo sabía.

—Solo las mujeres de Esparta tuvieron ciertos derechos.

»Pero prosigamos con los tiranos. El caso es que Hípias gobernó solo a la muerte de su hermano, pero fue depuesto por una revuelta popular restableciéndose la democracia en el 510 a. C. gracias a Clístenes. A partir de entonces, los generales del Ejército, llamados «estrategos», eran elegidos por votación y no designados por los gobernantes. Atenas fue la ciudad-estado más importante de Grecia; su cultura y su comercio florecieron en el siglo V a. C. como nunca se volvió a producir después en la antigüedad. A esta época dorada se le ha denominado «el siglo» de Pericles, gobernante de Atenas en su mayor esplendor.

—¿Qué ocurrió?

—Fue uno de esos momentos especiales de la Historia de la Humanidad en el que coincidieron multitud de personajes geniales en un mismo lugar. La convergencia de la libertad, la tolerancia, la prosperidad y la paz suele tener esos resultados. Fue el tiempo de los filósofos Sócrates, Platón y Aristóteles, que tanto han influido en el pensamiento occidental, de escritores como Aristófanes, Esquilo y Eurípides, que dieron al teatro un esplendor apenas superado hoy, de grandes historiadores como Herodoto, Jenofonte, de brillantes escultores como Fidias y Praxíteres, solo igualados por grandes genios como Miguel Ángel mil quinientos años después. Efectivamente, fue un momento cumbre de la Humanidad que ha brillado como un faro desde entonces.

—Y aparte de Atenas... ¿cuáles fueron las ciudades más importantes de Grecia en la antigüedad?

—No podemos olvidar Esparta y Tebas.

—¡Esparta! Vi la peli *300*.

—Otra vez el cine; cómo no, vivimos en los tiempos de la imagen. Bueno, tiene su lado positivo porque divulga momentos de la Historia que de otra manera conocerían solo los eruditos.

»La ciudad-estado de Esparta fue fundada por los dorios hacia el 900 a. C. en la región llamada Lacedemonia y antes del florecimiento de Atenas fue la más importante en influencia y poder de todas las ciudades griegas gracias a su disciplina militar. Después de diversas vicisitudes en las que estuvo a punto de ser destruida, un legislador llamado Licurgo se encargó de redactar un conjunto de duras leyes por las cuales se rigió a partir de entonces.

—Parece que eran grandes soldados.

—Es que vivían solo para la milicia y el mantenimiento del honor asimilado a la valentía y la dignidad. Fíjate que cuando nacía un niño o una niña, los ancianos lo examinaban y si tenía algún defecto y no podía ser útil para la guerra o para la maternidad, lo arrojaban a una sima o lo dejaban expuesto en el campo a merced del clima y las alimañas, por si los dioses se apiadaban de la criatura y le proporcionaban padres adoptivos extranjeros.

–¿Cómo podían hacer eso? Ya no son para mí los héroes que salían en la película *300*.

–Consideraban que era una boca más, completamente inútil, y no tenían demasiado territorio como para alimentar personas que no servían para la guerra o para trabajar duramente la tierra. El comercio estaba prohibido en Esparta; pensaban que corrompía las buenas costumbres, pues un cobarde astuto podía hacerse rico mientras un valiente menos listo sería su esclavo. Todo lo regulaban las leyes y el gobierno se cuidaba de entregar a cada ciudadano lo estrictamente necesario para vivir, que era poco.

–¿Pero y si ese niño o niña nacía de una familia rica?

–No habían ricos ni pobres en Esparta; era un estado igualitario, donde reinaba un verdadero comunismo en toda la extensión de la palabra. ¿Te das cuenta? Comunismo puro hace más de dos mil años.

–Dime cómo era la vida en Esparta.

–Muy dura. Al principio existían ricos y pobres como en todas partes. Los terratenientes eran los dueños de la mayoría de las tierras, pero fueron obligados a regalar las parcelas al Estado. Entonces hicieron unos 9.000 lotes y se los entregaron a cada familia. Estas parcelas de tierra eran suficientes para vivir estrechamente, pero no para enriquecerse; además, no se podían vender ni hipotecar, pues eran del Estado, aunque la familia los tenía en usufructo vitalicio y estaba obligada a administrarlos y hacerlos producir. Cuando unos jóvenes se casaban, el Estado les daba un lote y una vivienda. La tierra era trabajada por unos siervos llamados «ilotas», una especie de semi-esclavos descendientes de los primeros pobladores de la región, antes de la llegada de los conquistadores que forjaron Esparta. Estos ilotas podían quedarse con la cuarta parte, el 25% del rendimiento de la tierra, y entregaban el resto a sus beneficiarios, espartanos puros.

—Entonces, no todos los espartanos eran tales.

—No. Como en Atenas, solo los nacidos de padres espartanos tenían derecho a recibir educación, instrucción militar, vivienda y tierras. Cuando los niños y las niñas tenían siete años, eran separados de las familias y entregados al Estado que se ocupaba de su educación, una educación «espartana» en toda la extensión de la palabra. A los chicos solo se les daba una túnica al año, sin un manto con el que abrigarse, y siempre iban descalzos para que se endurecieran y se acostumbraran al frío. Se les enseñaba disciplina y todas las artes militares, amén de gimnasia, y a soportar privaciones. Se les daba de comer muy poco para que se las ingeniasen robando alimento a los ilotas.

—¡Vaya! Pues me parece que no me gustaría ser espartano.

—Tenían una vida muy dura orientada a conseguir soldados de gran resistencia ante las dificultades y fatigas, fuertes, inasequibles al cansancio y al miedo, duros como piedras. Lo peor que podía ocurrirle a un espartano era quedar como un cobarde. Las mismas madres les decían, cuando iban a la guerra: «Vuelve con el escudo o sobre él».

—¿Y las mujeres?

—Las chicas eran entrenadas para ser madres fuertes que criaran hijos vigorosos. Para ello realizaban ejercicios de gimnasia a diario y aprendían la tareas del hogar y la crianza. Tenían derechos que no podían soñar las mujeres de las restantes ciudades griegas; incluso se les permitía tener amantes con conocimiento del marido y viceversa.

—¡Increíble!

—Era una especie de ciudad-hormiguero: aunque no eran muchos todo estaba enfocado a tener un Ejército muy fuerte y decidido, utilizando al máximo los recursos del Estado. Los espartanos de pleno derecho se llamaban a sí mismos «homoioi», que quiere decir «iguales». Fíjate que la raíz de la palabra «homogéneo» procede de esta palabra griega.

—Es verdad.

—Los espartanos estaban orgullosos de su valor y fuerza, no temían morir en combate ni enfrentarse a un enemigo muy superior en número; solo temían al deshonor y la cobardía. Por eso fueron soldados excelentes y a pesar de no ser numerosos llegaron a dominar gran parte de Grecia gracias a su disciplina y entrenamiento.

—¿Y cómo combatían?

—Adoptaron la estrategia llamada «hoplita». Los hoplitas eran guerreros griegos que vestían una coraza en el pecho y espalda, un casco de bronce con penacho de crines de caballo que les cubría casi todo el rostro, un escudo redondo de grandes dimensiones, espinilleras metálicas, lanza y espada. Formaban filas compactas con los escudos en forma de barrera y las lanzas asomando como si fuera un gigantesco erizo. Avanzaban al compás de trompetas evolucionando según los toques en una formación llamada «falange».

—¿La Falange no era un partido político de la época franquista?

—También, pero el nombre de este partido se inspiró en las falanges espartanas y macedonias, y pretende significar algo poderoso, fuerte, disciplinado y agresivo.

—Pues estoy descubriendo cosas muy interesantes. Entonces, los espartanos eran una especie de aristocracia militar comunista que vivía por y para la guerra.

—Efectivamente. Despreciaban el trabajo manual, el comercio y la agricultura; de todo eso ya se encargaban los que no eran espartanos puros, los extranjeros y los «ilotas».

–Que eran casi esclavos.

–Pero tenían una oportunidad de no serlo si ingresaban en el Ejército como tropas auxiliares y destacaban por su valor; entonces dejaban de ser unos parias.

–Pues los espartanos debían tener un gobierno muy fuerte.

–Y muy complicado, con instituciones que contrapesaban el poder de las demás para evitar los abusos. En eso también fueron únicos; por ejemplo, tenían dos reyes en vez de uno.

–¿Al mismo tiempo?

–Sí, eran de las dos familias más importantes y antiguas, y además esas familias no podían casarse entre ellas para evitar una dinastía unitaria; de esta manera se impedía la «dictadura» de una persona. Luego disponían de un consejo de ancianos que podía contradecir e incluso juzgar a los propios reyes y que velaba por las costumbres, un consejo de gobierno y una asamblea popular como en Atenas. Todos los poderes estaban equilibrados de tal forma que se vigilaban mutuamente para que nadie se saltara las rigurosas normas o se corrompiera. Hacerlo o solo intentarlo ya era castigado con la muerte. Los espartanos eran muy celosos de su libertad pero se la limitaban mutuamente por el bien de la nación que estaba por encima de todo. Las leyes y las costumbres eran sagradas.

–Eso estaba bien; ya tenemos bastantes «abusones» en la política actual con tanta corrupción.

–Desgraciadamente, así es. En aquellos tiempos en Esparta los hubieran juzgado por deshonor y los hubieran ejecutado; afortunadamente la pena de muerte es algo ya superado en las naciones europeas.

–Entonces... ¿podemos entrar ya en las Guerras Médicas?

—Es el momento. Ya tenemos a los pueblos griegos establecidos, Atenas en su momento de esplendor y colonias jonias en Asia Menor, lo que hoy es Turquía, donde emergió un nuevo poder, el imperio aqueménida, llamado así por ser los aqueménidas la dinastía reinante, en definitiva, los persas. Ante la amenaza de estos, los jonios, que eran en realidad de cultura griega y comerciaban con Atenas y otras «polis», pidieron ayuda a los atenienses; concretamente la primera que lo hizo fue Mileto.

—¿Qué significa «polis»?

—Es una palabra griega que significa «muchos» y en este caso se refiere a las ciudades. Esta raíz se usa en español para indicar cantidad, por ejemplo «poliedro» o «políglota».

—¿Y «policía» también deriva del griego?

—Sí, de la palabra «politeia» que definía la relación entre los ciudadanos y las leyes del Estado.

»Como te iba diciendo, la flota ateniense acudió a los puertos jonios y defendieron las ciudades contra los persas, derrotándolos en un principio. Pero en el año 490 a. C., Darío I, soberano persa, decidió castigar a los entrometidos y orgullosos griegos enviando un numeroso contingente de tropas a bordo de una gran flota. Es el comienzo de la Primera Guerra Médica. Atiende bien pues este conflicto tuvo muchas consecuencias para el mundo. Chocaban dos conceptos culturales distintos, Oriente y Occidente. Por un lado un imperio gobernado con mano de hierro por un rey absoluto, y del otro un conjunto de ciudades-estado que representaban un nuevo concepto del saber humano, el gobierno de los ciudadanos libres.

—Pues parece *La Guerra de las Galaxias*, los ciudadanos libres contra el Imperio.

—El cine refleja a veces la realidad mucho más de lo que pensamos, aunque la verdad es mucho más compleja e interesante. Los griegos tenían espías en Persia y estaban al tanto de los propósitos de Darío. Por eso se unieron en una liga para afrontar el peligro pues el Ejército persa era enorme, se calcula que unos 200.000 hombres, mientras que los griegos apenas podían reunir unos 50.000 entre ciudadanos libres y metecos. Atenienses, espartanos, todas las ciudades griegas formaron juntas frente al peligro común, pues estaba en peligro su propia forma de vivir.

—Sigue tío.

—Los griegos sabían que los persas pensaban desembarcar en la playa frente a la llanura de Maratón.

—¡Maratón! ¡Pero si es una carrera!

—Como puedes ver, otra influencia griega. Ahora te explicaré por qué el «maratón» se llama así.

»Los persas tardaban mucho en desembarcar todas sus fuerzas, pues eran un conjunto variopinto de guerreros provenientes de todos los rincones el imperio sin apenas disciplina, que formaban por regiones y nacionalidades. No existía mucha coordinación entre ellos ya que hablaban lenguas distintas. Sus jefes confiaban plenamente en que el enorme número de soldados aplastaría el reducido Ejército griego, o que estos huirían al ver la gigantesca muchedumbre que desembarcaba.

—Y era para pensárselo, eran cuatro contra uno.

—Pero no contaban con la fuerte disciplina y el valor de los griegos, y, aprende Julio, porque lo verás a lo largo de la Historia, la disciplina y el valor pueden derrotar a enemigos mucho más numerosos. No importa la cantidad, sino la calidad y la estrategia. Al frente de los griegos estaba Milciades, un general ateniense que ostentaba el mando supremo de la coalición, y, a pesar de que los jefes de las tropas de las distintas ciudades griegas preferían esperar, tomó la decisión de atacar apenas avistaron a los invasores desembarcando en la playa. Los persas vieron aproximarse a los griegos en la lejanía, pero confiaban en que iban a descansar o a negociar antes de emprender la batalla. Se equivocaron. Milciades comprobó que el numeroso Ejército persa aún no se había organizado del todo en orden de batalla para atacar, y que muchas tropas no habían desembarcado o estaban en ese proceso.

—Y aprovechó la ocasión, ¿no?

—Efectivamente. Además tenían la ventaja de que iban cuesta abajo y los persas cuesta arriba, lo que daba a los griegos más velocidad y les permitía avanzar con menos esfuerzo. Por si fuera poco, los griegos iban mejor armados con los hoplitas espartanos en primera fila arremetiendo como una muralla de acero erizada de lanzas. Los persas fueron sorprendidos por el fulminante ataque y cayeron a millares, descomponiendo sus filas. Los griegos avanzaron como un cuchillo caliente cortando mantequilla, destrozando cuanto encontraban a su paso. Desconcertados, los persas retrocedieron hacia el mar y huyeron hacia sus naves. Las crónicas dicen que murieron unos 50.000 mientras los griegos apenas tuvieron un millar de bajas.

—¡Qué bárbaro! Fue una victoria total —dijo Julio entusiasmado.

—Efectivamente, pero no tan decisiva, pues la mayoría de la flota persa logró huir con más de la mitad de la expedición y pusieron rumbo a Atenas para atacar la ciudad. Entonces Milciades, que sospechó el movimiento de sus enemigos, decidió enviar un mensajero a la ciudad para avisar de la victoria en Maratón y del posible ataque de la flota persa. Y eligió a un soldado que probablemente era un buen corredor llamado Filípedes.

—¿No había caballos?

—Entonces los griegos luchaban a pie, a la manera hoplita, pues no se conocían los estribos ni la silla de montar, que dan seguridad y control en la lucha a caballo. Por eso envió a un corredor para que cubriera los treinta y ocho kilómetros (otra palabra griega) de distancia a los que estaba Atenas.

–¿Treinta y ocho? El maratón actual tiene más kilómetros, creo que cuarenta y dos.

–Así es, la distancia original en las primeras olimpiadas de la Era Moderna era de treinta y ocho, pero el rey Jorge V de Inglaterra, siendo todavía príncipe de Gales, en 1908 sugirió el aumento de la distancia en cuatro kilómetros más para que la prueba partiera desde su residencia, y así quedó desde entonces.

–Pues no se respeta la distancia original.

–En realidad no se sabe con certeza cuál fue la distancia recorrida originalmente, solo la que separa Maratón de Atenas. El caso es que Filípedes corrió sin parar hasta llegar a la ciudad, donde dio la noticia y cayó muerto de cansancio. Al menos esta es la historia contada por los cronistas de aquel tiempo. Los atenienses se alegraron de la victoria y se aprestaron a preparar las defensas del puerto del Pireo y de la ciudad, esperando el ataque persa mientras el Ejército regresaba.

–¿Y qué pasó? Me tienes en ascuas.

–Pues que los persas llegaron a Atenas, pero al ver las defensas preparadas desistieron de atacar y regresaron a Persia como se dice «con el rabo entre las patas».

–¿Y cuando ocurrió todo eso?

–La batalla de Maratón ocurrió en el 490 a. C. en el mes de septiembre.

–Es tremendo, tío, así da gusto estudiar, lo describes como si lo viera.

–Bueno, esto no acaba aquí, porque unos años más tarde, Jerjes, el hijo de Darío, pensó vengar la afrenta sufrida por los persas en Maratón y decidió dar a los griegos una lección enviando una flota por mar y un gran Ejército por tierra para arrasar Grecia de una vez. Empezaba la Segunda Guerra Médica.

—Vaya, eran tercos esos persas.

—No se resignaban a que unas pequeñas ciudades los derrotaran y pusieran en ridículo a un imperio tan grande. Jerjes se jugaba su prestigio militar y la creencia de que los persas eran invencibles. Si se extendía la noticia de que las «polis» griegas plantaban cara al imperio sin recibir el merecido castigo, podían surgir levantamientos en los países ocupados. Esta vez los persas querían triunfar a toda costa y el mismo Jerjes dirigió la operación. Sabedores de lo que se avecinaba, los atenienses llamaron de nuevo a los espartanos, pero estos no estaban muy dispuestos a arriesgar la vida de sus guerreros, y al final, después de largas negociaciones, proporcionaron una fuerza de trescientos espartanos y unos 3.200 aliados de los alrededores.

—¡Los trescientos! Pero la peli no dice nada de los aliados.

—La realidad no quita el menor valor a lo que hicieron aquellos valientes por Grecia. Leónidas era entonces uno de los reyes de Esparta y dirigió la fuerza hacia el paso de las Termópilas donde el espacio disponible para cruzar era escaso y se eliminaba la ventaja del número, pues solo una pequeña cantidad de soldados podía atravesarlo al mismo tiempo.

—Era un tío listo ese Leónidas —dijo Julio.

—Así fue, y valiente. Allí montaron el campamento y esperaron la llegada de los persas, los cuales primero hicieron una demostración de fuerza y pidieron el paso libre a cambio de ciertas ventajas para Esparta, pero Leónidas había dado su palabra de no ceder al empuje aqueménida y se negó. Entonces empezó la batalla y los persas no pudieron atravesar aquel muro de hierro y valor.

»Tras varias jornadas de lucha, un pastor llamado Efialtes condujo las tropas persas por un camino dando un rodeo y sorprendieron a los griegos por la espalda.

—¡Un traidor apestoso!

—El caso es que Leónidas y sus soldados lucharon hasta la muerte, logrando retrasar al Ejército persa unos días cruciales mientras la flota ateniense se preparaba para luchar contra la escuadra enemiga. Al conocer la noticia del desastre de las Termópilas, los ciudadanos de Atenas evacuaron la ciudad. El Ejército persa la asaltó sin resistencia, saqueándola a placer y prendiéndole fuego. Mientras, Temístocles, el jefe de la flota griega, atrajo a la armada persa hacia Salamina, una bahía con estrechos angostos en donde la enorme flota persa no podría maniobrar adecuadamente.

—Pues repetía lo de las Termópilas.

—Más o menos. Cuando un general se enfrenta a un Ejército superior, debe procurar que este no pueda maniobrar a su gusto y que permanezca casi inmóvil mientras él ataca a placer. Se calcula que las naves persas eran unas mil, mientras las griegas no pasaban de 380.

—Pues era una desproporción bastante grande.

—Pero las trirremes griegas eran mejores para la guerra que las naves persas y maniobraban mejor. Aprisionados en los estrechos de Salamina y en la pequeña bahía, los barcos persas fueron fácil presa de la escuadra ateniense, bien entrenada y más ágil. La derrota fue total y se hundieron cientos de naves persas. Al conocer la destrucción de la flota que transportaba hombres, provisiones y equipo para su Ejército, Jerjes temió verse asilado y desabastecido en Grecia, por lo que ordenó una prudente retirada a mejores posiciones. Pero no contaba con Pausanias, un general griego que lo esperaba en la llanura de Platea, donde sus hoplitas destrozaron las tropas persas en el año 479 a. C. De nuevo, las pequeñas ciudades-estado habían derrotado y mancillado el orgullo de los emperadores aqueménidas.

—Parece casi un milagro que aquellas pequeñas ciudades lograran vencer a un poderoso imperio dos veces.

—Ya te he dicho que la estrategia, la moral y la disciplina son cruciales en una campaña militar. Los griegos estaban muy motivados; la derrota significaba su destrucción y la de sus familias, luchaban por algo tangible e importante, su tierra, su cultura, su forma de vivir. Los persas, sin embargo, invadían un país extranjero; ni sus familias, ni sus ciudades peligraban. Además, estaban motivados solo por el botín, el saqueo, mal entrenados y con poca disciplina y cohesión entre las tropas de distintos orígenes del vasto imperio. Muchos eran mercenarios que combatían por dinero. En estas circunstancias casi siempre vencen los que tienen más que perder, mientras que estén unidos y sepan jugar sus cartas.

—Entonces hemos acabado la Segunda Guerra Médica, pero... hay una tercera. ¿Quién gano esta vez?

—En la Tercera Guerra Médica, fueron los griegos los que llevaron la iniciativa y atacaron el imperio persa, casi a continuación de la victoria de Platea. Aprovecharon la inercia y la euforia del triunfo para constituir la confederación de Delos y presentarse en Asia Menor después de reconstruir Atenas y nombrar a Cimón como «estratego» en jefe de la expedición militar. En el año 467 a. C., Cimón, al frente de un disciplinado Ejército griego, derrotó a los persas en la batalla de Eurimedonte. Entonces, el nuevo rey aquémenida Artajerjes se decidió a firmar un tratado de paz, reconociendo la soberanía e independencia de las ciudades griegas de Asia Menor y de las islas del mar Egeo próximo.

»Aquí terminaron por fin las Guerras Médicas en las que Grecia y su cultura, que después hemos heredado todos los europeos, estuvieron a punto de desaparecer del mapa.

—¡Vaya, por fin un poco de paz!

—Pues no duró mucho, porque una vez desaparecido el peligro persa, las ciudades griegas se enzarzaron en una guerra fratricida por la hegemonía y el dominio del comercio, la llamada Guerra del Peloponeso, que duró desde el 431 a. C. hasta el 404. Se enfrentaron principalmente Atenas y Esparta, con la liga de Delos por parte de los atenienses y la liga del Peloponeso de los espartanos. Al final Atenas fue derrotada militarmente y Esparta se constituyó en la ciudad más poderosa e influyente de Grecia, aunque la hegemonía cultural ateniense siguió floreciendo.

—Es increíble que después de haber luchado codo con codo se enzarzaran en una guerra entre ambos.

—Así somos los humanos, buscamos cualquier pretexto para ser superiores a los demás. La ambición, la envidia, la codicia, el falso orgullo y el poder son los motores que impulsan las guerras, incluso las más inútiles y absurdas. Lo lamentable es que mueren miles de personas, a veces millones como en la Segunda Guerra Mundial, simplemente por ambiciones personales de unos pocos.

—¿Y qué paso en Grecia después del triunfo de Esparta?

—Pues que la guerra dejó a todas las ciudades griegas debilitadas a tal extremo que Filipo II, rey de Macedonia, invadió Grecia y se apoderó de toda ella tras la batalla de Queronea en el 338 a. C. Los griegos pagaron cara su locura perdiendo la libertad bajo las botas de los macedonios.

—¿Filipo II de Macedonia? ¿Quién era ese tipo?

—Macedonia es una región montañosa al Norte de Grecia. Pero antes tienes que saber quienes eran los persas que casi acaban con la civilización occidental, ¿no?

—¡Ah sí! Se me habían olvidado y parece que fueron muy importantes.

—Bastante, piensa que todavía hoy siguen existiendo, aunque ahora se llaman iraníes.

—¿No es un país árabe Irán?

–No, no, son de religión musulmana pero no son árabes, es decir de raza semítica. Tampoco hablan árabe, sino farsi. Son descendientes de los persas que vivían en la meseta iraní.

»En un principio, este pueblo era un pequeño estado feudatario de los medos. El historiador griego Herodoto cuenta que un reyezuelo persa llamado Ciro, sucesor de Cambises, formó un Ejército a imitación de los asirios. Entonces los estados fuertes eran Babilonia, Media, Lidia y Egipto. Ciro era ambicioso y buen estratega, de manera que gracias a la traición de un general medo llamado Harpago consiguió conquistar Media y asimilar este reino al suyo formando una sola nación. Merced a este refuerzo, se lanzó contra Babilonia, que ocupó tras un largo sitio donde llegó a desviar el río Éufrates que servía de defensa a la ciudad. Tras hacerse con el imperio babilónico, fueron cayendo Siria, Palestina y el Asia Menor entera incluyendo Lidia, formando lo que fue el germen del imperio persa.

–Pues era un tío bastante listo ¿no?

–Ciro el Grande fue llamado así por sus victorias y sus conquistas. Era un gran político y, a diferencia de lo que se hacía hasta entonces, perdonó la vida a los reyes vencidos y a sus familias, protegió el culto de los dioses locales, reconstruyó templos, mantuvo las administraciones y se ganó a los pueblos fomentando el comercio y construyendo carreteras, puentes y otorgando puestos de importancia a las élites de cada región. Le sucedió su hijo Cambises II en el 530 a. C., quien, aprovechando la debilidad del imperio egipcio, lo invadió conquistándolo. Pero murió muy pronto en el 522 a. C. en extrañas circunstancias.

–Apenas reinó doce años –calculó Julio.

–En aquellos tiempos la vida era corta y las conspiraciones para alcanzar el trono, muchas. Resultó que, cuando Cambises II murió en Egipto y al parecer sin hijos, un personaje llamado Gautama se hizo pasar por su hermano menor Esmerdis que había sido asesinado tres años antes. Prometió rebajar los impuestos y perdonar las deudas, por lo que fue proclamado rey de los persas gobernando unos siete meses hasta que fue depuesto por Darío.

—¿Y quién era ese tal Darío?

—Pues era un miembro de la guardia personal de Cambises II e hijo de un sátrapa de Partia, una provincia del imperio.

—¿Qué es un sátrapa? Me suena a personaje odioso.

—Los sátrapas eran los gobernadores de las provincias del imperio persa. La palabra sátrapa ha pasado a la Historia como definitoria de un personaje corrupto y disipado que gobierna despóticamente y a su antojo sin importarle un bledo la suerte de sus gobernados, sino solo su propio disfrute y enriquecimiento.

—Ya decía yo que...

—Pero no todos eran así. La familia de Darío estaba emparentada con los aqueménidas, la dinastía reinante, y por lo tanto pudo reunir a partidarios de la misma, que le ayudaron a liquidar al impostor. Tuvo que aplastar rebeliones en diferentes puntos del imperio. Siempre que un gobierno entra en crisis y se debilita, los descontentos y sometidos se rebelan creyendo que ha llegado el momento de sacudirse el yugo. Pero Darío sofocó todos los brotes levantiscos... menos a los escitas que resistieron bravamente y con los que tuvo que negociar. Esta negociación forzada tuvo repercusiones, pues, espoleadas por la aparente debilidad de Darío, las ciudades griegas de Asia Menor llamaran en su ayuda a los atenienses. Darío sometió esas ciudades jonias tras una larga campaña y un enfrentamiento con los atenienses, y para evitar futuras rebeliones fundamentadas en la esperanza de que las tropas griegas volvieran a socorrer a aquellas «polis» costeras, se decidió a invadir Grecia, lo que dio comienzo a la Primera Guerra Médica que ya hemos repasado.

–Sí, Darío fue derrotado en Maratón y sus sucesores también perdieron en las siguientes Guerras Médicas. Los griegos demostraron un valor formidable ¿verdad tío?

–Pero de nada les sirvió frente a los macedonios, cuando fueron invadidos después de las guerras del Peloponeso. Estaban agotados física y económicamente con tanta lucha.

–Sí, no demostraron mucho sentido común combatiendo entre ellos después de que unidos habían derrotado a todo un imperio. Entonces quedamos en que los macedonios...

–Macedonia, como ya te he dicho, es una región montañosa situada al Norte de Grecia y en la antigüedad estaba habitada por tribus dorias. Tras la unificación de estas tribus y la constitución de un estado, uno de sus reyes llamado Filipo II aprovechó la debilidad de los griegos, que habían dilapidado sus recursos guerreando entre ellos, para invadirlos y apoderarse de sus ciudades.

–Siempre se cumple lo que me dijiste: ante la debilidad, surge el aprovechado que te liquida.

–Siempre, desgraciadamente. Y no solo ocurre entre las naciones, sino también en la vida cotidiana. Si te muestras débil, vulnerable y muy asequible, alguien tarde o temprano pretenderá aprovecharse de ti. No lo olvides, muéstrate firme siempre, educado y correcto, pero sin dar imagen de debilidad a los extraños.

–Lo tendré en cuenta tío.

–Bien, prosigamos... queda un poco de tiempo antes de la cena.

»Filipo II tuvo un hijo que es uno de los personajes más famosos de la Historia antigua, incluso se han escrito muchos libros y realizado varias películas sobre él...

–¡Alejandro Magno! –dijo Julio sin dejar terminar la frase a Manuel.

—Bien, veo que tienes buena memoria.

—Es que he visto la peli, qué lástima que muriera tan joven.

—A raíz de su muerte se acuñó la frase «los dioses llaman pronto a su lado a los mejores hombres cuando todavía son jóvenes», aunque yo no creo que Alejandro Magno fuera un bienhechor de la Humanidad. Sí fue un gran conquistador, algo que desgraciadamente la Historia contempla con ojos demasiados condescendientes sin tener en cuenta la sangre derramada ni los sufrimientos que originan este tipo de líderes con sus conquistas. Alejandro Magno era en realidad Alejandro III de Macedonia y cambió el mundo de su época difundiendo la cultura griega, el helenismo, por toda Asia Menor, Oriente Medio y el Norte de África, influyendo en pueblos tan dispares como Egipto, Siria, Babilonia, Israel y Persia.

—Entonces el balance no fue tan malo.

—Dentro de la orgía de sangre y muerte que acompaña a todo conquistador, Alejandro protegía la cultura, especialmente la griega, que en aquella época era la más avanzada en todos los terrenos del saber humano. Ten en cuenta que su preceptor fue Aristóteles, un gigante intelectual del mundo antiguo. Alejandro fundó una docena de ciudades que llevaban su nombre. La más famosa y que todavía existe es Alejandría, situada en el Norte de Egipto. Pero no fue la única; por donde pasaban sus tropas fundaba nuevas «Alejandrías». Su ego debió ser enorme.

—¿Y cómo conquistó tantos países y territorios?

—Gracias a la técnica militar y la disciplina de los macedonios que hicieron de la falange un instrumento de batalla casi perfecto durante muchos años, y también, claro está, al genio estratega de Alejandro, a su valor y ambición.

—Entonces ¿Atenas, Esparta, Tebas...?

—Ya no contaron en la Historia. Las polis griegas se diluyeron en el imperio de Alejandro, hasta el siglo II en que los romanos las conquistaron. Luego, cuando formaron parte del imperio bizantino, el emperador Justiniano ordenó cerrar la escuela de filosofía de Atenas en el 529 de nuestra era. Ahí terminó definitivamente la historia de la Grecia antigua. De Esparta y Tebas solo quedan un montón de ruinas, pero Atenas perdura y ahora es la capital de la Grecia moderna.

—La verdad es que me gusta la historia de los valientes griegos antiguos, Atenas, Esparta... me trae imágenes de hombres vestidos de hierro y bronce luchando cuerpo a cuerpo defendiendo sus hogares.

—No solo defendieron sus hogares como tú dices, sino que defendieron la cultura occidental que hoy tenemos. Si los persas hubieran ganado las Guerras Médicas, hoy Europa no sería igual.

—¿Peor?

—Eso no lo sabremos nunca, pero desde luego no como ahora.

—¿Podemos hablar de Alejandro Magno antes de cenar?

—Creo que sí. Como ya sabes, Filipo II, rey de Macedonia, se apoderó de las polis griegas gracias a la debilidad de estas tras años de guerras intestinas y también por la reforma que hizo de la falange espartana hoplita y el uso de la caballería en perfecta coordinación.

—¿Por fin se usó la caballería; ya tenían sillas de montar?

—Todavía no, pero los macedonios eran hábiles jinetes y realizaban un gran entrenamiento, al igual que las falanges. Filipo dotó a los soldados de una lanza llamada «sarisa» que podía medir hasta siete metros de longitud.

—¿Siete metros? Pero una lanza tan larga no podrían manejarla bien.

—Exacto, pero solo eran más largas las que llevaban los hoplitas de las últimas filas. Verás, la falange macedónica estaba compuesta por dieciséis líneas de hombres colocados en una especie de rectángulo que avanzaba sobre uno de sus lados más largos. Los primeros tenían las lanzas más cortas, de unos tres o cuatro metros, y los soldados de atrás hasta la fila dieciséis tenían las lanzas progresivamente más largas, de manera que hasta la sexta línea todas las lanzas apuntaban hacia el frente, y los de atrás iban levantando las suyas de forma que un bosque de astas cubría a los soldados de las flechas enemigas. La formación presentaba una figura parecida a un puercoespín. Avanzando coordinadamente, nada podía atravesar de frente la muralla de picas.

—Pero esas lanzas tan pesadas no podrían manejarse con una sola mano.

—Bien pensado... Efectivamente tenían que manejarse con las dos manos, por eso abandonaron los grandes escudos espartanos de noventa centímetros de diámetro y usaron uno más pequeño que se colgaban del hombro izquierdo. Cuando un soldado caía era sustituido por el siguiente en la línea y cada uno de ellos protegía el flanco de su compañero.

—¿Y la caballería?

—Era el «martillo». Filipo llamaba a su estrategia el «martillo y el yunque». La falange era el yunque y la caballería pesada el martillo. La estrategia era la siguiente: mientras las falanges avanzaban hacia el enemigo, la caballería pesada atacaba por los flancos empujando a los soldados hacia la formación erizada de lanzas. Estos últimos no tenían escapatoria y acababan masacrados por los hoplitas.

—¿Cómo era la caballería pesada?

—Se trataba de soldados bien armados, con lanza, escudo, espada, coraza, casco y grebas. Eran los responsables de embestir las filas enemigas flanqueándolas, es decir, eludiendo atacar de frente. Existía una caballería ligera, menos armada y más veloz que servía para reconocer el terreno, las formaciones enemigas y perseguir a los fugitivos. También tenían una infantería ligera que protegía los flancos de la falange, pues este era su punto débil, además de necesitar para avanzar un terreno lo menos accidentado posible.

—Entonces la falange macedónica no era totalmente invencible.

—No, los lados y la retaguardia eran su parte vulnerable. Un ataque desde atrás podía destrozarla pues era muy difícil volver las pesadas lanzas coordinadamente. Eso es lo que hicieron muchos años más tarde los romanos en Pidna cuando derrotaron a los griegos en el 168 a. C. Pero a Filipo II y a Alejandro Magno les sirvió para conquistar admirablemente un gran imperio sin sufrir ni una sola derrota.

—Está bien, sigue con Alejandro.

—Alejandro era hijo de Filipo II rey de Macedonia y de Grecia por conquista. Su madre se llamaba Olimpia y no era macedonia, por lo que cuando Filipo se casó de nuevo con otra mujer (algo normal en aquellos tiempos) que sí era de Macedonia, Alejandro tuvo miedo de no ser el sucesor en el trono si nacía un hijo de esa nueva unión, como le sugirió arteramente el padre de la nueva esposa. Se sabe que Alejandro reaccionó de manera airada ante esta posibilidad, pero Filipo murió pronto asesinado por un capitán de su guardia llamado Pausanias, y Alejandro, que tenía veinte años, se hizo rápidamente con el poder.

—Es decir, que no lo tuvo fácil para ser rey.

—Siempre en estos lances y en países tan militarizados era decisivo el apoyo del Ejército, y Alejandro supo ganárselo. A los trece años fue encomendado por su padre al gran filósofo y sabio Aristóteles que lo instruyó en el amor a las artes, la cultura y las epopeyas griegas. Parece que dormía con un ejemplar de *La Ilíada* debajo de la cama y se sabía muchos párrafos de memoria de las obras literarias de los mejores escritores griegos. Con apenas dieciséis años ya mandaba la caballería macedonia en la batalla de Queronea.

—¿Tan pronto?

—La vida era más corta que hoy y se envejecía más deprisa. Un muchacho ya tenía que ser un hombre a partir de esa edad si quería hacer carrera, y Alejandro pretendía algo más que el reino que le había legado su padre; era muy ambicioso, quería emular a los grandes héroes de las epopeyas y mitologías griegas. A los veinte años encabezó la conquista del imperio persa que tantas veces había amenazado a las polis griegas.

—¿Y por qué atacó a los persas? ¿No había un tratado de paz?

—Alejandro no era griego, era macedonio, pero se identificaba con la cultura helénica, pues admiraba a sus héroes y adoraba a sus dioses. Como ya te he dicho, las culturas superiores «conquistan» a los conquistadores, y Grecia era intelectualmente muy superior a Macedonia, país del que los griegos se mofaban diciendo que había sido formado en su origen por rudos e ignorantes pastores montañeses apenas cubiertos con pieles de oveja. Los macedonios conquistaron a los griegos y estos «conquistaron» a los macedonios. Alejandro se enamoró de la cultura griega y la hizo suya, difundiéndola por todo el mundo con sus conquistas.

—Entonces no todo fue negativo en su vida.

—Nunca en la vida de los líderes todo es negativo ni todo positivo como ya irás comprobando. Alejandro sintió como suyo el rencor que los griegos tenían hacia los persas. Estos constituían siempre una amenaza sobre Grecia y su comercio, y ya sabrás que los tratados se respetan mientras exista cierto equilibrio de poder entre los estados, pero se pisotean cuando uno de ellos se debilita demasiado para resistir la agresión del otro.

—Luego Persia estaba debilitada.

—Algo así. El imperio persa era enorme y reunía multitud de países y gentes de diferentes culturas y razas; se extendía desde las fronteras de Afganistán hasta Egipto y Mesopotamia. Reinaba entonces Darío III que demostró ser bastante incapaz para gobernarlo y defenderlo. Alejandro debió intuirlo ayudado por los informes de sus espías, y emprendió la campaña contra los persas al mando de sus poderosas falanges, la caballería formada por los llamados «iguales», hombres fuertemente cohesionados, fieles a su rey y sus tropas auxiliares.

—Estaba seguro de la lealtad de sus soldados.

—En realidad lo adoraban pues sabía tener con ellos atenciones que ningún líder les prodigaba, y entraba en la batalla al frente de sus tropas arriesgando la vida como uno más. Pero no todo había sido fácil cuando llegó al trono. Al morir su padre las ciudades griegas se rebelaron pensando que Alejandro solo era un muchacho que no tenía la talla militar ni el carácter brutal, agresivo y cruel de Filipo. Se equivocaron y Alejandro tuvo que sofocar las rebeliones destruyendo Tebas y demostrando su decisión de ostentar el poder absoluto sobre toda Grecia. Incluso las ciudades griegas del Asia Menor se pusieron bajo su protección aceptándolo como rey.

—Parece que solo entendían el lenguaje de la fuerza.

—Los griegos no se resignaban a perder su «democracia». Alejandro inició la invasión atravesando el estrecho de Dardanelos e internándose en lo que hoy es Turquía. El primer Ejército persa le salió al paso a orillas del río Gránico comandado por varios sátrapas. Darío III, despectivamente, ni siquiera se preocupó del asunto; pensó que un puñado de sus gobernadores bastaba para acabar con aquel jovenzuelo que osaba invadir su gigantesco imperio.

—Menospreciaron a su enemigo y eso no debe hacerse.

—Muy bien Julio, vas aprendiendo. Nunca, nunca se debe menospreciar a un adversario; hasta el que parece más insignificante puede darte una sorpresa desagradable. La batalla fue rápidamente ganada por los griegos. Tras esa victoria Alejandro decidió pasar el invierno en la ciudad de Gordión, donde se encontraba un carro real atado por un nudo complicadísimo sobre el que existía una leyenda antigua según la cual quien lograra desatarlo conquistaría toda el Asia.

—He leído algo sobre eso... el «nudo gordiano»...

—Exactamente. Esta frase ha pasado a la Historia para expresar algo intrincado que debe resolverse para conseguir un objetivo difícil. No sabemos si Alejandro lo cortó con la espada o logró deshacerlo, pero el caso es que consiguió liberar el carro y pasearse por la ciudad subido en él. La historia corrió veloz de boca en boca por todo el imperio persa. Fue un acto de propaganda de primer orden. Las gentes de entonces eran mucho más supersticiosas que hoy día y cuando algo se transmite oralmente de persona a persona, se suele magnificar. Darío III tuvo que estremecerse al oír la noticia.

—No es para menos, ¿y qué hizo?

—Salir al encuentro de Alejandro con todos los hombres que pudo reunir. Quería acabar de una vez por todas con aquel insolente. Lo esperó en Isos cerca de Siria en el 333 a. C. Alejandro, desoyendo a sus generales que le aconsejaban prudencia ante la enorme superioridad de las tropas persas, atacó decididamente él mismo al frente de su caballería pesada el centro del Ejército enemigo en dirección a donde estaba Darío III protegido por su guardia personal, penetrando como una sierra en la madera.

—¡Qué emocionante! —exclamó Julio imaginando la batalla.

—El rey persa, al ver como avanzaba Alejandro en su dirección sin que pudiera ser detenido por sus soldados, tuvo miedo y huyó cobardemente. Ni que decir tiene que sus tropas flaquearon al verlo huir y fueron completamente derrotadas. En esta batalla Alejandro estuvo a punto de morir cuando un soldado persa lo atacó por la espalda, pero uno de sus generales llamado Clito el Negro lo salvó en el último momento. Los persas se replegaron hacia su territorio original dejando todo el Oriente Medio casi desguarnecido. Alejandro marchó entonces hacia Egipto conquistando de paso Fenicia donde puso sitio a la ciudad de Tiro y después a Gaza. Ambas metrópolis resistieron el asedio varios meses, aunque fue inútil. En Egipto fue recibido como un libertador. Los egipcios estaban hartos del dominio persa; fue coronado faraón y nombrado hijo de Amón, el principal dios local.

–¿Y fundó Alejandría?

–Sí, él mismo acompañó al arquitecto para marcar en el suelo donde iba a situarse el templo de Zeus-Amón, el ágora y las vías principales. Fue en el año 331 a. C. Todavía no estaba acabada la guerra. Darío III reunió todas sus reservas y presentó batalla de nuevo en Gaugamela, a orillas del río Tigris, pero otra vez fue derrotado teniendo que huir vergonzosamente de nuevo hacia el interior de Persia. Alejandro, ya vencedor indiscutible, entró en Babilonia, la capital del imperio, siendo aclamado por sus habitantes que poco antes inclinaban la cerviz bajo el poder de Darío III.

–Parece que eran bastante chaqueteros esos babilonios.

–En realidad no eran persas, aunque se sometían al poder hegemónico de los aqueménidas que hasta entonces eran los más fuertes. Cuando supieron de la derrota definitiva de Darío, corrieron a reverenciar al nuevo líder para conservar sus vidas y haciendas. Es algo muy común en la Historia; a la masa le gusta unir su destino al del vencedor. Alejandro trató correctamente a la familia de Darío y no tomó represalias contra los prisioneros ni contra los nobles, sino que los unió a su Ejército y mantuvo los cargos administrativos y a los sátrapas que le juraron fidelidad. No sabemos si lo hizo por humanidad o como estrategia pragmática de conquista. También respetó las creencias religiosas, a los dioses locales y los templos, las costumbres de los pueblos y el comercio, con lo que se granjeó la simpatía de los países ocupados. Es más, quiso fundir la cultura griega y la oriental construyendo un gran imperio unido por el pensamiento heleno, aunque fue criticado por sus hombres a los que no les gustaba aquella dejación de las costumbres puramente griegas y macedonias. Incluso se casó con una princesa persa y obligó a sus generales y oficiales a hacer lo mismo con mujeres de la aristocracia de Babilonia.

—Pues era bastante listo. Quería emparentarse con el antiguo enemigo para asimilarlo y convertirlo en aliado.

—Bastante Julio; sabía que no iba a poder mantener semejante y vasto imperio solo por la fuerza y el miedo, y quería seducir a sus gentes. Una vez asentado en Babilonia se dispuso a entrar en el territorio puramente persa llegando a Susa, la antigua capital, casi sin resistencia, y prosiguió hasta Persépolis y Ecbatana. En esta última ciudad encontró el cadáver de Darío III, asesinado por sus propios nobles.

—Lo traicionaron vilmente. ¡Qué cobardes!

—Cuando vieron derrotado a su rey, otrora todopoderoso, tuvieron miedo de Alejandro y pensaron que matando a Darío se congraciarían con el nuevo poder. Pero el macedonio se irritó al ver la traición, algo que odiaba con todas sus fuerzas. En el fondo apreciaba y respetaba a Darío a pesar de ser su enemigo y quería ofrecerle un retiro honroso con su familia. Juró vengarlo y persiguió a sus asesinos hasta matarlos a todos.

—Que odiara la traición dice mucho en su favor.

—Alejandro era muy apasionado, impulsivo y extremo para todo. Se cuenta que en una fiesta el vino corrió a raudales y Clito el Negro, el general que le salvó la vida, le reprochó su tendencia a aceptar las costumbres persas hasta en la ropa que vestía, y le recordó que no estaría allí si él no hubiera evitado que un enemigo lo hiriera mortalmente por la espalda. Irritado, Alejandro cogió una lanza y lo mató allí mismo. Cuando se le pasó la borrachera y se dio cuenta de lo que había hecho, se encerró durante tres días en sus habitaciones sin querer ver a nadie.

—Es decir, que era bastante bestia a pesar de todo.

—Cuando bebía en abundancia perdía el control de sí mismo. Llegó a pensar que era un dios haciéndose adorar por la corte de Babilonia, lo que motivó críticas y malestar entre los griegos. Sin embargo, en Oriente tener al emperador como una especie de dios era muy normal. Una vez que terminó la conquista del imperio persa no estaba satisfecho; se sentía capaz de todo, quería más aún y volvió sus ojos hacia el Este, hacia Afganistán, Pakistán y la India. Atravesando el Hindu Kush llegó hasta el valle del Indo, donde el rey Poros le salió al paso al frente de un poderoso Ejército provisto de elefantes. Las tropas de Alejandro flaquearon ante la vista de aquellas moles y el sonido de miles de trompetas y tambores, pero consiguieron la victoria de nuevo a orillas del río Hiderpes. Alejandro, incansable, pretendió continuar hacia el Este profundizando en el territorio indio, pero sus hombres se amotinaron negándose a seguirlo; estaban cansados de marchas interminables, frío, calor, batallas sin fin. Todos le pidieron volver y terminar las conquistas y Alejandro cedió, eso sí, no sin antes asaltar varias ciudades y masacrar a sus habitantes por haber presentado una dura resistencia.

—Luego era cruel con sus enemigos.

—Eso dependía de su estado de ánimo, de las dificultades que presentaban los adversarios y de las bajas que se producían entre sus hombres. Si los enemigos causaban muchos muertos entre sus mejores soldados, no dudaba en tomar represalias terribles, sin importarle acabar incluso con las mujeres y los niños para dar una lección a futuros rebeldes; era la vieja estrategia asiria, aterrorizar al posible enemigo. A su regreso a Persia tuvo que poner orden ejecutando a unos cuantos funcionarios corruptos en Ecbatana; incluso no dudaba en ajusticiar a sus propios veteranos si incumplían sus órdenes e incurrían en abusos de poder y corruptelas con la población. En esta ciudad fue donde murió su íntimo amigo Hefestión por quien, según algunos historiadores, Alejandro sentía una pasión posiblemente homosexual.

—Pues es lo último que se me hubiera ocurrido de un personaje tan osado y valiente.

—Son cosas que ahora nos extrañan pero que eran normales en la Grecia de entonces. El caso es que cuando murió Hefestión, Alejandro encolerizado ordenó la muerte del médico que lo trataba. Entró en una profunda depresión y se dio más a la bebida organizando fiestas interminables para aturdirse y olvidar. Ya había sido herido de gravedad en la campaña de la India cuando una flecha le perforó un pulmón, y posiblemente los excesos de la bebida y la comida de sus últimos meses dañaron seriamente su salud. Aunque hay historiadores que postulan un posible envenenamiento, el caso es que Alejandro murió en junio del año 323 a. C. con solo treinta y dos años de edad.

—En mi libro dice que a los treinta y tres años.

—No los había cumplido todavía, aunque le faltaba muy poco. A su muerte, su esposa Roxana estaba embarazada y dio a luz un hijo póstumo, llamado Alejandro IV, pero que apenas pudo reinar pues fue depuesto por los generales del Ejército que se hicieron con el poder y se repartieron el imperio. Y para evitar complicaciones sucesorias unos sicarios asesinaron a Roxana, al niño y a Olimpia, la madre de Alejandro.

—Es decir, que se cargaron a toda la familia. ¿No lo querían tanto sus hombres?

—Cuando llega la fiebre del poder los ambiciosos eliminan todos los obstáculos que se interpongan en su consecución, y el niño era un posible heredero al que podían seguir muchos. De paso, la esposa y la madre podrían pedir venganza. Matándolos a todos se aseguraban poder repartirse el imperio de Alejandro.

—¡Qué bestias!

—Así son los hombres muchas veces, como las bestias o peor. Alejandro tenía un hermanastro llamado Filipo III que al parecer sufría una discapacidad mental y también algunos quisieron que reinara, pero igualmente fue asesinado.

—Vaya lío de familia.

—El caso es que al final los «diádocos» o generales de Alejandro se repartieron el imperio. Ptolomeo consiguió Egipto, fundando la última dinastía de faraones que terminó con Cleopatra. Antípatro se quedó Macedonia, Seleuco se hizo con Mesopotamia, Siria, Persia y Palestina. Lisímaco la Tracia y el Asia Menor, y Antígono con Frigia.

—Pobre Alejandro, poco podía imaginar el fin de su imperio por el que tanto luchó.

—Suele ocurrir que, cuando muere un gran conquistador, sus conquistas se deshacen como un azucarillo si no tiene un heredero fuerte y decidido como él, algo harto difícil. Pero Alejandro consiguió al menos la difusión de la cultura helena, su filosofía y su ciencia. A pesar de sus defectos, por otra parte no mayores que los de sus coetáneos, protegió el arte y a los artistas, a los escritores, a los filósofos y a los científicos. Instauró un sistema monetario homogéneo para todo el imperio basado en la moneda de plata, que era más asequible que el oro, y el idioma griego se convirtió en una lengua franca internacional, como hoy lo es el inglés, que dominó el Este de Europa, el Asia Menor el Oriente Próximo y el Norte de África hasta el advenimiento del Islam. En Roma, el que no sabía griego era tachado de ignorante.

—Háblame de los filósofos griegos, seguro que sale alguna pregunta sobre ellos...

—Hay una anécdota muy curiosa. Dicen que Alejandro había oído hablar de Diógenes, apodado «el perro», que vivía en una tinaja en la ciudad de Atenas y siempre andaba desnudo con un farol encendido en pleno día. Cuando le preguntaban por qué llevaba aquella lámpara cuando lucía el sol siempre contestaba: «Estoy buscando un hombre de verdad, un hombre honrado». Dicen que un día Alejandro descabalgó de su caballo y se acercó al filósofo que estaba sentado junto a su vieja tinaja que le servía de casa y le espetó: «Soy Alejandro, el dueño de toda Grecia y pronto lo seré de Asia. Sé que eres un sabio; pídeme lo que quieras y te lo daré aunque sean grandes tesoros». El viejo Diógenes lo miró de arriba a abajo y contestó impertérrito: «Solo quiero que no me quites el sol, por favor hazte a un lado». Alejandro se quedó asombrado por la respuesta y pensativo montó en su caballo y se alejó con su séquito.

—Vaya con Diógenes, lo tenía claro.

—Aquí puedes ver a un filósofo, una persona que se pregunta qué es el ser humano, para qué estamos aquí y por qué, qué es la vida. Unas preguntas que aún estamos formulando y para las que no tenemos respuesta, excepto las que aportan las religiones, aunque estas son tantas y tan distintas... filosofía significa «amor por la sabiduría». Por cierto, si acaso te lo preguntan, a Diógenes le apodaban «el perro» y su filosofía se denomina «cínica» por lo cual también le llamaban «el cínico».

—¿Por qué?

—Porque en griego perruno se dice «kynico» y solo hay que cambiar la «K» por la «c» en español; por lo tanto «cínico» proviene de la palabra griega «perruno». Este apodo se lo pusieron porque según los atenienses vivía como un perro. Al principio los ciudadanos lo insultaban para que reaccionara con indignación, pero Diógenes aceptó el insulto como un elogio, pues los perros eran fieles y honrados, virtudes que según el filósofo echaba a faltar en los hombres.

—¿Fueron tan importantes los filósofos?

—Figúrate si fueron importantes que todavía influyen en nuestra forma de pensar y en nuestras creencias. Sócrates fue el fundador del pensamiento occidental con su método de preguntas que empujaban al interlocutor a conocer la verdad, llamado «mayéutica».

—Pero su sabiduría no le sirvió de nada porque lo condenaron a muerte.

—Ese episodio te dará idea de lo que significa a veces adelantarse a su tiempo. Sócrates desmontaba los mitos de los dioses griegos dudando de la existencia de semejantes seres tan parecidos a los hombres en sus pasiones y andanzas, algo que no gustaba a los dirigentes de Atenas. Pudo haberse escapado y haberse ido al destierro, pero quiso dar ejemplo a sus alumnos de que aceptaba la sentencia de los tribunales aunque fuera injusta; quería ser un ciudadano ejemplar.

—Pues yo me hubiera escapado, y más con una condena injusta.

—Así era aquel gran hombre. Platón fue su discípulo más aventajado y gracias al cual hemos sabido de Sócrates, pues este nunca dejó escrita obra alguna. Platón fue el que introdujo el concepto de «alma» en el ser humano del que luego se apropió el cristianismo. Pero ya hablaremos de este tema cuando llegue el momento.

—¿Qué decía Platón?

—No le gustaba la democracia porque argumentaba que no todos los ciudadanos tenían una formación adecuada para votar, y que el voto de un sabio valía igual que el de un ignorante.

—En eso tenía cierta razón.

—Sí, pero este razonamiento ha servido para justificar ciertos regímenes totalitarios fascistas y marxistas. Platón postulaba que solo los filósofos podían gobernar una nación, y los más capaces dirigir el Ejército. Sócrates y Platón fueron el principio, pero los siguieron muchos otros, entre ellos Aristóteles.

—Has hablado de los científicos, ¿ya había científicos por aquel entonces?

—Claro, y con unas ideas revolucionarias y avanzadas; por ejemplo, ya sabían que la Tierra era redonda y cuánto medía de circunferencia e incluso su radio, aportación de Eratóstenes en el siglo II a. C.

—¡Pero si en la Edad Media creían que la Tierra era plana!

—Ocurrió que al advenimiento del cristianismo se destruyeron casi todos los libros del saber antiguo. La enorme biblioteca de Alejandría fue quemada dos veces y se perdió esta información para el mundo occidental. La Humanidad tuvo un retraso de más de mil años hasta el Renacimiento, aunque ya hablaremos de eso. Por ejemplo, Galileo Galilei estuvo a punto de ser quemado vivo por sostener que era la Tierra la que giraba en torno al Sol, y no al revés como pretendía la Iglesia basándose erróneamente en la Biblia.

—He oído algo sobre Galileo, pero creo que era de otro siglo mucho más cercano.

—Efectivamente, del Renacimiento. Pero aún no llegamos a él. Sin embargo, ya Aristarco de Samos en el siglo IV a. C. afirmó que la Tierra orbitaba alrededor del Sol, es decir, postuló el heliocentrismo. Y eso no es todo; Demócrito en el siglo V a. C. afirmó que todo en el Universo estaba formado por partículas indivisibles a las que llamó «átomos».

—¿De verdad? Eso es fantástico —dijo Julio excitado.

—¿Te imaginas lo que hubiera pasado si toda aquella cultura no hubiera sido borrada del mapa por el cristianismo? En realidad no empezamos a recuperar el tiempo perdido hasta el siglo XVII.

»Pero no terminan aquí los avances de aquellos hombres. Herón, en el siglo I d. C., aparte de otros instrumentos fabricó una máquina movida por el vapor.

−¿Una locomotora en tiempos antiguos? Eso parece un viaje en el tiempo −Julio se mostró muy sorprendido.

−No, no es lo que imaginas. Herón lo que consiguió es demostrar que el vapor podía mover cosas. Fabricó una esfera metálica con dos salidas en los polos opuestos que expulsaban el vapor en sentidos contrarios. Llenó esa esfera de agua y la puso sobre un eje encima del fuego. Cuando el agua se transformó en vapor, al salir de ella en sentidos opuestos hacía girar la esfera. No sabemos si fue más allá y consiguió un molino o una rueda, pero hubiera sido muy fácil sabiendo el poder del vapor.

−Me dejas asombrado tío. ¿Máquinas de vapor hace dos mil años?

−Y no nos olvidemos de Arquímedes, que inventó el tornillo en el siglo III a. C. y descubrió el principio científico de la flotación de un cuerpo sólido en un líquido y el poder calorífico de los rayos solares si se concentran con espejos, igual que hoy se hace con las centrales térmicas solares, el número «Pi» y muchas cosas más.

»También tenemos que recordar a Hipócrates, el primer médico que empezó a dejar de lado las supersticiones y los designios divinos para estudiar seriamente las enfermedades, sus síntomas y remedios. Propuso una vida sana con ejercicio físico, moderación en el consumo de carnes, alcohol y alta ingesta de pescados, legumbres, frutas y verduras, es decir, lo mismo que aconsejan los dietistas de hoy ¡y todo eso en el siglo V a. C!

−¿He oído algo sobre el juramento hipocrático?

–Exactamente. Los médicos de todo el mundo deben hacer ese juramento cuando se gradúan, y no ha cambiado ni un ápice lo que Hipócrates decía; en definitiva, no hacer daño al paciente, no suministrar abortivos, respetar la intimidad y la confidencialidad, no aprovecharse de su posición y no traicionar la confianza del enfermo ni de sus familiares depositadas en su figura para enriquecerse ilícitamente. Algunos médicos actuales deberían recordar ese juramento y reflexionar sobre su conducta.

–No acabo de entender cómo todos esos adelantos y descubrimientos no fueron adoptados por toda la sociedad para hacer la vida más agradable.

–El fanatismo religioso y político de aquellos que se creen en posesión de la verdad y ostentan el poder absoluto produce miedo a los cambios sociales y a las mentes libres. Los que ya tienen controlado al resto de la Humanidad, ¿para qué van a estimular nuevos y revolucionarios descubrimientos que puedan mermar su poder o producir cambios sociales que no consigan controlar? Eliminarán a los genios, esconderán sus inventos, cubrirán todo con un manto de oscuridad apelando a la voluntad divina o al mesianismo del líder que salvará al pueblo de algún cataclismo imaginario. ¿Acaso crees que no existen ya procedimientos tecnológicos que harían innecesario el petróleo como sangre del sistema industrial o del transporte y erradicarían la contaminación atmosférica? Ten por seguro que sí, pero existen fortísimos intereses creados que frenan y ocultan ciertos avances que ponen en peligro su poder.

–Bueno... la informática está revolucionando el mundo.

–Sí, pero es un instrumento que puede controlarse con facilidad. Internet es vigilado por un «Gran Hermano» que sabe todo cuanto vemos, chateamos y organizamos en su red e incluso en nuestros ordenadores. Tú sabes que es perfectamente posible, incluso lo que hacemos con nuestros teléfonos móviles.

—Es verdad...

—Por ejemplo, existe un combustible perfecto para el transporte que no contamina en absoluto y rinde más que el petróleo.

—¿Cuál es?

—El hidrógeno. Proporciona más calorías que la gasolina y al quemarse no contamina. Pero tiene una pega por la cual no interesa que se aplique masivamente a todo el transporte mundial.

—Será que es muy difícil extraerlo...

—No es esa su dificultad, sino el que no se pueda controlar su producción. Se obtiene a partir del agua con bastante facilidad. La gasolina o el gasoil, en cambio, son muy fáciles de controlar. Refinar los hidrocarburos solo puede hacerse en grandes refinerías que están controladas. Los gobiernos no quieren arriesgarse a perder los sustanciosos ingresos que les proporcionamos cada vez que llenamos los depósitos de automóviles, camiones, barcos y aviones. Si todos usáramos hidrógeno, podríamos tener una pequeña productora en nuestra propia casa, simplemente poniendo agua y conectándola a la electricidad.

—Pues sería estupendo...

—Sí, pero nos pondrían otros impuestos para compensar los perdidos por la gasolina o el gasoil. No obstante, los combustibles fósiles tienen un tiempo limitado; la contaminación de millones de coches y calefacciones obligará a que dejemos de consumir petróleo y carbón. En realidad son ya combustibles obsoletos, de siglos pasados. Pronto entraremos en la era del hidrógeno y todo cambiará, aunque me temo que tardaremos todavía muchos años en verlo; al menos creo que tú lo verás.

—Y tú aún eres muy joven tío.

—Bueno, creo que debemos terminar por hoy. El próximo día empezaremos con Roma, ya que después de Alejandro Magno y del reparto de su imperio entre los generales, la potencia emergente en el mundo occidental fue Roma que encontró la forma de vencer las falanges macedónicas.

—Sí, tío, ya me has adelantado como, por los flancos y la retaguardia. ¿Cómo nació Roma?

—Eso te lo diré, pero otro día. Ahora vamos a cenar.

Salieron del despacho de Manuel. La tarde ya declinaba pero todavía el calor era demasiado agobiante.

—Voy a darme un baño antes de la cena —dijo Julio.

—Muy bien, pero no te entretengas demasiado.

Julio subió a su habitación para cambiarse y se encontró con Clío que salía de su dormitorio.

—¿Ya habéis terminado? —preguntó ella jovial.

—Sí, ha sido una clase magistral sobre Grecia y los persas; me lo he pasado en grande.

—Muchas guerras, ¿verdad?

—Pues parece que no paraban; no sé cómo tenían tiempo de trabajar en los campos y las ciudades.

—Así es la Historia en su mayor parte; guerras, batallas, asesinatos por el poder, traiciones...

—Sí... parece que los humanos llevamos la violencia en los genes.

—Solo hay una cosa más grande que el Universo, Julio.

—Te has puesto seria Clío, dime cuál.

—La estupidez humana. Si te estás dando cuenta, la mayoría de las guerras y conquistas no sirven para nada, solo para la mayor gloria efímera del triunfador.

—Pero al menos estarás conmigo en que la defensa frente a una agresión es legítima.

—Claro... eso sí, cuando nos agreden por el solo hecho de que eres más débil para dominarnos e imponernos la voluntad ajena, tenemos el pleno derecho a defendernos.

–Entonces estamos de acuerdo Clío.

–Sí, lo seguirás viendo a medida que profundices en la Historia. Ahora bajemos a cenar, deben estar esperándonos.

–Aún es temprano, voy a darme un baño rápido antes de cenar.

–Espera un poco –Clío lo sujetó del brazo levemente–, te acompaño, a mí también me apetece después de trabajar toda la tarde en mi tesis.

Entraron en sus dormitorios y salieron al poco con los bañadores puestos. Clío llevaba un precioso bikini blanco que resaltaba su suave piel bronceada. Julio no pudo evitar mirarlo.

–Es nuevo, ¿te gusta? –preguntó Clío dándose la vuelta coqueta.

–Sí te sienta muy bien... es perfecto para ti.

–Gracias Julio.

Bajaron corriendo las escaleras y atravesando el salón salieron al jardín y se sumergieron en las frescas aguas de la piscina resoplando de placer.

Cintia estaba en el porche leyendo una revista y los siguió con la mirada.

–¡No tardéis mucho, cenamos en diez minutos!

–¡Es solo un chapuzón para quitarnos el calor del día! –contestó Julio desde el agua–, enseguida salimos.

Clío nadó vigorosamente a lo largo de la alberca, tocó la pared y dio una vuelta de competición perfecta dejándose llevar por la inercia del empuje en el muro. Julio se sorprendió de su perfecto estilo y trató de imitarla, pero se dio cuenta de que su vuelta no había sido tan buena. Afortunadamente –pensó– ella no estaba mirando, sino que nadaba con fuertes brazadas hasta la otra pared, saliendo por la escalera ágilmente y dirigiéndose a la ducha.

Julio alcanzó también la escalera y se reunió con ella bajo el chorro de agua de la ducha.

–Has dado una vuelta perfecta. ¿Entrenas en natación? –le preguntó mientras se frotaba los brazos para eliminar el cloro.

–Me encantan todos los deportes, pero en especial la natación. Estuve algunos años en el equipo de la facultad; no se me da mal.

–Ya lo he visto. ¿Ganaste alguna medalla?

–Un par de bronces en unos juegos universitarios europeos, no estaba en mi mejor momento. ¿Vamos a cenar que tu tía ya ha pasado al salón?

–Sí, antes de que nos echen la bronca. Eres una caja de sorpresas –dijo Julio con admiración.

Los dos corrieron hacia la casa y subieron a los dormitorios. Se cambiaron a toda prisa y en pocos minutos estaban ayudando a sacar los platos a la mesa.

–Hoy toca trabajar –dijo Cintia llevando los cubiertos–; Pilar se ha marchado a las cuatro y no vuelve hasta mañana. Suerte que tenemos la cena hecha, solo hay que calentarla.

Manuel, Julio y Clío portaron platos, vasos, servilletas y fuentes de comida. En pocos minutos la mesa estaba servida y todos empezaron a cenar comentando los asuntos del día. Al terminar, como cada noche, salieron al porche a disfrutar de la brisa fresca de la sierra.

–Me gustaría dar un paseo por los alrededores –dijo Clío echándose por los hombros una rebeca ligera–, quiero respirar esta brisa cargada de aromas silvestres.

–Te acompaño –Julio miró interrogando con los ojos a sus tíos que ya se habían sentado en sendos sillones de mimbre. Manuel estaba buscando su pipa en uno de los bolsillos.

–Andad vosotros dos; tu tía y yo tenemos cosas de que hablar.

–Pero no os vayáis muy lejos y tened cuidado con la carretera. Algunos pasan demasiado deprisa y de noche todos los gatos son pardos –añadió Cintia.

–Vale, pues hasta luego –se despidió Julio caminando detrás de Clío hacia la puerta de la parcela.

El cielo estaba tachonado de brillantes estrellas que relucían intensamente. La brisa se había llevado la calima de microscópicas gotas de agua que flotaban durante el día bajo los rayos del Sol. Clío hinchó los pulmones aspirando todos los olores del monte.

–¡Hummm!, qué bien huele; después de un día de verano tórrido y de estar encerrada en la habitación estudiando, esto es maravilloso.

–Y que lo digas Clío; se hace pesado estudiar en verano...

–Pues ya sabes lo que tienes que hacer, apretar más desde el principio de curso.

–Es que no sé por dónde empezar, son tantas asignaturas...

–Yo siempre empezaba por las que menos me gustaban y dejaba las más fáciles para más adelante o les dedicaba menos horas. Luego estudiaba sacando apuntes extractados de cada tema y al final repasaba solo los apuntes; nunca me ha fallado este método.

–Pues puede que te lo copie, no parece mala idea.

Pasearon lentamente camino arriba saboreando el momento.

–¿Cómo te va el estudio? Verás que en la Historia; apenas hay otra cosa que guerras y batallas, sobre todo en el bachiller, fechas, nombres, guerras... imperios y naciones que aparecen y desaparecen.

–Sí, es verdad, por eso no me gustaba la Historia; siempre se repiten las mismas cosas, traiciones, asesinatos, masacres...

–Pero hay un detalle que pasa desapercibido, ¿tú lo has notado?

–¿Qué detalle?

–Pues que toda la Historia está protagonizada por los hombres. Las mujeres apenas aparecemos en ella.

–¡Tienes razón! No me había dado cuenta, pero ahora que lo dices es verdad. Las mujeres prácticamente no existen en la Historia salvo alguna madre que intriga para que su hijo reine, o alguna reina, cosa muy rara.

–Eso es porque los hombres han copado todo el protagonismo relegando a la mitad de la Humanidad al fondo de la cocina, a limpiar, criar hijos y trabajar hasta la extenuación.

–Antes te he notado triste.

–Me duele pensar en las mujeres que han sufrido tanto desde el Neolítico, cuando los hombres les quitaron la dignidad y la libertad gracias a la fuerza bruta.

–Yo no sabía que las mujeres estaban tan mal.

–Claro, estamos acostumbrados a verlas calladas en el hogar, cuidando de los hijos y de sus maridos. Pero ¿acaso no tenemos inquietudes intelectuales, sueños, deseos incumplidos igual que los hombres?

–Lo imagino, pero ahora podéis estudiar, trabajar fuera de casa...

–No estoy hablando de ahora, que vamos consiguiendo salir del agujero donde hemos estado tantos siglos.

»¿Has estado estudiando el mundo griego antiguo?

–Sí, y he descubierto cosas extraordinarias que no sabía.

–Los griegos fueron increíbles, fueron los primeros en difundir la ciencia y la filosofía por el mundo, alejándose de las supersticiones y de la magia. Los demás pueblos contemplaban el mundo como algo intervenido por dioses o genios que lo manejaban a su antojo, pero ellos empezaron a mirarlo desde otra perspectiva, indagando en los mecanismos de las leyes naturales. ¿Te das cuenta? Digo «ellos»; en realidad las mujeres poco aportaron en la cultura griega, excepto Safo de Lesbos con sus poesías.

—¿Quién era Safo de Lesbos?

—Una poetisa que vivía en Lesbos, una isla del mar Egeo. Fue una mujer única. Tuvo la suerte de pertenecer a una familia rica y recibió una buena educación. Fue tan valiente como para romper con las normas de su tiempo, declarando su amor por otras personas, sin importarle si eran hombres o mujeres.

—Ahora caigo, ¿lesbiana viene de Lesbos?

—Exactamente. Imagínate el valor y la libertad de esa mujer que se atrevió a vivir su homosexualidad en aquella época, cuando la homosexualidad masculina era totalmente aceptada por la sociedad pero se reprimía totalmente a las mujeres. Al margen de ello, escribió unos versos maravillosos y creó su propio estilo, los versos sáficos. En el siglo V a. C. sus poemas eran leídos públicamente en Atenas.

—Pues sí que fue valiente en un mundo tan masculino.

—Las mujeres no tenían acceso a la educación; solo se las preparaba para casarse y tener hijos. Se dudaba de su capacidad intelectual. Safo fue una excepción porque pudo acceder a algo que era exclusivo para los varones. Platón, el gran filósofo, dijo que la única diferencia entre hombres y mujeres era la educación que habían recibido. Pero nadie le hizo caso, ni entonces ni ahora. Y así, los hombres creyeron que las dotes intelectuales de la mujer estaban mermadas desde la cuna. A esta creencia contribuyeron no poco las religiones, incluido el cristianismo.

Julio observó que Clío tenía el rostro ensombrecido mientras hablaba de la condición femenina en la sociedad griega.

—Parece que todo esto te afecta, pero hoy es diferente ¿no?

—No en todas partes. Todavía existen zonas del mundo donde las mujeres están igual o peor que en la Grecia antigua.

—Bueno... tal vez en los países musulmanes todavía...

—Y en Oriente, en China, en la India, en Japón. Incluso en la «civilizada» Europa todavía se denuncian un gran número de casos de violencia de género; solo en España mueren unas cincuenta mujeres al año víctimas de sus parejas sentimentales.

—Pues lucharemos para que eso no continúe Clío.

—Gracias Julio, no será fácil persuadir a los hombres de que las mujeres somos iguales en todos los aspectos intelectuales, y que se debe respetar nuestra voluntad y autonomía. Ya está bien de que nos consideren algo de su propiedad.

—Pero al menos me reconocerás que en el siglo XX se ha avanzado bastante.

—Sí claro, pudimos votar, aunque no creas que fue fácil conseguirlo. En la España de Franco no podíamos viajar ni tener una cuenta bancaria sin el permiso del marido... Y eso ocurría a finales de ese siglo, ¿no es para llorar?

—Todo lo estudiaré cuando llegue su momento. La verdad es que tengo mucha curiosidad por saber qué ha pasado en España y en el mundo.

—¿Te está entrando el gusanillo de la Historia?

—Pues... parece que me va gustando conocer los avatares de nuestros antepasados y entender como hemos llegado hasta aquí.

—¡Me alegro tanto! —Clío sonrió y la sombra desapareció de su rostro—. Dime, ¿tienes alguna duda sobre lo que llevas estudiado hasta ahora?

—Bien, esto... —Julio hizo un gesto de reflexión—, pues me gustaría saber algo sobre China. No he visto en el libro nada sobre este país hasta ahora.

—Es uno de los problemas que tenemos los historiadores. Creemos que Europa, nuestro continente, es el centro del mundo, de la Historia, por eso los libros en Europa se centran en los sucesos de las naciones más cercanas, dejando un poco olvidadas otras regiones del mundo. Pero esta situación también obedece al hecho de que ha sido en Oriente Próximo, Norte de África y Europa, donde hasta los siglos de los grandes descubrimientos se han producido los acontecimientos más trascendentales de la Historia de la Humanidad.

—Pero China también tiene una historia muy antigua, ¿no?

—Su civilización se extiende durante milenios, aunque apenas tenemos datos de lo que ocurrió hasta el siglo II a. C. Pero, según los escritos tradicionales chinos, sabemos que hacia el año 3000 a. C. se inició la primera dinastía de emperadores fundada por un personaje situado entre la leyenda y la realidad llamado Yu Xia, y ya existen pruebas objetivas de la existencia de la dinastía Shang, que fue hacia el 1500 a. C.

—¿Cuándo se empezó la Gran Muralla? Es formidable.

—No se sabe con certeza y probablemente ya existían algunos tramos o un remedo de ellos cuando el emperador Chin Huangdi ordenó su construcción hacia el 220 a. C.

—Pues para terminar esa obra necesitaría miles de hombres.

—Según los testimonios escritos se emplearon unos 800.000 obreros que trabajaron durante muchos años. Los trabajadores se despedían de sus familias como si no fueran a volver nunca a casa. De hecho muchos murieron de accidentes, enfermedades y penurias,

—¿Y para qué construyeron esa gigantesca muralla?

—Tiene unos 4.000 km de longitud y defiende China de las invasiones mongolas. Paradójicamente fue una obra inútil pues, al final, los mongoles conquistaron China, aunque tal vez retrasó lo inevitable.

—¿Y cómo era ese tipo, Huangdi?

—Para los chinos fue el más importante emperador que han tenido en su Historia. Dicen que inventó la escritura china, algo incierto pues ya se conocían los signos, pero fue el gran unificador de la nación bajo un solo mando, el suyo, aunque gracias a este personaje no sabemos casi nada del pasado, ya que mandó quemar todos los libros que se refirieran a hechos anteriores a su reinado y nadie podía guardar ninguno bajo pena de muerte; te puedes figurar que desaparecieron miles de libros que probablemente contenía toda la Historia y el saber chino anterior a su reinado; destruyó especialmente los archivos de las dinastías anteriores.

—Me parece que tenía un ego de cuidado.

—Solo indultó los libros de Medicina, Agricultura y adivinanzas. Quería alcanzar la inmortalidad y convocó a los mejores sabios y médicos del imperio, aunque de nada le sirvieron. Pero cuando supo que iba a morir inevitablemente, ordenó construir la tumba más fantástica que se ha descubierto en China en la región de Xian. Ocho mil soldados de terracota de tamaño natural vigilan su tumba perfectamente formados.

—¡Los famosos soldados de Xian! Los he visto en fotos y reportajes. Creo que cada uno tiene una cara distinta.

—Efectivamente, y van vestidos de diferente forma; no hay dos iguales y sus rostros reflejan las distintas peculiaridades idiosincrásicas de las diferentes regiones que conforman China. Es fascinante —Clío sonrió soñadora.

—¿Por eso se dice que hacer algo complicado y grande es un «trabajo de chinos»?

—Exactamente, se han ganado ese título. Pero es que entonces el tiempo y la vida de las personas no importaban ante los deseos del emperador al que se suponía hijo directo del cielo, de los dioses. Huangdi reformó la Administración instituyendo el funcionariado, tal y como lo conocemos hoy, empleados fijos del Estado.

–¡Vaya sorpresa! No sabía que los funcionarios fueron un invento chino tan antiguo.

–A Huangdi le sucedió la dinastía Han que hacia el 180 a. C. puso en marcha un mecanismo de selección de personal muy concreto: las famosas «oposiciones» para alcanzar el estatus de funcionario del estado.

–¿Las oposiciones? ¿Ya en esa época? ¿En China?

–China se adelantó a Europa en muchas cosas. Vivían espléndidamente aislados en su gran territorio del Oeste asiático. No tuvieron intención de conquistar el mundo como los europeos, aunque pudieron haberlo hecho si hubieran querido; tenían la tecnología suficiente para ello. Por ejemplo, inventaron la brújula, imprescindible para navegar en alta mar incluso sin estrellas, el arnés de tiro del caballo, que permitía al animal rendir más sin asfixiarse, la pólvora, los fuegos artificiales, la pasta alimenticia...

–La pasta, ¿pero no la inventaron los italianos?

–No Julio, la pasta de trigo o de arroz la inventaron los chinos, y luego cuando llegó Marco Polo a China la introdujo en Italia a su regreso. Ya llegaremos a esa época. También trajo el papel y la seda que ya trabajaban los chinos desde antes del año 2000 a. C. Durante mucho tiempo sacar capullos del gusano de seda o sus huevos de China estaba condenado con la muerte. El comercio de la seda era exclusivamente propiedad de los chinos, aunque con el tiempo el secreto de su fabricación trascendió fuera de sus fronteras.

–Vaya con los chinos, no sabía que fueran tan avanzados.

–Lo eran, pero como siempre ocurre con los grandes imperios que se dejan llevar por la autocomplacencia y se aíslan del resto del mundo, se estancaron cultural y tecnológicamente mientras en Europa la ciencia y la tecnología se fueron expandiendo, precisamente gracias al papel, la pólvora, el arnés equino y la brújula, paradójicamente todos ellos inventos chinos.

—¿Tan importante fue el papel?

—Muchísimo. Antes de usarse este soporte para escribir, se utilizaban la arcilla, la piedra, el papiro y el pergamino, que eran materiales costosos de fabricar, manejar y conservar. El papel supuso una revolución, como hoy es el ordenador personal o los *smartphones*. Era y es un soporte barato, manejable, que ocupa poco espacio y es fácil de archivar. Los chinos llegaron casi a inventar la imprenta, pero no los tipos móviles como Gutenberg, ya que imprimían páginas que previamente tallaban enteras sobre madera, de forma que para hacer un libro era necesario tallar cada una de sus hojas por separado.

—Menudo trabajo, claro, de chinos —dijo Julio divertido.

—Con los tipos móviles se podía componer una página y luego volver a usarlos para otra, lo que agilizaba y hacía más barata la impresión. Pero a las élites sociales, los mandarines y la corte imperial, que disfrutaban de un poder ilimitado, no les interesaba que los libros se difundieran demasiado entre sus súbditos campesinos y artesanos. Si los emperadores hubieran sido menos inmovilistas y no hubieran despreciado a los extranjeros considerándolos bárbaros y a los países europeos indignos de su atención, hoy tal vez el mundo entero hablaría chino.

—Es tremendo... todos hablando chino.

—También tuvieron grandes filósofos y místicos que todavía influyen en su cultura y en el resto del mundo; uno fue Confucio y el otro Lao Tsé.

—Me suena Confucio pero el otro...

—Confucio dio origen al confucianismo, una doctrina moral comunitaria y práctica que preconizaba el respeto a los mayores, la lealtad familiar, la devoción a los antepasados y la aceptación de las autoridades. Parece que agrupó las normas y costumbres sociales ancestrales de China. Para Confucio el fin del Estado era el bienestar de los ciudadanos y hacia ese fin deberán estar dirigidas la Política y la Administración. En correspondencia, los ciudadanos debían obedecer las leyes, realizar bien su trabajo y respetar la autoridad.

–Parece una doctrina bastante conformista y conservadora, vamos de pura derecha me parece –comentó Julio.

–Pero proporcionó a China siglos de estabilidad social y política, aunque, también es verdad, ausencia de progreso. Hoy estas premisas morales y sociales están implantadas firmemente en la mentalidad china.

»El otro gran hombre de China fue Lao Tsé, que vivió hacia el siglo VI a. C. y que pudo ser contemporáneo de Confucio, aunque con una gran diferencia en sus postulados. Lao Tsé fue un gran místico y a resultas de su labor nació la doctrina llamada taoísmo, el camino del Tao.

–¿Tao? ¿Qué es el Tao?

–Algo bastante escurridizo y difícil de explicar. El mismo Lao Tsé decía que aquello que se podía explicar o describir no era el Tao. Perseguía la vida sencilla y natural lo más cerca posible de la naturaleza. El Tao era lo innombrable que habita en todas partes y en ninguna, el todo sutil y energético que impregna el Universo. No se podía alcanzar el Tao con el pensamiento, con la mente, solo con el corazón.

–Sí que me parece algo difícil de entender.

–El Tao tiene una cercana relación con la «no mente» que preconizan los budistas. Pero todo esto es algo complicado para un occidental. Lao Tsé no dejó nada escrito. Se le suele representar como un anciano benevolente montado en un búfalo de agua. La Historia dice que un buen día desapareció. Podemos decir que Lao Tsé fue un iluminado, mientras que Confucio fue un perfecto funcionario, un compilador de normas y legislaciones que dio a China un código unificado de conducta presente incluso en el régimen comunista de hoy.

—¿Y la India? Es el segundo gran país de Asia. ¿Cuál es su Historia antigua?

—En el tercer milenio antes de Cristo floreció una cultura llamada del «Valle del Indo». Sus principales ciudades fueron Harappa y Mohenjo Daro. A sus habitantes se les llama «drávidas» y alcanzaron un nivel de civilización muy avanzado. Sus ciudades estaban construidas con ladrillo y las calles trazadas en cuadrícula con conducciones de agua subterráneas. La pena es que su escritura no ha podido ser descifrada.

—¿Y se sabe de dónde procedían?

—No. Solo que en esa época estaban bien asentados alrededor del río Indo. Por los restos arqueológicos encontrados sabemos que se trataba de agricultores y comerciantes, y que las familias eran matrilineales, es decir que la mujer ostentaba la preponderancia social y familiar. Pero hacia el 1500 a. C., unas tribus indoeuropeas, los arios, empezaron la invasión de la India.

—¿Los arios? ¿No son la raza que los nazis querían imponer sobre las demás?

—La denominación de arios es mucho más antigua que el Tercer Reich alemán. Nazis incluso copiaron la esvástica, que era un símbolo benéfico de aquellas tribus. Hoy día pueden verse en multitud de estatuas y monumentos en los países budistas e incluso en la India. Los arios eran pueblos de piel blanca, pelo rubio y ojos claros procedentes de las estepas del Sureste de Rusia. Dominaban los caballos, la metalurgia del hierro, y eran nómadas y fieros guerreros. Derrotaron a los drávidas destruyendo sus ciudades y su cultura imponiendo nuevas ideas, aunque con el tiempo también tuvieron influencia de las costumbres de los vencidos. De la mezcla de ambas sociedades surgió la cultura védica, la India que conocemos hoy con sus costumbres y normas sociales.

–Qué interesante, sigue.

–Los arios introdujeron su religión, y hacia el 600 a. C. ya estaban asentadas la creencia brahmánica y la lengua clásica india, el sánscrito. Los arios llamaban a los dravídicos «oscuros y chatos» refiriéndose a su piel y a sus narices achatadas y anchas. Impusieron un sistema de clasificación social llamado «castas» basado en el color de la piel (*varna*) con cuatro clases principales: los *brahmanes*, que eran (y siguen siendo) la casta social más elevada, eran los sacerdotes y dirigentes; los *chatrias*, que eran los guerreros que cuidaban y defendían a los demás; por debajo de ellos estaban los *vaisias*, que se dedicaban a la agricultura, al comercio y la artesanía; y por último estaban los *sutras*, que eran los sirvientes de todos los anteriores, aunque existe otra clase social aún más por debajo, los *parias*, que no tenían casta y que eran tan despreciados que les llamaban «los intocables» pues su solo contacto, incluso su sombra, contaminaba y ofendía a los demás.

–¡Qué barbaridad! Supongo que ahora no será así.

–Más o menos. La India hoy es una democracia, la mayor del mundo con 1.200 millones de habitantes. Teóricamente el sistema de castas no es legal, pero gran parte de la sociedad sigue aferrada a sus viejas costumbres, sobre todo los *brahmanes,* que quieren conservar su estatus de privilegio.

–Siempre igual, los de arriba no facilitan que los de abajo prosperen; tienen miedo de perder sus estúpidos privilegios. ¿Cómo aguantaron los indios tantos siglos sin rebelarse contra esa injusticia?

–Por la religión. Los arios introdujeron el concepto de reencarnación hacia el año 1000 a. C.

–La reencarnación, eso que dice que vivimos muchas vidas.

–Exactamente. Los *brahmanes* introdujeron el dogma mediante el cual la vida de hoy es el resultado de la vida anterior. Es decir que el privilegiado lo era porque había sido piadoso y cumplidor de la ley divina en una vida anterior, mientras que el paria miserable sufría esa situación como castigo por haber sido cruel y malvado en su vida pasada. De esta manera se institucionalizaba que la riqueza era un premio divino, mientras que la pobreza o las taras físicas eran un castigo de los dioses; por lo tanto todos debían «resignarse» a la situación que les había tocado en esta vida.

–Pues se lo montaron «guay» los *brahmanes*.

–Bastante. Piensa que en la India no han existido revoluciones sociales durante siglos, mientras que en Europa hemos tenido la Revolución Francesa. Todo el mundo aceptaba su estatus social como algo inevitable designado por los dioses. Alejandro Magno intentó invadir la India hacia el 327 a. C., como ya te habrá explicado tu tío. Pero antes, fueron los persas los que llegaron hasta Bactria, al Noroeste del país, bajo el reinado de Dario I y fundaron una satrapía, que luego fue conquistada por los griegos. Se sabe que el rey Chandragupta entregó doscientos elefantes a Seleuco, uno de los sucesores de Alejandro para que los griegos renunciaran a invadir de nuevo el territorio indio.

–¿Cuál fue el rey más importante de la India antigua?

–Ashoka, en el siglo III a. C. Era nieto de Chandragupta y fundó el primer gran imperio que abarcaba casi todo el subcontinente indio. Se convirtió al budismo después de ver ingentes cantidades de muertos en una batalla. Pero a su muerte su legado se dividió y se fundó una nueva dinastía cuando su heredero fue asesinado y ascendió al trono su asesino, el primer Sunga.

—Es tremendo lo que se puede hacer para alcanzar el poder. Dime Clío, ¿existió realmente Buda?

—Pues sí, en el siglo VI a. C. Se tienen muchos datos de su vida. En realidad Buda significa «el despierto» en sánscrito. Su verdadero nombre era Siddhartha y fue hijo del rey de los Sakyas, una tribu que conformaban un pequeño reino, de los muchos que existían en la India antes de que Ashoka los fundiera todos en un solo imperio.

—¿Por qué le llamaban «el despierto»?

—Según el budismo, todas las personas estamos más o menos «dormidas», es decir que vivimos en una realidad falsa llamada «maya»; nos dejamos arrastrar por nuestras pasiones y deseos, y de ellos surgen el dolor y el sufrimiento. Si dejamos de desear y rompemos todo apego a personas o cosas veremos la auténtica realidad y dejaremos de sufrir. Ya no tendremos que volver a reencarnar otra vez en esta vida y alcanzaremos el Nirvana.

—Vaya, entonces tenemos que renunciar a querer cosas...

—Es un concepto un poco lejano para los occidentales. Siddhartha era hindú, se crió en esa cultura, en la creencia de la reencarnación y el *karma*.

—Otra palabreja rara. ¿Qué es el *karma*?

—Es la suma de todos los actos buenos y malos que realizas en una vida, como si dijéramos un «paquete» de tus acciones que luego influye en tus vidas futuras. Es el responsable de que tengas una nueva existencia privilegiada o nefasta.

—¿Algo así como el pecado?

—Sí, pero vas compensando pecados con buenas obras, y al final hay un resultado positivo o negativo que te afecta inevitablemente. Pero el buda dice que el *karma* se puede limpiar totalmente si trasciendes los deseos y los apegos. Entonces no tienes que volver a esta vida a sufrir.

—Ir al Nirvana... ¿es como el cielo?

−No exactamente. Hay división de opiniones incluso entre los budistas, de los que hay muchas sectas y corrientes. Parece que el Nirvana es la aniquilación total del ego, de la personalidad, para fundirse con la energía divina.

−Pues me has hecho un lío, no acabo de entenderlo.

−Se necesitan años para alcanzar a entender estos conceptos. Piensa que los monjes budistas entran en los conventos desde niños para aprender los fundamentos de esta religión.

−Entonces... ¿Buda es dios?

−No Julio, es solo un hombre que según sus discípulos consiguió la sabiduría suprema. Hoy es una religión que se sigue en muchas partes del mundo, incluso en Europa y América, aunque aquí minoritariamente. Solo en Asia es muy popular, aunque en la India fracasó al enfrentarse con los *brahmanes*.

−¿Por qué? Precisamente en la India...

−Los *brahmanes* eran la cumbre de la sociedad y los únicos que entendían los complejos ritos religiosos del hinduismo. Buda abolió las castas; para él, todos somos iguales y no hacían falta sacerdotes con privilegios para interceder ante los dioses por los seres humanos. Como puedes comprender, los *brahmanes* no estaban de acuerdo y emplearon todo su poder para desprestigiar a Buda.

−Siempre la oposición de los privilegiados de la vida a las nuevas ideas si estas pretenden eliminar las desigualdades...

−Así suele ocurrir. En la India se escribieron los primeros libros en lengua indoeuropea. Primero oralmente, luego sobre pergamino.

−¿Cuáles eran?

−Los *Vedas*, entre el 1800 y el 1200 a. C., que fueron escritos en sánscrito. Hacia el siglo III a. C. se escribieron las dos mayores epopeyas de la India; una de ellas es la más extensa del mundo: el *Ramayana* y el *Mahabarata*, atribuidos a Valmiki y Vyasa. El *Mahabarata* tiene más de 200.000 versos y dieciocho libros.

—¡Qué bestias! Acabarían con la mano cansada.

—¡Ja, ja, ja! El caso es que estas obras son dos monumentos de la literatura universal; al menos el *Ramayana* deberías leerlo, es muy bonito. El *Mahabarata* es más pesado, pero hay un fragmento que se ha hecho famoso, el *Baghavad Gita*, que puedes leer, no es muy extenso.

—Clío, ha sido apasionante. Lo triste es que mañana me voy a pasar el fin de semana con mis padres.

—Cuando vuelvas hablaremos del siglo VI a. C. En él ocurrieron cosas maravillosas, es un siglo muy especial.

Julio cogió una de las manos de Clío apretándola levemente y miró sus grandes ojos que brillaban como luceros en la noche.

—Estos días se me harán eternos sin tu compañía —dijo sin pensar.

—Pero volverás pronto. Lo que tienes que hacer es divertirte lo más que puedas; aún tienes que estudiar mucho.

—Me acordaré de ti todos los días.

—No digas eso Julio. Allí tendrás amigos y amigas; ni siquiera te acordarás de mí ni un minuto, y me parece natural.

—Tú no sabes lo que siento dentro de mi corazón, no te olvidaré ni un minuto —dijo Julio atrayendo a Clío hacia sí.

—Mira Julio… no quisiera que sintieras por mí más que amistad, podríamos hacernos daño mutuamente.

—Lo siento, no puedo evitarlo, entras en mi cuerpo como la respiración.

Julio se asombró al oír esas palabras que salían de su boca.

—Será mejor que volvamos a la casa.

Julio temblaba mientras se acercaba a Clío cada vez más. Ella lo miraba con un fulgor de ternura en sus preciosos ojos y una ligera sonrisa curvaba la comisura de sus labios.

Sin saber cómo ni por qué, ambos se acercaron mutuamente. Julio deslizó sus manos por la cintura de Clío abrazándola con fuerza y sintiendo su cuerpo contra el suyo. Sus bocas se juntaron por un instante. Ella se separó enseguida.

–Vale Julio, llévatelo como una despedida hasta que vuelvas.

–No he podido evitarlo –repitió Julio con voz entrecortada.

–Lo sé, yo tampoco he querido evitarlo, pero ahora debemos volver, nos esperan. –Clío estaba seria y miró hacia la casa.

–Está bien, vámonos –acertó a decir el joven.

Julio la cogió de la mano y empezaron a caminar sin pronunciar palabra hasta la puerta. Antes de entrar se soltaron.

–¿Ya estáis aquí? –preguntó Manuel levantando la vista del periódico.

–Sí, Clío me ha dado una lección sobre China y la India antiguas.

–China, gran país, fascinante –dijo el profesor–. Cuando vuelvas hablaremos un poco de Asia y América antes de entrar a fondo con Roma. Aprovecha el tiempo, diviértete.

–Gracias tío. Voy a acostarme, tengo que hacer el equipaje; mañana salgo pronto.

–Sí, tu tía Cintia te llevará a la estación, hasta mañana.

–Buenas noches.

Julio subió las escaleras despacio, como si le costase mucho trabajo llegar a su dormitorio. Clío se había sentado en el sofá del salón y leía un libro.

Entró en la habitación y reunió varias prendas que introdujo en la mochila para el viaje y unos utensilios de aseo.

Se echó sobre la cama sin desnudarse mirando el techo sin encender la luz. La ventana abierta dejaba entrar el perfume de los jazmines y el ulular de algún búho marcando el territorio de caza. Encendió el portátil y entró en *Twitter* y *Facebook* para estar al corriente de lo que habían escrito sus amigos y colegas que estaban en Gandía. Guillermo se había hecho unos *selfies* con una nueva chica, un ligue de verano que no estaba nada mal.

Tecleó un mensaje anunciando su llegada y cerró el portátil.

Sintió que su corazón latía con fuerza mientras rememoraba el abrazo y el beso de Clío. Estaba hecho un auténtico lío. Por una parte deseaba intimar con ella pero por otra reconocía la diferencia de edad, aunque ya no sentía que aquello pudiera ser una simple relación fugaz de verano con una chica mayor. Era algo más profundo y luchaba por erradicarlo antes de que fuera más fuerte, pero era inútil. La imagen, el tacto, la voz y el perfume de Clío llenaban todo su ser. Respiró hondamente y se durmió con el rostro de ella flotando entre el sueño y la vigilia.

Por la mañana se dio cuenta de que se había dormido vestido. Se quitó la ropa arrugada y se duchó deprisa. Bajó a desayunar con la mochila colgada del hombro. La puerta del dormitorio de Clío se encontraba abierta de par en par pero ella no estaba. La buscó en la mesa del desayuno sin encontrarla.

Su tía Cintia le puso el café en la taza.

—Tenemos tiempo, puedes desayunar tranquilo.

—Gracias tía... ¿no ha bajado Clío?

—Sí, ha madrugado y se ha ido a correr un poco; luego ha desayunado deprisa y se ha marchado con tu tío al pueblo, tenía algo que comprar.

—Ah, vale, despídeme de ella.

Julio apuró su café con leche y sus rebanadas de pan después del zumo de naranja. Clío no había querido despedirse de él, pensó. Con tristeza se limpió los labios con una servilleta de papel y miró el reloj de pulsera en un movimiento instintivo.

—Ya nos vamos, no te preocupes —dijo Cintia—, tenemos tiempo para llegar tranquilos aunque haya un poco de tráfico.

Se levantaron casi al mismo tiempo y se encaminaron al garaje. El AVE los esperaba en Atocha.

—¿Sabes Julio? —habló Cintia mientras devoraban kilómetros por la autovía—, estoy muy contenta de que tú y Clío hayáis congeniado tan bien. Tenía mis dudas al respecto, pero veo que eres un chico muy maduro para tu edad.

—Es difícil no simpatizar con ella.

—Sí, lo es. Ha sufrido un desengaño amoroso hace poco pero lo está superando como una jabata. Creo que tu presencia le está haciendo mucho bien, así puede practicar su capacidad de docencia en Historia.

—¿Un desengaño?

—Sí, se enamoró de un hombre y luego resulta que él estaba casado y tenía dos hijos, algo que ella desconocía y que él le había ocultado. Para una mujer eso es muy duro. Pero te ruego que no le digas nada sobre el particular, tal vez no le guste que te lo haya contado.

—Descuida tía. No le diré nada del asunto.

—Así me gusta. Sé amable con ella como hasta ahora; necesita recuperar la confianza en los hombres, está muy dolida por el engaño.

—O sea que el tipo iba solo a ligársela.

—Más o menos. Era un «divertimento» como dicen los italianos, una conquista más que añadir a su colección.

—Menudo cabrón.

—Cuida ese lenguaje Julio; aunque sí, es un cabrón con todas sus letras —confirmó Cintia con rabia.

–Vale tía. Pondré de mi parte todo lo que pueda.

–Gracias Julio, eres un sol.

Entraban ya en las calles de Madrid cuando sonó el móvil de Julio anunciando un *whatsApp*. Era de Clío.

«Que tengas un buen viaje y vuelve pronto, necesito un buen amigo a mi lado y tú lo eres, ¿no? Al menos eso creo».

Julio escribió inmediatamente:

«Me hubiera gustado despedirme en persona esta mañana, pero no importa; no será mucho tiempo y me tendrás a tu lado para lo que quieras. Un beso y hasta pronto»

El signo de las dos «comillas» le indicó que ella había leído su mensaje.

«Gracias Julio, eres un encanto, cuídate».

Julio se relajó en el asiento mientras aparcaban en un milagroso hueco que había cerca de la estación de Atocha, en una calle lateral.

–Vaya –dijo Cintia alegremente sorprendida–, un sitio para aparcar bien a estas horas; como se nota que hay mucha gente fuera de Madrid de vacaciones. Vamos Julio, te acompaño hasta la estación.

–No hace falta tía, puedo ir solo.

–Pero es que no voy a desaprovechar esta ocasión de aparcar cerca y tan bien; es un lujo que se da pocas veces. Vamos, todavía hay tiempo de tomar algo juntos mientras esperamos la hora del tren. ¿Te apetece un café con tu vieja tía?

–Claro que sí, vamos. Y no eres vieja; muchos de mis amigos te dirían algo para ligarte si te vieran en un botellón.

–¡Ja, ja, ja! lo repito, eres un «solete» de sobrino. Hay un sitio donde hacen un café estupendo...

–Pues a qué esperamos...

CONTINUARÁ...

JOSÉ LUIS DE MONTSEGUR

Nacido en Albacete. Ingresó en la universidad tardíamente, a una edad inusual, ya que comenzó a estudiar psicología a los 53 años. Antes de licenciarse en esta disciplina ha sido administrativo, vendedor, asesor comercial, gerente de un comercio, escaparatista, publicitario y contable.

Es autor de varios libros, entre ellos El proyecto Adán, y otras narraciones para buscadores de la verdad y coautor de Corazón de mujer publicados por Kolima

KOLIMA
BOOKS

www.ingramcontent.com/pod-product-compliance
Lightning Source LLC
La Vergne TN
LVHW010312200726
843507LV00010B/1215